U0246896

内 容 简 介

本书是为高等院校数学系计算数学专业本科生编写的数值代数课程的教材. 全书共分八章, 内容包括: 绪论, 求解线性方程组的 Gauss 消去法、平方根法、古典迭代法和共轭梯度法, 线性方程组的敏度分析和消去法的舍入误差分析, 求解线性最小二乘问题的正交分解法, 求解矩阵特征值问题的乘幂法、反幂法、Jacobi 方法、二分法、分而治之法和 QR 方法. 本书在选材上既注重基础性和实用性, 又注重反映该学科的最新进展; 在内容的处理上, 在介绍方法的同时, 尽可能地阐明方法的设计思想和理论依据, 并对有关的结论尽可能地给出严格而又简洁的数学证明; 在叙述表达上, 力求清晰易读, 便于教学与自学. 每章后配置了较丰富的练习题和上机习题, 其目的是为学生提供足够的练习和实践的素材, 以便学生复习、巩固和拓广课堂所学知识.

这是本书的第二版. 该版是在保持第一版的基本结构不变的前提下做了一些必要的修订.

本书可作为综合大学、理工科大学、高等师范院校计算数学、应用数学、工程计算等专业本科生的教材或教学参考书, 也可供从事科学与工程计算的科技人员参考.

"十二五"普通高等教育本科国家级规划教材

北京大学优秀教材

北京大学数学教学系列丛书

数 值 线 性 代 数

（第二版）

徐树方　高　立　张平文　编著

北京大学出版社

PEKING UNIVERSITY PRESS

图书在版编目(CIP)数据

数值线性代数 / 徐树方，高立，张平文编著. —2 版. —北京：北京大学出版社, 2013.1

（北京大学数学教学系列丛书）

ISBN 978-7-301-21141-0

Ⅰ. ① 数… Ⅱ. ① 徐… ② 高… ③ 张… Ⅲ. ① 线性代数计算法 – 高等学校 – 教材 Ⅳ. ① O241.6

中国版本图书馆 CIP 数据核字（2012）第 193969 号

书　　　名：数值线性代数（第二版）
著作责任者：徐树方　高　立　张平文　编著
责任编辑：曾琬婷
标准书号：ISBN 978-7-301-21141-0
出版发行：北京大学出版社
地　　　址：北京市海淀区成府路 205 号　　100871
网　　　址：http://www.pup.cn　　新浪官方微博：@北京大学出版社
电子邮箱：zpup@pup.cn
电　　　话：邮购部 62752015　发行部 62750672　编辑部 62754819
　　　　　　出版部 62754962
印　刷　者：三河市博文印刷有限公司
经　销　者：新华书店
　　　　　　880 mm×1230 mm　A5　8.25 印张　238 千字
　　　　　　2000 年 9 月第 1 版
　　　　　　2013 年 1 月第 2 版　2022 年 3 月第 8 次印刷(总第 18 次印刷)
印　　　数：59001—64000 册
定　　　价：34.00 元

序　言

　　自 1995 年以来, 在姜伯驹院士的主持下, 北京大学数学科学学院根据国际数学发展的要求和北京大学数学教育的实际, 创造性地贯彻教育部"加强基础, 淡化专业, 因材施教, 分流培养"的办学方针, 全面发挥我院学科门类齐全和师资力量雄厚的综合优势, 在培养模式的转变、教学计划的修订、教学内容与方法的革新, 以及教材建设等方面进行了全方位、大力度的改革, 取得了显著的成效. 2001 年, 北京大学数学科学学院的这项改革成果荣获全国教学成果特等奖, 在国内外产生很大反响.

　　在本科教育改革方面, 我们按照加强基础、淡化专业的要求, 对教学各主要环节进行了调整, 使数学科学学院的全体学生在数学分析、高等代数、几何学、计算机等主干基础课程上, 接受学时充分、强度足够的严格训练; 在对学生分流培养阶段, 我们在课程内容上坚决贯彻"少而精"的原则, 大力压缩后续课程中多年逐步形成的过窄、过深和过繁的教学内容, 为新的培养方向、实践性教学环节, 以及为培养学生的创新能力所进行的基础科研训练争取到了必要的学时和空间. 这样既使学生打下宽广、坚实的基础, 又充分照顾到每个人的不同特长、爱好和发展取向. 与上述改革相适应, 积极而慎重地进行教学计划的修订, 适当压缩常微、复变、偏微、实变、微分几何、抽象代数、泛函分析等后续课程的周学时, 并增加了数学模型和计算机的相关课程, 使学生有更大的选课余地.

　　在研究生教育中, 在注重专题课程的同时, 我们制定了 30

多门研究生普选基础课程(其中数学系 18 门), 重点拓宽学生的专业基础和加强学生对数学整体发展及最新进展的了解.

教材建设是教学成果的一个重要体现. 与修订的教学计划相配合, 我们进行了有组织的教材建设. 计划自 1999 年起用 8 年的时间修订、编写和出版 40 余种教材. 这就是将陆续呈现在大家面前的《北京大学数学教学系列丛书》. 这套丛书凝聚了我们近十年在人才培养方面的思考, 记录了我们教学实践的足迹, 体现了我们教学改革的成果, 反映了我们对新世纪人才培养的理念, 代表了我们新时期的数学教学水平.

经过 20 世纪的空前发展, 数学的基本理论更加深入和完善, 而计算机技术的发展使得数学的应用更加直接和广泛, 而且活跃于生产第一线, 促进着技术和经济的发展, 所有这些都正在改变着人们对数学的传统认识. 同时也促使数学研究的方式发生巨大变化. 作为整个科学技术基础的数学, 正突破传统的范围而向人类一切知识领域渗透. 作为一种文化, 数学科学已成为推动人类文明进化、知识创新的重要因素, 将更深刻地改变着客观现实的面貌和人们对世界的认识. 数学素质已成为今天培养高层次创新人才的重要基础. 数学的理论和应用的巨大发展必然引起数学教育的深刻变革. 我们现在的改革还是初步的. 教学改革无禁区, 但要十分稳重和积极; 人才培养无止境, 既要遵循基本规律, 更要不断创新. 我们现在推出这套丛书, 目的是向大家学习. 让我们大家携起手来, 为提高中国数学教育水平和建设世界一流数学强国而共同努力.

张继平

2002 年 5 月 18 日

于北京大学蓝旗营

第二版前言

本书自 2000 年出版之后, 已经重印了 10 次, 共出版发行了 3 万 4 千册, 已经成为全国大多数高等院校计算数学专业和相关专业本科生的主要教学参考书. 在这十多年的使用过程中也发现了不少不当和不足之处. 因此有必要对全书进行一次仔细的修订, 以更适应新世纪教学的需求.

本书第二版和第一版的不同之处, 主要有如下 6 点:

1. 改写了 §2.4 之中关于 LU 分解的误差分析.

2. 修改了 §4.1 和 §4.2 的标题, 增加了两个小标题, 将 §4.2 之中前面的一段移到了 §4.1 的后面; 修改了定理 4.2.2 到定理 4.2.6 这 5 个定理的叙述表达和证明, 并且删除了定理 4.2.7 的证明.

3. 修改了定理 6.2.1 的证明.

4. 增加了 3 道上机习题: 第四章增加了 1 道, 第五章增加了 2 道.

5. 增加了 6 个实际计算的例子: 例 1.2.2, 例 1.3.2, 例 3.3.1, 例 5.4.1, 例 6.4.1 和例 6.4.2.

6. 增加了 §7.6 奇异值分解的计算.

作者感谢对本书原版中不足之处进行指正并且提出建设性意见的同行们, 希望大家能够继续关注本书, 如果发现任何不足和错误, 请随时告诉我们.

编 者

2011. 12

第一版前言

这本教材是在作者多年来开设"数值线性代数"课程所用讲义的基础上经补充、整理编写而成. 本书自 1995 年起在北京大学数学科学学院曾对各届计算数学专业的学生讲授过多次, 其间作过几次大的修改, 其主要内容包括线性代数方程组的数值解法和矩阵特征值和特征向量的计算方法. 这本教材在选材上, 基于目前学时较少的特点, 我们既注重了基础性和实用性, 又注意了讲授所需的课时要求; 在内容的处理上, 基于我们系历来比较注重基础理论这一特点, 我们在介绍方法的同时, 尽可能地阐明方法的设计思想和理论依据, 并对有关的结论尽可能地给出严格而又简洁的数学证明; 在叙述表达上, 我们力求清晰易读, 便于教学与自学. 此外, 在每章后还编写了较丰富的练习题和上机实验题, 其目的是为学生提供足够的练习和实践的素材, 以便学生复习、巩固和拓广课堂所学知识. 根据我们的教学实践, 讲授全书内容需要 60 学时左右.

在这本教材的编写过程中, 曾得到北京大学课程建设基金的资助, 也得到了北京大学数学科学学院科学与工程计算系全体教师的鼓励和帮助; 责任编辑刘勇为本书的出版付出了辛勤的劳动, 在此一并表示诚挚的谢意.

编　者

1999. 12

目　　录

绪　　论

自从 1946 年第一台电子计算机问世以来, 科学与工程计算经过半个世纪的发展已经成为 20 世纪最重要的科学进步之一. 科学计算已与理论研究及科学试验并列成为当今世界科学活动的三种主要方式. 在许多科学与工程领域如果没有计算就不可能有第一流的研究成果. 为众多的科学与工程问题提供计算方法, 提高计算的可靠性、有效性和精确性, 便是科学与工程计算这一领域的主要研究内容.

数值线性代数又称矩阵计算, 它是科学与工程计算的核心. 可以毫不夸张地讲, 大部分科学与工程问题最终都要归结为一个矩阵计算问题, 其中具有挑战性的问题是大规模矩阵计算问题. 数值线性代数研究的主要内容就是, 如何针对各类科学与工程问题所提出的矩阵计算问题的特点, 设计出相应的快速可靠的算法.

一、数值线性代数的基本问题

数值线性代数主要包括如下三大矩阵计算问题:

(1) 求解线性方程组的问题, 即给定 n 阶非奇异矩阵 A 和 n 维向量 b, 求一个 n 维向量 x, 使得

$$Ax = b;$$

(2) 线性最小二乘问题, 即给定 $m \times n$ 矩阵 A 和 m 维向量 b, 求一个 n 维向量 x, 使得

$$\|Ax - b\|_2 = \min\{\|Ay - b\|_2 : y \in \mathbf{R}^n\};$$

(3) 矩阵特征值问题, 即给定一个 n 阶方阵 A, 求它的部分或全部特征值以及对应的特征向量.

除此之外, 还有一些其他问题也是十分重要和基本的, 如约束最小二乘问题、完全最小二乘问题、矩阵方程的求解问题、矩阵函数的计

算问题、广义特征值问题、非线性特征值问题、特征值反问题、奇异值分解的计算问题等. 特别是奇异值分解的计算, 由于其应用十分广泛, 目前有的教科书已经将其列为数值线性代数的第四大问题.

二、研究数值方法的必要性

众所周知, 线性方程组、线性最小二乘问题和矩阵特征值问题的数学理论已经发展得相当完善了. 但是这些理论上非常漂亮的结果应用于实际计算时往往是行不通的. 例如, 线性方程组的 Cramer 法则表明: 如果 n 阶线性方程组 $Ax = b$ 的系数矩阵 A 的行列式不为零, 则此方程组有唯一的解, 并且其解可以通过系数表示为

$$x_i = \frac{d_i}{d}, \quad i = 1, \cdots, n,$$

其中 $d = \det A$, $d_i = \det A_i$, 这里 A_i 是将 A 的第 i 列换为 b 而得到的矩阵. 这一结果理论上是非常漂亮的, 它把线性方程组的求解问题归结为计算 $n+1$ 个 n 阶行列式的问题. 而对于行列式的计算, 理论上又有著名的 Laplace 展开定理:

$$d = \det A = a_{i1}A_{i1} + a_{i2}A_{i2} + \cdots + a_{in}A_{in},$$

其中 A_{ij} 表示元素 a_{ij} 的代数余子式. 按照这一定理我们就可从二阶行列式出发逐步递推地计算出任意阶行列式的值. 这样, 理论上我们就有了一种非常漂亮的求解线性方程组的方法. 然而我们做一简单的计算就会发现, 由于这一方法的运算量大得惊人, 以至于完全不能用于实际计算.

设计算 k 阶行列式所需要的乘法运算的次数为 m_k, 则容易推出

$$m_k = k + km_{k-1}.$$

于是, 我们有

$$m_n = n + nm_{n-1} = n + n[(n-1) + (n-1)m_{n-2}]$$
$$= \cdots$$

$$= n + n(n-1) + n(n-1)(n-2) + \cdots + n(n-1)\cdots 3 \cdot 2$$
$$> n!.$$

这样, 利用 Cramer 法则和 Laplace 展开定理来求解一个 n 阶线性方程组, 所需要的乘法运算的次数就大于

$$(n+1)n! = (n+1)!.$$

因此, 若在一个百亿次计算机上求解一个 25 阶线性方程组, 则至少需要

$$\frac{26!}{10^{10} \times 3600 \times 24 \times 365} \approx \frac{4.0329 \times 10^{26}}{3.1536 \times 10^{17}} \approx 13亿 \,(年),$$

它远远超出目前所了解的人类文明历史! 然而如果改用下一章将要介绍的消元法, 则在不到一秒钟之内即可完成这一计算任务.

再如, 对矩阵特征值问题, 理论上有著名的 Jordan 分解定理. 这一定理告诉我们, 只要知道了一个矩阵的 Jordan 分解, 就可很清楚地知道其所有与特征值有关的信息, 如一个特征值的几何重数、代数重数以及对应的特征向量等. 然而这一分解在实际计算时是难以实现的. 这是因为矩阵的 Jordan 分解是十分不稳定的 (即矩阵元素有微小的变化, 其 Jordan 分解往往就会发生很大的变化), 而且其变换矩阵常常是非常病态的. 事实上, 真正用于实际计算的是另一具有良好数值性态的 Schur 分解.

因此, 如何利用计算机快速有效地求解矩阵计算的三类基本问题并不是一件容易的事, 而是有许多理论和实际问题值得深入细致地研究的. 经过这半个世纪来众多数值代数专家的不断探索和研究, 目前有关的方法和理论已经发展得相对较为成熟, 得到了一大批十分漂亮的实用算法, 但仍有不少问题有待进一步研究解决, 特别是大规模矩阵计算问题仍然是目前科学与工程计算研究的核心问题之一.

三、矩阵分解是设计算法的主要技巧

对于一个给定的矩阵计算问题, 我们研究的首要问题就是, 如何根据给定问题的特点, 设计出求解这一问题的有效的计算方法. 设计算

法的基本思想就是设法将一个一般的矩阵计算问题转化为一个或几个
易于求解的特殊问题, 而通常完成这一转化任务的最主要的技巧就是
矩阵分解, 即将一个给定的矩阵分解为几个特殊类型的矩阵的乘积. 例
如, 如下的两个三角形方程组是容易求解的:

$$\begin{bmatrix} l_{11} & & & \\ l_{21} & l_{22} & & \\ \vdots & \vdots & \ddots & \\ l_{n1} & l_{n2} & \cdots & l_{nn} \end{bmatrix} \begin{bmatrix} x_1 \\ x_2 \\ \vdots \\ x_n \end{bmatrix} = \begin{bmatrix} b_1 \\ b_2 \\ \vdots \\ b_n \end{bmatrix}$$

和

$$\begin{bmatrix} u_{11} & \cdots & u_{1,n-1} & u_{1n} \\ & \ddots & \vdots & \vdots \\ & & u_{n-1,n-1} & u_{n-1,n} \\ & & & u_{nn} \end{bmatrix} \begin{bmatrix} y_1 \\ y_2 \\ \vdots \\ y_n \end{bmatrix} = \begin{bmatrix} c_1 \\ c_2 \\ \vdots \\ c_n \end{bmatrix}.$$

对于一般的线性方程组 $Ax = b$, 我们就可首先将矩阵 A 作分解 $PA = LU$, 其中 P 是排列方阵, L 是下三角阵, U 是上三角阵; 然后再通过求
解两个三角形方程组

$$Ly = Pb \quad 和 \quad Ux = y$$

来得到原方程组的解. 这样, 就将如何求解线性方程组的问题转化为
如何实现上述矩阵分解的问题. 这正是下一章将要介绍的主要内容.

四、敏度分析与误差分析

　　由于误差的存在, 用计算机做数值计算所得到的结果很少是精确
的. 通常误差主要有两个来源: 一是原始数据本身就有误差, 这是由测
量或观察不准确所引起的; 二是由计算过程产生的误差. 因此, 当我们
用某种算法求解某一矩阵计算问题得到计算解之后, 自然要问: 计算
解与真解相差多少? 这就是计算的精确性问题. 要回答这一问题, 需要
做两个方面的理论分析: 敏度分析与误差分析.

敏度分析就是研究计算问题的原始数据有微小的变化将会引起解的多大变化. 为了叙述简单起见, 假定我们所考虑的计算问题是: 给定自变量 x, 计算函数值 $f(x)$. 对于这一计算问题, 敏度分析就是研究自变量 x 有微小的变化之后函数值 $f(x)$ 将会发生多大变化. 当然, 最理想的做法应该是, 首先找到自变量的改变量与函数值的改变量之间的依赖关系. 但实际上, 这是相当困难的, 有时即使碰巧找到了这种依赖关系, 常常由于其太复杂而变得毫无实用价值. 因此, 通常的做法是, 在 $|\delta x|/|x|$ 很小的前提下, 设法寻找一个尽可能小的正数 $c(x)$, 使得

$$\frac{|f(x+\delta x)-f(x)|}{|f(x)|} \leqslant c(x)\frac{|\delta x|}{|x|}.$$

这样, $c(x)$ 的大小就在一定程度上反映了自变量的微小变化对函数值的影响程度. 因此, 我们称数 $c(x)$ 为 f 在 x 点的**条件数**. 当 $c(x)$ 很大时, 自变量的微小变化就有可能引起函数值的巨大变化, 因而称此种情况为 f 在 x 点是**病态**的; 反之, 当 $c(x)$ 较小时, 我们就称 f 在 x 点是**良态**的.

这里需强调的一点是, 一个计算问题是否病态是计算问题本身的固有属性, 与所使用的计算方法没有关系.

此外, 对于刚才所讨论的计算问题, 容易推出, 当 f 在 x 点可微时, 有

$$c(x) \approx \frac{|f'(x)||x|}{|f(x)|}.$$

但对于一般的计算问题要给出条件数的一个较为合适的估计是相当困难的. 关于三类最基本的矩阵计算问题的条件数将在本书以后的有关章节中加以介绍.

大家知道, 计算机只能表示有限个数, 即计算机的精度是有限的. 因此, 分析舍入误差对一个算法的计算结果是否影响很大就显得尤为重要, 它是衡量一个算法优劣的重要标志. 即使一个十分良态的计算问题, 由于使用的计算方法不当, 也可使计算结果面貌全非而变得毫无用处.

现在我们再以刚才所讨论的计算问题为例来说明误差分析的要点. 假设用某种算法计算得到的函数 f 在 x 点的函数值是 $\hat{y}$. 当然, 由于舍入误差的影响, 我们不能期望 $\hat{y}$ 与 $f(x)$ 相等, 但是我们通过对每步具体运算做误差分析可以证明, 存在 δx, 满足

$$\hat{y} = f(x + \delta x), \quad |\delta x| \leqslant |x|\varepsilon,$$

其中 ε 是一个与计算机精度和算法有关的正数. 这种把计算结果归结为原始数据经扰动之后的精确结果的误差分析方法称做**向后误差分析法**.

很显然, ε 越小, 说明舍入误差对算法的影响越小. 因此, 当 ε 较小时, 我们就说该算法是**数值稳定**的; 否则, 就说该算法是**数值不稳定**的. 一个算法是否数值稳定是算法本身的固有属性, 与计算问题是否病态无关.

当对给定的计算问题做了敏度分析, 并且对所用的算法做了误差分析之后, 我们就可给出计算结果的精度估计:

$$\frac{|\hat{y} - f(x)|}{|f(x)|} = \frac{|f(x + \delta x) - f(x)|}{|f(x)|} \leqslant c(x)\frac{|\delta x|}{|x|} \leqslant c(x)\varepsilon.$$

由此可见, 计算结果是否可靠, 依赖于计算问题是否病态和所用算法是否数值稳定. 只有使用数值稳定的算法去求解良态的计算问题, 才能期望得到可靠的计算结果!

五、算法复杂性与收敛速度

算法的快慢是衡量算法优劣的又一重要标志. 算法大致可分为两类: 一类是直接法, 是指在没有误差的情况下可在有限步得到计算问题精确解的算法; 另一类是迭代法, 是指采取逐次逼近的方法来逼近问题的精确解, 而在任意有限步都不能得到其精确解的算法. 对于直接法, 其运算量的大小通常可作为其快慢的一个主要标志. 算法复杂性分析就是计算或估计算法的运算量. 20 世纪 90 年代之前的数值线性代数教科书中, 计算运算量时通常只计算乘、除运算的次数. 这是因为当初的计算机做乘、除运算要比加、减运算慢的缘故. 进入 90 年代以

后, 由于计算机的运算速度大幅度地提高, 加、减运算与乘、除运算的速度已相差甚微, 因此现在是将一个算法的所有运算次数的总和作为运算量的. 另外, 假定某一算法共需做 $3n^3 + 20n^2 + 50$ 次加、减、乘、除运算, 则通常是略去其低阶项而说该算法的运算量为 $3n^3$.

这里需指出的是, 虽然运算量在一定程度上反映了算法的快慢程度, 但又不能完全依据运算量来判定一个算法的快慢. 这是因为现代计算机的运算速度远远高于数据的传输速度, 而这使得一个算法实际运行的快慢在很大程度上依赖于该算法软件实现后数据传输量的大小.

而对于迭代法, 除了对每步所需的运算量进行分析外, 还需对其收敛速度进行分析. 假定某一迭代法产生的序列 $\{x_k\}$ 满足

$$\|x_k - x\| \leqslant c\|x_{k-1} - x\|, \quad k = 1, 2, \cdots,$$

其中 $0 < c < 1$, 则称该算法是**线性收敛**的; 若满足

$$\|x_k - x\| \leqslant c\|x_{k-1} - x\|^2, \quad k = 1, 2, \cdots,$$

则称该算法是**平方收敛**的 (有时亦称**二次收敛**的), 其中 c 是一个不依赖于 k 的正数, 而且 c 越小越好. 显然, 平方收敛的算法要比线性收敛的算法快得多.

六、算法的软件实现与现行数值线性代数软件包

要将一个数值方法应用于实际计算, 还需在计算机上编制出可行的软件才行. 从数值方法到软件实现这一过程并非一个简单的编码过程, 成功的软件实现, 不仅需要软件编制者对算法的数学理论有深刻的理解, 而且还需要其对所用的计算机的内部结构有深入的了解, 并具有丰富的实际计算经验. 目前数值线性代数大部分基本算法都已收入现在最流行的两个软件包 LAPACK 和 MATLAB 中. 这两个软件包是由数十位专家经过几十年的不懈探索和不断改进而逐步形成的.

LAPACK 是英文 Linear Algebra PACKage 的缩写, 它包含了数值线性代数常用算法的用 C 语言和 Fortran 语言编制的通用子程序. 它是免费向公众提供的, 网址是:

World Wilde Web: `http://www.netlib.org/index.html`
Anonymous ftp: `ftp://ftp.netlib.org`

MATLAB 是英文 MATrix LABoratory 的缩写, 是一个需要花钱购买而并非免费提供的软件. 它是将数值线性代数常用算法和基本运算作为内部函数提供的, 用户使用起来十分方便. 例如, 计算两个矩阵 A 和 B 的乘积, 只需输入 "C=A*B" 即可; 要解线性方程组 $Ax = b$, 只需输入 "x=A\b" 即可. 但速度要比 LAPACK 慢一些. 最新版的 MATLAB 有五大通用功能: 数值计算功能、符号运算功能、数据可视化功能、数据图形文字统一处理功能和建模仿真可视化功能. 由于这五大功能在命题构思、模型建立、仿真研究、假想验证、数据处理和论文撰写等各个环节中的非凡能力, 使得 MATLAB 在线性代数、矩阵分析、数值计算、优化设计、数理统计、随机信号分析、信号和图像处理、控制理论分析和系统设计、建模和仿真、财政金融等众多领域的理论研究和工程设计中得到了广泛的应用.

七、符号说明

本书将用大写字母 (如 A, B, C, Λ, Δ 等) 来表示矩阵, 而用对应的带下标的小写字母 (如 a_{ij}, b_{ij}, c_{ij}, λ_{ij}, δ_{ij} 等) 来表示对应的矩阵的元素; 向量将用小写英文字母 (如 x, y, z, c, h, g 等) 来表示; 而小写希腊字母 (如 α, β, ρ, π 等) 用来表示实数或复数. I 表示单位矩阵, 其阶数根据上下文来确定; e_i 表示 I 的第 i 列. 由 I 经过行列交换所得到的矩阵称做**排列方阵**. 若 P 是一个 n 阶排列方阵, 则 $P = [e_{i_1}, e_{i_2}, \cdots, e_{i_n}]$, 其中 $i_1, i_2, \cdots, i_n$ 是由 $1, 2, \cdots, n$ 重新排列得到的. 对给定的向量 x, 我们常用 x_i 或 $x(i)$ 来表示它的第 i 个分量.

我们用 $\mathbf{R}^{m \times n}$ 表示全体 $m \times n$ 实矩阵组成的向量空间; n 维实向量的全体组成的向量空间将用 $\mathbf{R}^n$ 来表示; 对应的复空间将分别用 $\mathbf{C}^{m \times n}$ 和 $\mathbf{C}^n$ 来表示.

对于一个给定的方阵 A, 我们分别用 $\operatorname{tr} A$, $\operatorname{rank} A$ 和 $\det A$ 来表示 A 的迹、秩和行列式; 而当 A 非奇异时, 用 A^{-1} 来表示它的逆矩阵. 对于任意的 $m \times n$ 矩阵 A, 我们分别用 A^{T} 和 A^* 来表示 A 的

转置和共轭转置; 而用 $|A|$ 来表示 A 的元素取绝对值之后得到的矩阵. 有时为了符号简单起见, 我们常用 $A^{-\mathrm{T}}$ 来表示 A 的逆矩阵的转置, 即 $A^{-\mathrm{T}} = (A^{-1})^{\mathrm{T}}$.

为了使算法的表述更加简单明了, 我们在算法的叙述中将采用一些类似于 MATLAB 的记号. 用 $i : l : j$ 来表示从 i 到 j 步长为 l 的数的全体; 当 $l = 1$ 时, 通常简记为 $i : j$. 如 $10 : -1 : 8$ 表示 $10, 9, 8$ 这三个数, 而 $3 : 5$, 则表示 $3, 4, 5$ 这三个数. 用 $A(i, j)$ 来表示矩阵 A 的 (i, j) 位置上的元素; 分别用 $A(i, :)$ 和 $A(:, j)$ 来表示矩阵 A 的第 i 行和第 j 列; 用 $A(i_1 : i_2, k)$ 来表示由 A 的第 k 列的第 i_1 个元素到第 i_2 个元素所组成的列向量, 而用 $A(k, j_1 : j_2)$ 来表示由 A 的第 k 行的第 j_1 个元素到第 j_2 个元素所组成的行向量; 用 $A(k : l, p : q)$ 来表示由矩阵 A 的第 k 行到第 l 行和第 p 列到第 q 列的所有元素按原来的顺序所组成的 $(l - k + 1) \times (q - p + 1)$ 子矩阵. 例如, 假定

$$x = (1, 2, 3, 4, 5, 6, 7, 8),$$

则有

$$x(4 : 6) = (4, 5, 6).$$

再如, 若

$$A = \begin{bmatrix} 1 & 2 & 3 & 4 \\ 5 & 6 & 7 & 8 \\ 9 & 10 & 11 & 12 \end{bmatrix},$$

则有

$$A(2, 3) = 7, \quad A(2, :) = (5, 6, 7, 8),$$

$$A(2 : 3, 3 : 4) = \begin{bmatrix} 7 & 8 \\ 11 & 12 \end{bmatrix}, \quad A(1 : 2, 3) = \begin{bmatrix} 3 \\ 7 \end{bmatrix}.$$

第一章　线性方程组的直接解法

如何利用电子计算机来快速、有效地求解线性方程组是数值线性代数研究的核心问题, 而且也是目前仍在继续研究的重大课题之一. 这是因为各种各样的科学与工程问题往往最终都要归结为一个线性方程组的求解问题. 例如, 结构分析、网络分析、大地测量、数据分析、最优化及非线性方程组和微分方程组数值解等, 都常常遇到线性方程组的求解问题.

线性方程组的求解问题是一个古老的数学问题. 早在中国古代的《九章算术》中, 就已详细地载述了解线性方程组的消元法. 到了 19 世纪初, 西方也有了 Gauss 消去法. 然而求解未知数多的大型线性方程组则是在 20 世纪中叶电子计算机问世后才成为可能.

求解线性方程组的数值方法大体上可分为直接法和迭代法两大类. 直接法是指在没有舍入误差的情况下经过有限次运算可求得方程组的精确解的方法. 因此, 直接法又称为精确法. 迭代法则是采取逐次逼近的方法, 即从一个初始向量出发, 按照一定的计算格式, 构造一个向量的无穷序列, 其极限才是方程组的精确解, 只经过有限次运算得不到精确解.

这一章, 我们将主要介绍解线性方程组的一类最基本的直接法——Gauss 消去法. Gauss 消去法是目前求解中小规模线性方程组(即阶数不要太高, 例如不超过 1000) 最常用的方法, 它一般用于系数矩阵没有任何特殊结构的线性方程组. 如若系数矩阵具有某种特殊形式, 则为了尽可能地减少计算量与存储量, 需采用其他专门的方法来求解. 限于篇幅, 本书不涉及这些专门的方法, 有兴趣的读者可参阅有关的专著.

§1.1 三角形方程组和三角分解

1.1.1 三角形方程组的解法

由于三角形方程组简单易于求解, 而且它又是用分解方法解一般线性方程组的基础, 所以我们首先考虑这种特殊类型的线性方程组的解法.

先考虑下三角形方程组

$$Ly = b, \tag{1.1.1}$$

这里 $b = (b_1, \cdots, b_n)^{\mathrm{T}} \in \mathbf{R}^n$ 是已知的, $y = (y_1, \cdots, y_n)^{\mathrm{T}} \in \mathbf{R}^n$ 是未知的, 而 $L = [l_{ij}] \in \mathbf{R}^{n \times n}$ 是已知的非奇异下三角阵, 即

$$L = \begin{bmatrix} l_{11} & & & & \\ l_{21} & l_{22} & & & \\ l_{31} & l_{32} & l_{33} & & \\ \vdots & \vdots & \vdots & \ddots & \\ l_{n1} & l_{n2} & l_{n3} & \cdots & l_{nn} \end{bmatrix},$$

而且 $l_{ii} \neq 0 \ (i = 1, \cdots, n)$. 由方程组 (1.1.1) 的第一个方程

$$l_{11}y_1 = b_1,$$

得

$$y_1 = b_1/l_{11};$$

再由第二个方程

$$l_{21}y_1 + l_{22}y_2 = b_2,$$

得

$$y_2 = (b_2 - l_{21}y_1)/l_{22}.$$

一般地, 如果我们已求出 $y_1, \cdots, y_{i-1}$, 就可根据方程组 (1.1.1) 的第 i 个方程

$$l_{i1}y_1 + l_{i2}y_2 + \cdots + l_{i,i-1}y_{i-1} + l_{ii}y_i = b_i$$

求出

$$y_i = \left(b_i - \sum_{j=1}^{i-1} l_{ij} y_j\right) \Big/ l_{ii}.$$

这种解方程组 (1.1.1) 的方法称之为**前代法**. 如果在实际计算时将得到的 y_i 就存放在 b_i 所用的存储单元内, 并适当地调整一下运算次序, 可得如下算法:

算法 1.1.1(解下三角形方程组: 前代法)

for $j = 1 : n - 1$

　　　$b(j) = b(j)/L(j,j)$

　　　$b(j+1:n) = b(j+1:n) - b(j)L(j+1:n,j)$

end

$b(n) = b(n)/L(n,n)$

该算法所需要的加、减、乘、除运算的次数为

$$\sum_{i=1}^{n}(2i - 1) = 2 \times \frac{n(n+1)}{2} - n = n^2,$$

即该算法的运算量为 n^2.

再考虑上三角形方程组

$$Ux = y, \tag{1.1.2}$$

其中 $U = [u_{ij}] \in \mathbf{R}^{n \times n}$ 是非奇异上三角阵, 即 $u_{ij} = 0$ $(i > j)$, 而且 $u_{ii} \neq 0$ $(i = 1, 2, \cdots, n)$, $y = (y_1, \cdots, y_n)^{\mathrm{T}} \in \mathbf{R}^n$ 是已知的, $x = (x_1, \cdots, x_n)^{\mathrm{T}} \in \mathbf{R}^n$ 是未知的. 这一方程组可以用所谓的**回代法**解之, 即从方程组的最后一个方程出发依次求出 $x_n, x_{n-1}, \cdots, x_1$, 其计算公式为

$$x_i = \left(y_i - \sum_{j=i+1}^{n} u_{ij} x_j\right) \Big/ u_{ii}, \quad i = n, n-1, \cdots, 1;$$

其具体算法如下:

算法 1.1.2(解上三角形方程组: 回代法)

for $j = n : -1 : 2$

$\qquad y(j) = y(j)/U(j, j)$

$\qquad y(1 : j - 1) = y(1 : j - 1) - y(j)U(1 : j - 1, j)$

end

$y(1) = y(1)/U(1, 1)$

显然, 该算法的运算量亦为 n^2.

对于一般的线性方程组

$$Ax = b, \tag{1.1.3}$$

其中 $A \in \mathbf{R}^{n \times n}$ 和 $b \in \mathbf{R}^n$ 是已知的, $x \in \mathbf{R}^n$ 是未知的, 如果我们能够将 A 分解为 $A = LU$, 即一个下三角阵 L 与一个上三角阵 U 的乘积, 那么原方程组的解 x 便可由下面两步得到:

(1) 用前代法解 $Ly = b$ 得 y;

(2) 用回代法解 $Ux = y$ 得 x.

所以, 对于求解一般的线性方程组来说, 关键是如何将 A 分解为一个下三角阵 L 与一个上三角阵 U 的乘积. 这正是我们本节的中心任务.

1.1.2 Gauss 变换

欲把一个给定的矩阵 A 分解为一个下三角阵 L 与一个上三角阵 U 的乘积, 最自然的做法便是通过一系列的初等变换, 逐步将 A 约化为一个上三角阵, 而又能保证这些变换的乘积是一个下三角阵. 这可归结为: 对于一个任意给定的向量 $x \in \mathbf{R}^n$, 找一个尽可能简单的下三角阵, 使 x 经这一矩阵作用之后的第 $k + 1$ 至第 n 个分量均为零. 能够完成这一任务的最简单的下三角阵便是如下形式的初等下三角阵:

$$L_k = I - l_k e_k^{\mathrm{T}},$$

其中

$$l_k = (0, \cdots, 0, l_{k+1,k}, \cdots, l_{nk})^{\mathrm{T}},$$

即

$$L_k = \begin{bmatrix} 1 & & & & & \\ & \ddots & & & & \\ & & 1 & & & \\ & & -l_{k+1,k} & 1 & & \\ & & \vdots & & \ddots & \\ & & -l_{n,k} & & & 1 \end{bmatrix}.$$

这种类型的初等下三角阵称做 **Gauss 变换**, 而称向量 l_k 为 **Gauss 向量**.

对于一个给定的向量 $x = (x_1, \cdots, x_n)^{\mathrm{T}} \in \mathbf{R}^n$, 我们有

$$L_k x = (x_1, \cdots, x_k, x_{k+1} - x_k l_{k+1,k}, \cdots, x_n - x_k l_{nk})^{\mathrm{T}}.$$

由此立即可知, 只要取

$$l_{ik} = \frac{x_i}{x_k}, \quad i = k+1, \cdots, n,$$

便有

$$L_k x = (x_1, \cdots, x_k, 0, \cdots, 0)^{\mathrm{T}}.$$

当然, 这里我们要求 $x_k \neq 0$.

Gauss 变换 L_k 具有许多良好的性质. 例如, 它的逆是很容易求的. 事实上, 因为 $e_k^{\mathrm{T}} l_k = 0$, 所以

$$(I - l_k e_k^{\mathrm{T}})(I + l_k e_k^{\mathrm{T}}) = I - l_k e_k^{\mathrm{T}} l_k e_k^{\mathrm{T}} = I,$$

即

$$L_k^{-1} = I + l_k e_k^{\mathrm{T}}.$$

再如, 设 $A \in \mathbf{R}^{n \times n}$, 则有

$$L_k A = (I - l_k e_k^{\mathrm{T}}) A = A - l_k (e_k^{\mathrm{T}} A),$$

即 Gauss 变换作用于一个矩阵就相当于对该矩阵进行秩 1 修正.

1.1.3 三角分解的计算

假定 $A \in \mathbf{R}^{n \times n}$, A 的**三角分解**是指分解 $A = LU$, 其中 $L \in \mathbf{R}^{n \times n}$ 为下三角阵, $U \in \mathbf{R}^{n \times n}$ 为上三角阵. 基于分解式的这种表达方式, 有时亦称三角分解为 **LU 分解**.

下面我们来讨论怎样利用 Gauss 变换来实现 A 的三角分解. 先来考察一个简单的例子. 设

$$A = \begin{bmatrix} 1 & 4 & 7 \\ 2 & 5 & 8 \\ 3 & 6 & 10 \end{bmatrix}.$$

我们首先计算一个 Gauss 变换 L_1, 使得 $L_1 A$ 中第 1 列的后两个元素为 0. 容易算出这样的 L_1 为

$$L_1 = \begin{bmatrix} 1 & 0 & 0 \\ -2 & 1 & 0 \\ -3 & 0 & 1 \end{bmatrix},$$

且有

$$L_1 A = \begin{bmatrix} 1 & 4 & 7 \\ 0 & -3 & -6 \\ 0 & -6 & -11 \end{bmatrix}.$$

然后再计算 Gauss 变换 L_2, 使得 $L_2(L_1 A)$ 中第 2 列的最后一个元素为 0, 即取

$$L_2 = \begin{bmatrix} 1 & 0 & 0 \\ 0 & 1 & 0 \\ 0 & -2 & 1 \end{bmatrix},$$

便有

$$L_2(L_1 A) = \begin{bmatrix} 1 & 4 & 7 \\ 0 & -3 & -6 \\ 0 & 0 & 1 \end{bmatrix}.$$

对于一般的 n 阶矩阵 A, 在一定条件下, 我们也可以计算 $n-1$ 个 Gauss 变换 $L_1, \cdots, L_{n-1}$, 使得 $L_{n-1} \cdots L_1 A$ 为上三角阵. 事实上, 记 $A^{(0)} = A$, 并假定已求出 $k-1$ 个 Gauss 变换 $L_1, \cdots, L_{k-1} \in \mathbf{R}^{n \times n}\,(k < n)$, 使得

$$A^{(k-1)} = L_{k-1} \cdots L_1 A = \begin{bmatrix} A_{11}^{(k-1)} & A_{12}^{(k-1)} \\ 0 & A_{22}^{(k-1)} \end{bmatrix},$$

其中 $A_{11}^{(k-1)}$ 是 $k-1$ 阶上三角阵, $A_{22}^{(k-1)}$ 为

$$A_{22}^{(k-1)} = \begin{bmatrix} a_{kk}^{(k-1)} & \cdots & a_{kn}^{(k-1)} \\ \vdots & \ddots & \vdots \\ a_{nk}^{(k-1)} & \cdots & a_{nn}^{(k-1)} \end{bmatrix}.$$

如果 $a_{kk}^{(k-1)} \neq 0$, 则我们又可以确定一个 Gauss 变换 L_k, 使得 $L_k A^{(k-1)}$ 中第 k 列的最后 $n-k$ 个元素为 0. 由前面所介绍的 Gauss 变换可知, 这样的 L_k 应为

$$L_k = I - l_k e_k^{\mathrm{T}},$$

其中

$$l_k = (0, \cdots, 0, l_{k+1,k}, \cdots, l_{nk})^{\mathrm{T}}, \quad l_{ik} = \frac{a_{ik}^{(k-1)}}{a_{kk}^{(k-1)}}, \quad i = k+1, \cdots, n.$$

因为 $a_{kk}^{(k-1)} \neq 0$, 故 L_k 是唯一确定的. 对于这样确定的 L_k, 我们有

$$A^{(k)} = L_k A^{(k-1)} = \begin{bmatrix} A_{11}^{(k)} & A_{12}^{(k)} \\ 0 & A_{22}^{(k)} \end{bmatrix} \begin{matrix} k \\ n-k \end{matrix},$$
$$\quad\;\; k \qquad n-k$$

其中 $A_{11}^{(k)}$ 是 k 阶上三角阵. 从 $k=1$ 出发, 如此进行 $n-1$ 步, 最终所得矩阵 $A^{(n-1)}$ 即为我们所要求的上三角形式. 现令

$$L = \left(L_{n-1} L_{n-2} \cdots L_1\right)^{-1}, \quad U = A^{(n-1)},$$

则有 $A = LU$. 这样只要证明了 L 是下三角阵, 则我们就已经实现了 A 的三角分解. 事实上, 根据 Gauss 变换的特点, 我们很容易证明 L 是一个 $n \times n$ 的单位下三角阵, 即 L 是一个对角元均为 1 的下三角阵. 注意到对 $j < i$ 有 $e_j^{\mathrm{T}} l_i = 0$, 便有

$$
\begin{aligned}
L &= L_1^{-1} \cdots L_{n-1}^{-1} \\
&= (I + l_1 e_1^{\mathrm{T}})(I + l_2 e_2^{\mathrm{T}}) \cdots (I + l_{n-1} e_{n-1}^{\mathrm{T}}) \\
&= I + l_1 e_1^{\mathrm{T}} + \cdots + l_{n-1} e_{n-1}^{\mathrm{T}},
\end{aligned}
$$

即 L 具有如下形状:

$$
L = I + [l_1, l_2, \cdots, l_{n-1}, 0] = \begin{bmatrix}
1 & & & & \\
l_{21} & 1 & & & \\
l_{31} & l_{32} & 1 & & \\
\vdots & \vdots & \vdots & \ddots & \\
l_{n1} & l_{n2} & l_{n3} & \cdots & 1
\end{bmatrix}.
$$

由此可见, L 不仅是一个单位下三角阵, 而且是非常容易得到的.

这种计算三角分解的方法称做 **Gauss 消去法**. 实际计算时, 我们还需弄清的是: 当 L_k 作用于 $A^{(k-1)}$ 后, $A^{(k-1)}$ 的哪些元素做了改变? 以及做了怎样的改变? 此外, L_k 及 $A^{(k)}$ 的元素又是怎样存储起来的? 因为

$$
A^{(k)} = L_k A^{(k-1)} = (I - l_k e_k^{\mathrm{T}}) A^{(k-1)} = A^{(k-1)} - l_k e_k^{\mathrm{T}} A^{(k-1)},
$$

并注意到 $e_k^{\mathrm{T}} A^{(k-1)}$ 是 $A^{(k-1)}$ 的第 k 行以及 l_k 的前 k 个分量为 0, 我们即知 $A^{(k)}$ 和 $A^{(k-1)}$ 的前 k 行元素相同, 而

$$
\begin{aligned}
a_{ik}^{(k)} &= 0, \quad i = k+1, \cdots, n, \\
a_{ij}^{(k)} &= a_{ij}^{(k-1)} - l_{ik} a_{kj}^{(k-1)}, \quad i, j = k+1, \cdots, n.
\end{aligned}
$$

$A^{(k)}$ 与 L_k 的存储是这样考虑的: $A^{(k-1)}$ 中第 $k+1$ 行至第 n 行的元素在计算出 $A^{(k)}$ 以后不再有用, 故可以用新计算出的 $A^{(k)}$ 的元

素冲掉 $A^{(k-1)}$ 中相应位置上的元素. 此外, 由于 $A^{(k)}$ 的第 k 列对角元以下的元素 $a_{ik}^{(k)}$ $(i = k+1, \cdots, n)$ 为零, 无须存储, 故 l_k 中非零元即可存储在这些位置上. 例如, 一个 4×4 的矩阵 A 在经过两步消元后, 其形式为

$$\begin{bmatrix} a_{11}^{(0)} & a_{12}^{(0)} & a_{13}^{(0)} & a_{14}^{(0)} \\ l_{21} & a_{22}^{(1)} & a_{23}^{(1)} & a_{24}^{(1)} \\ l_{31} & l_{32} & a_{33}^{(2)} & a_{34}^{(2)} \\ l_{41} & l_{42} & a_{43}^{(2)} & a_{44}^{(2)} \end{bmatrix}.$$

综合上面的讨论, 可得如下算法:

算法 1.1.3 (计算三角分解: Gauss 消去法)

for $k = 1 : n-1$

$\qquad A(k+1:n, k) = A(k+1:n, k)/A(k, k)$

$\qquad A(k+1:n, k+1:n) = A(k+1:n, k+1:n)$

$\qquad\qquad\qquad\qquad\qquad - A(k+1:n, k)A(k, k+1:n)$

end

该算法所需要的加、减、乘、除运算次数为

$$\sum_{k=1}^{n-1} \left((n-k) + 2(n-k)^2 \right) = \frac{n(n-1)}{2} + \frac{n(n-1)(2n-1)}{3}$$

$$= \frac{2}{3}n^3 + O(n^2),$$

即该算法的运算量为 $\frac{2}{3}n^3$.

通常称 Gauss 消去过程中的 $a_{kk}^{(k-1)}$ 为**主元**. 显然, 当且仅当 $a_{kk}^{(k-1)}$ $(k = 1, \cdots, n-1)$ 均不为零时, 算法 1.1.3 才能进行到底. 那么自然要问: 给定的矩阵 A 满足什么条件, 才能保证所有主元均不为零? 这一问题可由下面的定理回答.

定理 1.1.1   主元 $a_{ii}^{(i-1)}$ $(i = 1, \cdots, k)$ 均不为零的充分必要条件是 A 的 i 阶顺序主子阵 A_i $(i = 1, \cdots, k)$ 都是非奇异的.

证明 对 k 用数学归纳法. 当 $k = 1$ 时, $A_1 = a_{11}^{(0)}$, 定理显然成立. 假设定理直至 $k-1$ 成立, 下面只需证明 "若 $A_1, \cdots, A_{k-1}$ 非奇异, 则 A_k 非奇异的充分必要条件是 $a_{kk}^{(k-1)} \neq 0$" 即可. 由归纳法假设知, $a_{ii}^{(i-1)} \neq 0$ $(i = 1, \cdots, k-1)$. 因此, Gauss 消去过程至少可进行 $k-1$ 步, 即可得到 $k-1$ 个 Gauss 变换 $L_1, \cdots, L_{k-1}$, 使得

$$A^{(k-1)} = L_{k-1} \cdots L_1 A = \begin{bmatrix} A_{11}^{(k-1)} & A_{12}^{(k-1)} \\ & A_{22}^{(k-1)} \end{bmatrix}, \tag{1.1.4}$$

其中 $A_{11}^{(k-1)}$ 是对角元为 $a_{ii}^{(i-1)}$ $(i = 1, \cdots, k-1)$ 的上三角阵. 由此可知 $A^{(k-1)}$ 的 k 阶顺序主子阵具有如下形状:

$$\begin{bmatrix} A_{11}^{(k-1)} & * \\ & a_{kk}^{(k-1)} \end{bmatrix}.$$

若将 $L_1, \cdots, L_{k-1}$ 的 k 阶顺序主子阵分别记为 $(L_1)_k, \cdots, (L_{k-1})_k$, 则由 (1.1.4) 式及下三角阵的性质可知

$$(L_{k-1})_k (L_{k-2})_k \cdots (L_1)_k A_k = \begin{bmatrix} A_{11}^{(k-1)} & * \\ & a_{kk}^{(k-1)} \end{bmatrix}.$$

注意到 L_i 是单位下三角阵, 由此立即得到

$$\det A_k = a_{kk}^{(k-1)} \det A_{11}^{(k-1)},$$

从而 A_k 非奇异当且仅当 $a_{kk}^{(k-1)} \neq 0$. □

将定理 1.1.1 与前面的讨论相结合, 就得到了如下一个矩阵的三角分解存在的充分条件:

定理 1.1.2 若 $A \in \mathbf{R}^{n \times n}$ 的顺序主子阵 $A_k \in \mathbf{R}^{k \times k}$ $(k = 1, \cdots, n-1)$ 均非奇异, 则存在唯一的单位下三角阵 $L \in \mathbf{R}^{n \times n}$ 和上三角阵 $U \in \mathbf{R}^{n \times n}$, 使得 $A = LU$.

§1.2 选主元三角分解

大家知道, 对于方程组 $Ax = b$ 来说, 只要 A 非奇异, 方程组就存在唯一的解. 然而, A 非奇异并不能保证其顺序主子阵 A_i $(i = 1, \cdots, n-1)$ 均非奇异. 因此, A 非奇异并不能保证 Gauss 消去过程能够进行到底. 这样, 我们的问题自然便是: 怎样修改算法 1.1.3 才能使其适应于非奇异矩阵呢? 此外, 在算法 1.1.3 中计算 l_{ik} 时, 若位于分母上的主元虽不为零但很小, 是否会对算法产生不良影响呢? 如果有影响, 该如何解决? 下面来看一个例子.

例 1.2.1   假定我们是在 3 位 10 进制的浮点数系下解方程组

$$\begin{bmatrix} 0.001 & 1.00 \\ 1.00 & 2.00 \end{bmatrix} \begin{bmatrix} x_1 \\ x_2 \end{bmatrix} = \begin{bmatrix} 1.00 \\ 3.00 \end{bmatrix}.$$

用算法 1.1.3 得

$$\widehat{L} = \begin{bmatrix} 1 & 0 \\ 1000 & 1 \end{bmatrix}, \quad \widehat{U} = \begin{bmatrix} 0.001 & 1.00 \\ 0 & -1000 \end{bmatrix},$$

从而得该方程组的计算解为 $\hat{x} = (0, 1)^{\mathrm{T}}$. 这与精确解

$$x = (1.002 \cdots, 0.998 \cdots)^{\mathrm{T}}$$

相差甚远.

上例中的问题是由小主元引起的. 当然, 如果用更高精度的计算机来计算, 可使计算解的精度提高. 然而仅以提高计算机的精度的方法去解决这个问题是不明智的, 因为计算机的精度毕竟是有限的. 事实上, 我们可以用下面的方法来避免小主元的出现.

如果交换例 1.2.1 的第一个与第二个方程的位置, 则原方程组变为

$$\begin{bmatrix} 1.00 & 2.00 \\ 0.001 & 1.00 \end{bmatrix} \begin{bmatrix} x_1 \\ x_2 \end{bmatrix} = \begin{bmatrix} 3.00 \\ 1.00 \end{bmatrix}.$$

再用算法 1.1.3 在同样的数系下进行计算, 可得

$$\widehat{L} = \left[\begin{array}{cc} 1 & 0 \\ 0.001 & 1 \end{array} \right], \quad \widehat{U} = \left[\begin{array}{cc} 1.00 & 2.00 \\ 0 & 1.00 \end{array} \right],$$

进而得原方程组的计算解为 $\hat{x} = (1.00, 1.00)^{\mathrm{T}}$. 这已与方程组的精确解相当接近了.

这种交换方程顺序的方法其实并不是解决小主元问题的唯一方法, 当然亦可通过交换未知向量 x 的分量在方程组中的顺序来解决. 这样, 如果出现小的主元, 我们就可以选择一个合适的元素, 交换 A 的行和列, 将此元素换到主元位置上. 例如, 在第 k 步中, 若 $a_{kk}^{(k-1)}$ 太小, 并且选择 $a_{pq}^{(k-1)} \neq 0$ 作为主元, 则我们需要先交换第 k 行和第 p 行, 再交换第 k 列和第 q 列, 从而将 $a_{pq}^{(k-1)}$ 移至 (k, k) 位置上, 消去过程用新的主元继续进行. 为了不打乱在消去过程中已经引入的零元素的分布, 所选的 $a_{pq}^{(k-1)}$ 的位置应该满足 $p, q \geqslant k$.

为了下面叙述简单起见, 我们引入初等置换矩阵 I_{pq}, 它是单位矩阵 I 的第 p 列与第 q 列交换所得到的矩阵, 即

$$I_{pq} = \left[e_1, \cdots, e_{p-1}, e_q, e_{p+1}, \cdots, e_{q-1}, e_p, e_{q+1}, \cdots, e_n \right].$$

用 I_{pq} 左乘矩阵 A, 便交换了 A 的第 p 行与第 q 行; 用 I_{pq} 右乘 A 便交换了 A 的第 p 列与第 q 列.

现在我们来看结合选主元的消去过程的具体做法. 假定消去过程已经进行了 $k-1$ 步, 即已经确定了 $k-1$ 个 Gauss 变换 $L_1, \cdots, L_{k-1} \in \mathbf{R}^{n \times n}$ 和 $2(k-1)$ 个初等置换矩阵

$$P_1, \cdots, P_{k-1} \in \mathbf{R}^{n \times n} \quad \text{和} \quad Q_1, \cdots, Q_{k-1} \in \mathbf{R}^{n \times n},$$

使得

$$\begin{aligned} A^{(k-1)} &= L_{k-1} P_{k-1} \cdots L_1 P_1 A Q_1 \cdots Q_{k-1} \\ &= \left[\begin{array}{cc} A_{11}^{k-1} & A_{12}^{(k-1)} \\ 0 & A_{22}^{(k-1)} \end{array} \right], \end{aligned}$$

其中 $A_{11}^{(k-1)}$ 为 $k-1$ 阶上三角阵, $A_{22}^{(k-1)}$ 为

$$A_{22}^{(k-1)} = \begin{bmatrix} a_{kk}^{(k-1)} & \cdots & a_{kn}^{(k-1)} \\ \vdots & & \vdots \\ a_{nk}^{(k-1)} & \cdots & a_{nn}^{(k-1)} \end{bmatrix}.$$

那么, 第 k 步是先在 $A_{22}^{(k-1)}$ 中选择尽可能大的主元, 即选

$$\left|a_{pq}^{(k-1)}\right| = \max\left\{\left|a_{ij}^{(k-1)}\right| : k \leqslant i, j \leqslant n\right\}.$$

如果 $a_{pq}^{(k-1)} = 0$, 则说明 A 的秩为 $k-1$, 消去过程结束; 否则, 交换 $A^{(k-1)}$ 的第 k 行与第 p 行以及第 k 列与 q 列. 记交换后的 $A_{22}^{(k-1)}$ 为

$$\widetilde{A}_{22}^{(k-1)} = \begin{bmatrix} \widetilde{a}_{kk}^{(k-1)} & \cdots & \widetilde{a}_{kn}^{(k-1)} \\ \vdots & & \vdots \\ \widetilde{a}_{nk}^{(k-1)} & \cdots & \widetilde{a}_{nn}^{(k-1)} \end{bmatrix}.$$

然后再计算 Gauss 变换 $L_k = I - l_k e_k^{\mathrm{T}}$, 其中

$$l_k = (0, \cdots, 0, \widetilde{l}_{k+1,k}, \cdots, \widetilde{l}_{n,k})^{\mathrm{T}}, \quad \widetilde{l}_{ik} = \frac{\widetilde{a}_{ik}^{(k-1)}}{\widetilde{a}_{kk}^{(k-1)}}, \quad i = k+1, \cdots, n.$$

这样便有

$$A^{(k)} = L_k P_k A^{(k-1)} Q_k = \begin{bmatrix} A_{11}^{(k)} & A_{12}^{(k)} \\ 0 & A_{22}^{(k)} \end{bmatrix} \begin{matrix} k \\ n-k \end{matrix},$$
$$\qquad\qquad\qquad\qquad\quad \begin{matrix} k & n-k \end{matrix}$$

其中 $A_{11}^{(k)}$ 是 k 阶上三角阵, $P_k = I_{kp}$, $Q_k = I_{kq} \in \mathbf{R}^{n\times n}$.

上述消去过程通常称做**全主元 Gauss 消去法**. 设全主元 Gauss 消去法进行到 r 步终止, 则我们得到初等变换阵 P_k, Q_k 和初等下三角阵 L_k $(k=1,\cdots,r)$, 使得

$$L_r P_r \cdots L_1 P_1 A Q_1 \cdots Q_r = U$$

为上三角阵. 令

$$Q = Q_1 \cdots Q_r,$$
$$P = P_r \cdots P_1,$$
$$L = P(L_r P_r \cdots L_1 P_1)^{-1},$$

则有

$$PAQ = LU. \tag{1.2.1}$$

可以证明这样得到的 L 是一个单位下三角阵, 而且它的第 k 列对角线以下的元素是由构成 L_k 的 Gauss 向量 l_k 的分量作相应的排列而得到的. 因此, L 的所有元素之模均不会超过 1.

事实上, 由于

$$L = P_r \cdots P_2 L_1^{-1} P_2 L_2^{-1} \cdots P_r L_r^{-1},$$

所以, 若定义

$$L^{(1)} = L_1^{-1}, \quad L^{(k)} = P_k L^{(k-1)} P_k L_k^{-1}, \quad k = 2, \cdots, r,$$

则有 $L = L^{(r)}$, 而且可应用数学归纳法证明 $L^{(k)}$ 具有如下的形状:

$$L^{(k)} = \begin{bmatrix} L_{11}^{(k)} & 0 \\ L_{21}^{(k)} & I_{n-k} \end{bmatrix}, \quad k = 1, \cdots, r, \tag{1.2.2}$$

其中 $L_{11}^{(k)}$ 是所有元素之模均小于 1 的 k 阶单位下三角阵, $L_{21}^{(k)}$ 是所有元素之模均小于 1 的 $(n-k) \times k$ 矩阵, I_{n-k} 表示 $n-k$ 阶单位矩阵.

由 $L^{(1)} = L_1^{-1}$ 和 L_1 的定义立即知道 $k = 1$ 时 (1.2.2) 式自然成立. 现假定对 $k-1$ 已证 (1.2.2) 式成立, 注意到 $P_k = I_{kp}$, 而且 $p \geqslant k$, 便有

$$L^{(k)} = P_k L^{(k-1)} P_k L_k^{-1} = \begin{bmatrix} L_{11}^{(k-1)} & 0 \\ \widetilde{L}_{21}^{(k-1)} & \widetilde{L}_k^{-1} \end{bmatrix}, \tag{1.2.3}$$

其中 $\widetilde{L}_{21}^{(k-1)}$ 是由 $L_{21}^{(k-1)}$ 交换了第 1 行和第 $p-k+1$ 行而得到的, 而

$$\widetilde{L}_k^{-1} = \begin{bmatrix} 1 & & & & \\ \widetilde{l}_{k+1,k} & 1 & & & \\ \widetilde{l}_{k+2,k} & 0 & 1 & & \\ \vdots & \vdots & \ddots & \ddots & \\ \widetilde{l}_{nk} & 0 & \cdots & 0 & 1 \end{bmatrix},$$

且 $|\widetilde{l}_{ik}| = |\widetilde{a}_{ik}^{(k-1)}/\widetilde{a}_{kk}^{(k-1)}| \leqslant 1$, 故 (1.2.3) 式表明 (1.2.2) 式对 k 亦成立. 于是, 由归纳法原理知, (1.2.2) 式对 $k = 1, \cdots, r$ 都成立, 从而 $L = L^{(r)}$ 是一个所有元素之模均小于 1 的 n 阶单位下三角阵.

此外, (1.2.3) 式亦给出了从 $L^{(1)} = L_1^{-1}$ 出发逐步构造 $L = L^{(r)}$ 的方法.

通常我们称 (1.2.1) 式为 A 的**全主元三角分解**. 从 (1.2.1) 式可以看出, 对 A 做全主元三角分解, 就相当于先对 A 做好所有的行列交换得 PAQ, 然后再对 PAQ 应用不选主元的 Gauss 消去法进行三角分解. 虽说这种做法并不能在实际中进行 (因为我们是在计算过程中逐步得到每个主元, 从而知道它们是否很小或为零), 然而在理论上, 这是有用的. 因此我们将其总结为如下定理:

定理 1.2.1   设 $A \in \mathbf{R}^{n \times n}$, 则存在排列矩阵 $P, Q \in \mathbf{R}^{n \times n}$, 以及单位下三角阵 $L \in \mathbf{R}^{n \times n}$ 和上三角阵 $U \in \mathbf{R}^{n \times n}$, 使得

$$PAQ = LU,$$

而且 L 的所有元素均满足 $|l_{ij}| \leqslant 1$, U 的非零对角元的个数恰好等于矩阵 A 的秩.

以上讨论可总结为如下算法:

算法 1.2.1 (计算全主元三角分解: 全主元 Gauss 消去法)
for $k = 1 : n - 1$
    确定 p, q ($k \leqslant p, q \leqslant n$), 使得
        $|A(p,q)| = \max\{|A(i,j)| : i = k : n, \ j = k : n\}$
    $A(k, 1 : n) \leftrightarrow A(p, 1 : n)$ (交换第 k 行和第 p 行)
    $A(1 : n, k) \leftrightarrow A(1 : n, q)$ (交换第 k 列和第 q 列)

$\qquad u(k) = p$ (记录置换矩阵 P_k)

$\qquad v(k) = q$ (记录置换矩阵 Q_k)

if $A(k,k) \neq 0$

$\qquad A(k+1:n,k) = A(k+1:n,k)/A(k,k)$

$\qquad A(k+1:n,k+1:n) = A(k+1:n,k+1:n)$
$$\qquad\qquad\qquad\qquad\qquad - A(k+1:n,k)A(k,k+1:n)$$

else

$\qquad$ stop (矩阵奇异)

end

$\quad$**end**

虽然全主元 Gauss 消去法弥补了不选主元的 Gauss 消去法的不足, 但是选主元付出的代价也是极其昂贵的. 因为在 A 非奇异的情况下, 选主元必须进行

$$\sum_{k=1}^{n-1}(n-k+1)^2 = \frac{1}{3}n^3 + O(n^2)$$

次两两元素之间的比较和相应的逻辑判断, 这在计算机上是相当费时的. 为了尽可能地减少所进行的比较, 人们提出了**列主元 Gauss 消去法**. 这种方法与全主元 Gauss 消去法的差别仅在于: 第 k 步只在 $A_{22}^{(k-1)}$ 的第 k 列上寻找模最大元, 即选

$$\big|a_{pk}^{(k-1)}\big| = \max\big\{\big|a_{ik}^{(k-1)}\big| : \ k \leqslant i \leqslant n\big\}.$$

这样, 第 k 步就不需进行列交换只进行行交换即可, 即有 $P_k = I_{kp}$, 而 $Q_k = I$; 而且从前面的讨论容易看出, 只要 A 非奇异, 则列主元 Gauss 消去法就可进行到底, 最终得到分解

$$PA = LU,$$

其中

$$U = A^{(n-1)},$$
$$P = P_{n-1}\cdots P_1,$$

$$L = P(L_{n-1}P_{n-1}\cdots L_1 P_1)^{-1}.$$

这一分解通常称为**列主元三角分解**或**列主元 LU 分解**, 其具体算法如下:

算法 1.2.2(计算列主元三角分解: 列主元 Gauss 消去法)

for $k = 1 : n - 1$

   确定 $p\ (k \leqslant p \leqslant n)$, 使得

      $|A(p,k)| = \max\{|A(i,k)| : i = k : n\}$

   $A(k, 1:n) \leftrightarrow A(p, 1:n)$ (交换第 k 行和第 p 行)

   $u(k) = p$ (记录置换矩阵 P_k)

   if $A(k,k) \neq 0$

      $A(k+1:n, k) = A(k+1:n, k)/A(k,k)$

      $A(k+1:n, k+1:n) = A(k+1:n, k+1:n)$
      $\qquad\qquad\qquad\qquad -A(k+1:n, k)A(k, k+1:n)$

   else

      stop   (矩阵奇异)

   end

end

   注意, 这一算法与算法 1.1.3 一样, 也是将 L 和 U 分别存储在 A 的下三角部分和上三角部分.

   设 $A \in \mathbf{R}^{n \times n}$ 非奇异, 那么利用列主元 Gauss 消去法求解线性方程组 $Ax = b$ 的计算过程就可按如下步骤进行:

   (1) 用算法 1.2.2 计算 A 的列主元 LU 分解: $PA = LU$;

   (2) 用算法 1.1.1 解下三角形方程组 $Ly = Pb$;

   (3) 用算法 1.1.2 解上三角形方程组 $Ux = y$.

   实际计算的经验和理论分析的结果表明, 列主元 Gauss 消去法与全主元 Gauss 消去法在数值稳定性方面完全可以媲美, 但它的运算量却大为减少. 因此, 它受到人们的青睐, 成为目前求解中小型稠密线性方程组最受欢迎的方法之一.

   作为本节的结束, 我们再给出一个计算的实例.

   例 1.2.2   考虑线性方程组 $Ax = b$, 其中右端项为

$$b = \frac{1-a^n}{1-a}\left(1, 1, \cdots, 1\right)^{\mathrm{T}},$$

而系数矩阵为 $A = B + \Delta B$, 这里

$$B = \begin{bmatrix} 1 & a & a^2 & \cdots & a^{n-2} & a^{n-1} \\ a & a^2 & a^3 & \cdots & a^{n-1} & 1 \\ \vdots & \vdots & \vdots & & \vdots & \vdots \\ a^{n-1} & 1 & a & \cdots & a^{n-3} & a^{n-2} \end{bmatrix},$$

矩阵 ΔB 的元素是服从正态分布的随机数.

现在取 $a = 1.01$, 对 $n = 500$ 和 $n = 1000$ 分别应用 Gauss 消去法和列主元 Gauss 消去法去求解该方程组. 当 $n = 500$ 时, Gauss 消去法耗时 5.1324 秒得到计算解 $\tilde{x}$ 满足 $\|b - A\tilde{x}\| = 3.1104 \times 10^3$, 而列主元 Gauss 消去法耗时 5.5380 秒得到计算解 $\tilde{x}$ 满足 $\|b - A\tilde{x}\| = 2.4219 \times 10^{-10}$; 当 $n = 1000$ 时, Gauss 消去法耗时 39.6554 秒得到计算解 $\tilde{x}$ 满足 $\|b - A\tilde{x}\| = 7.9078 \times 10^7$, 而列主元 Gauss 消去法耗时 40.4198 秒得到计算解 $\tilde{x}$ 满足 $\|b - A\tilde{x}\| = 6.4946 \times 10^{-8}$. 由此可见, 列选主元所付出的代价微乎其微, 但它却使计算解的精度大为提高.

§1.3 平 方 根 法

平方根法又叫做 **Cholesky 分解法**, 是求解对称正定线性方程组最常用的方法之一.

大家已经知道, 对于一般的方阵, 为了消除 LU 分解的局限性和误差的过分积累, 而采用了选主元的方法. 但对于对称正定矩阵而言, 选主元却是完全不必要的.

设 $A \in \mathbf{R}^{n \times n}$ 是对称正定的, 即 A 满足 $A^{\mathrm{T}} = A$, 而且 $x^{\mathrm{T}}Ax > 0$ 对一切的非零向量 $x \in \mathbf{R}^n$ 成立. 此时, 由定理 1.1.2 容易推出如下定理:

定理 1.3.1(Cholesky 分解定理) 若 $A \in \mathbf{R}^{n \times n}$ 对称正定, 则存在一个对角元均为正数的下三角阵 $L \in \mathbf{R}^{n \times n}$, 使得

$$A = LL^{\mathrm{T}}.$$

上式称为 **Cholesky 分解**, 其中的 L 称做 A 的 **Cholesky 因子**.

证明   由于 A 对称正定蕴涵着 A 的全部主子阵均正定, 因此, 由定理 1.1.2 知, 存在一个单位下三角阵 $\widetilde{L}$ 和一个上三角阵 U, 使得 $A = \widetilde{L}U$. 令

$$D = \operatorname{diag}(u_{11}, \cdots, u_{nn}), \quad \widetilde{U} = D^{-1}U,$$

则有

$$\widetilde{U}^{\mathrm{T}} D \widetilde{L}^{\mathrm{T}} = A^{\mathrm{T}} = A = \widetilde{L} D \widetilde{U},$$

从而

$$\widetilde{L}^{\mathrm{T}} \widetilde{U}^{-1} = D^{-1} \widetilde{U}^{-\mathrm{T}} \widetilde{L} D.$$

上式左边是一个单位上三角阵, 而右边是一个下三角阵, 故两边均为单位矩阵. 于是, $\widetilde{U} = \widetilde{L}^{\mathrm{T}}$, 从而 $A = \widetilde{L} D \widetilde{L}^{\mathrm{T}}$. 由此即知, D 的对角元均为正数. 令

$$L = \widetilde{L} \operatorname{diag}(\sqrt{u_{11}}, \cdots, \sqrt{u_{nn}}),$$

则 $A = LL^{\mathrm{T}}$, 且 L 的对角元 $l_{ii} = \sqrt{u_{ii}} > 0 \ (i = 1, \cdots, n)$.   □

因此, 若线性方程组 (1.1.3) 的系数矩阵是对称正定的, 则我们自然可按如下的步骤求其解:

(1) 计算 A 的 Cholesky 分解: $A = LL^{\mathrm{T}}$;

(2) 求解 $Ly = b$ 得 y;

(3) 求解 $L^{\mathrm{T}}x = y$ 得 x.

当然, 由定理 1.3.1 的证明可知, Cholesky 分解可用不选主元的 Gauss 消去法来实现. 然而, 更简单而实用的方法是通过直接比较 $A = LL^{\mathrm{T}}$ 两边的对应元素来计算 L. 设

$$L = \begin{bmatrix} l_{11} & & & \\ l_{21} & l_{22} & & \\ \vdots & \vdots & \ddots & \\ l_{n1} & l_{n2} & \cdots & l_{nn} \end{bmatrix}.$$

比较 $A = LL^{\mathrm{T}}$ 两边对应的元素, 得关系式

$$a_{ij} = \sum_{p=1}^{j} l_{ip}l_{jp}, \quad 1 \leqslant j \leqslant i \leqslant n. \tag{1.3.1}$$

首先, 由 $a_{11} = l_{11}^2$, 得

$$l_{11} = \sqrt{a_{11}}.$$

再由 $a_{i1} = l_{11}l_{i1}$, 得

$$l_{i1} = a_{i1}/l_{11}, \quad i = 1, \cdots, n.$$

这样便得到了矩阵 L 的第一列元素. 假定已经算出 L 的前 $k-1$ 列元素, 由

$$a_{kk} = \sum_{p=1}^{k} l_{kp}^2,$$

得

$$l_{kk} = \left(a_{kk} - \sum_{p=1}^{k-1} l_{kp}^2\right)^{\frac{1}{2}}. \tag{1.3.2}$$

再由

$$a_{ik} = \sum_{p=1}^{k-1} l_{ip}l_{kp} + l_{ik}l_{kk}, \quad i = k+1, \cdots, n,$$

得

$$l_{ik} = \left(a_{ik} - \sum_{p=1}^{k-1} l_{ip}l_{kp}\right)\Big/l_{kk}, \quad i = k+1, \cdots, n. \tag{1.3.3}$$

这样便又求出了 L 的第 k 列元素. 这种方法称为**平方根法**.

当然, 亦可按行来逐步计算 L. 由于 A 的元素 a_{ij} 被用来计算出 l_{ij} 以后不再使用, 所以可将 L 的元素存储在 A 的对应位置上. 这样我们就得到如下算法:

算法 1.3.1 (计算 Cholesky 分解: 平方根法)

for $k = 1 : n$

$\qquad A(k, k) = \sqrt{A(k, k)}$

$\qquad A(k+1 : n, k) = A(k+1 : n, k)/A(k, k)$

$\qquad$ for $j = k+1 : n$

$\qquad\qquad A(j : n, j) = A(j : n, j) - A(j : n, k)A(j, k)$

$\qquad$ end

end

容易算出, 该算法的运算量为 $\dfrac{1}{3}n^3$, 仅是 Gauss 消去法运算量的一半.

由公式 (1.3.2) 可以看出, 用平方根法解对称正定线性方程组时, 计算 L 的对角元 l_{ii} 需用到开方运算. 为了避免开方, 我们可求 A 的如下形式的分解:

$$A = LDL^{\mathrm{T}}, \tag{1.3.4}$$

其中 L 是单位下三角阵, D 是对角元均为正数的对角阵. 这一分解称做 **LDL^{T} 分解**, 是 Cholesky 分解的变形. 比较 (1.3.4) 式两边对应的元素, 得

$$a_{ij} = \sum_{k=1}^{j-1} l_{ik}d_k l_{jk} + l_{ij}d_j, \quad 1 \leqslant j \leqslant i \leqslant n.$$

由此可得确定 l_{ij} 和 d_j 的计算公式:

$$v_k = d_k l_{jk}, \quad k = 1, \cdots, j-1,$$

$$d_j = a_{jj} - \sum_{k=1}^{j-1} l_{jk}v_k,$$

$$l_{ij} = \left(a_{ij} - \sum_{k=1}^{j-1} l_{ik}v_k\right)\Big/d_j, \quad i = j+1, \cdots, n,$$

这里 $j = 1, \cdots, n$. 上述这种确定 A 的分解的方法称做 **改进的平方根方法**. 实际计算时, 是将 L 的严格下三角元素存储在 A 的对应位置上,

而将 D 的对角元存储在 A 的对应的对角位置上. 这样我们就得到如下的实用算法:

算法 1.3.2 (计算 LDL^T 分解: 改进的平方根法)

for $j = 1 : n$

    for $i = 1 : j - 1$

        $v(i) = A(j, i)A(i, i)$

    end

    $A(j, j) = A(j, j) - A(j, 1 : j - 1)v(1 : j - 1)$

    $A(j + 1 : n, j) = \big(A(j + 1 : n, j)$
                                $- A(j + 1 : n, 1 : j - 1)v(1 : j - 1)\big) \big/ A(j, j)$

end

这一算法的运算量与算法 1.3.1 一样也是 $\frac{1}{3}n^3$, 而且还不需开方运算.

一旦求得 A 的 LDL^T 分解, 只需再解

$$Ly = b \quad 和 \quad DL^T x = y$$

这两个三角方程组即可得到线性方程组 (1.1.3) 的解. 利用这种方法求解对称正定线性方程组所需的运算量仅是 Gauss 消去法的一半, 而且还不需要选主元. 此外, Cholesky 分解的计算过程是稳定的. 事实上, 由关系式

$$a_{ii} = \sum_{k=1}^{i} l_{ik}^2,$$

得

$$|l_{ij}| \leqslant \sqrt{a_{ii}}. \tag{1.3.5}$$

上式说明 Cholesky 分解中的量 l_{ij} 能够得以控制, 因此其计算过程是稳定的.

下面我们再给两个具体的例子. 例 1.3.1 是一个小型的例子, 是用来展示 Cholesky 分解法求解线性方程组的基本步骤的, 而例 1.3.2 是用来比较 Gauss 消去法与 Cholesky 分解法的快慢的.

例 1.3.1 设

$$A = \begin{bmatrix} 4 & -2 & 4 & 2 \\ -2 & 10 & -2 & -7 \\ 4 & -2 & 8 & 4 \\ 2 & -7 & 4 & 7 \end{bmatrix}, \quad b = \begin{bmatrix} 8 \\ 2 \\ 16 \\ 6 \end{bmatrix}.$$

利用改进的平方根法, 得

$$d_1 = a_{11} = 4,$$
$$l_{21} = a_{21}/d_1 = -2/4 = -1/2,$$
$$l_{31} = 1,$$
$$l_{41} = 1/2,$$
$$d_2 = a_{22} - l_{21}^2 d_1 = 10 - 1 = 9,$$
$$l_{32} = (a_{32} - l_{31}d_1 l_{21})/d_2 = (-2 - (-0.5) \times 4)/9 = 0,$$
$$l_{42} = -2/3,$$
$$d_3 = a_{33} - l_{31}^2 d_1 - l_{32}^2 d_2 = 8 - 4 = 4,$$
$$l_{43} = (a_{43} - l_{41}d_1 l_{31} - l_{42}d_2 l_{32})/d_3 = (4 - 2)/4 = 1/2,$$
$$d_4 = a_{44} - l_{41}^2 d_1 - l_{42}^2 d_2 - l_{43}^2 d_3 = 7 - 1 - 4 - 1 = 1.$$

这样, 我们便得到 A 的 LDL^T 分解的因子为

$$L = \begin{bmatrix} 1 & & & \\ -1/2 & 1 & & \\ 1 & 0 & 1 & \\ 1/2 & -2/3 & 1/2 & 1 \end{bmatrix}, \quad D = \mathrm{diag}\,(4, 9, 4, 1).$$

于是, 欲解方程组 $Ax = b$, 可先解 $Lz = b$, 得 $z = (8, 6, 8, 2)^T$; 再解 $Dy = z$, 得 $y = (2, 2/3, 2, 2)^T$; 最后解 $L^T x = y$, 得 $x = (1, 2, 1, 2)^T$.

例 1.3.2 考虑对称正定线性方程组 $Ax = b$, 其中向量 b 是随机生成的, 其元素是服从区间 $[0,1]$ 上均匀分布的随机数, 矩阵 $A = LL^T$,

这里 L 是随机生成的一个下三角阵, 其元素是服从区间 $[1,2]$ 上均匀分布的随机数.

对 $n = 10, 20, \cdots, 500$ 分别应用 Gauss 消去法、列主元 Gauss 消去法和 Cholesky 分解法求解该方程组. 图 1.1 画出了它们所用的 CPU 时间, 其中 "Gauss" 表示 Gauss 消去法, "PGauss" 表示列主元 Gauss 消去法, "Cholesky" 表示 Cholesky 分解法. 从图中可以看出, 对具有对称正定系数矩阵的线性方程组而言, Cholesky 分解法要比 Gauss 消去法快得多.

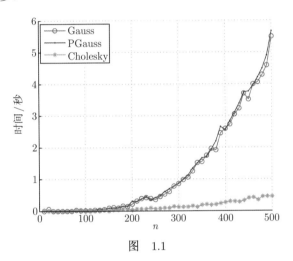

图　1.1

§1.4　分块三角分解

前面几节所介绍的 Gauss 消去法和平方根法是解线性方程组的最基本的方法, 同时也是最古老的方法. 随着计算机的飞速发展, 要将这些方法用于实际计算, 还需根据计算机的特点做适当的修正才能达到应有的效果. 为了弄清这点, 请看表 1.1. 这一试验是在巨型计算机 Cray YMP 上进行的, 其中 LINPACK 和 LAPACK 分别是 20 世纪 70 年代后期和 90 年代初期研制完成的两个著名的数值线性代数软件包, Mflops 表示 10^6 次浮点运算.

表　1.1

	1 Proc.	8 Procs.
Maximum Speed	330 Mflops	2640 Mflops
LINPACK (Cholesky, $n = 500$)	72 Mflops	72 Mflops
LAPACK (Cholesky, $n = 500$)	290 Mflops	1414 Mflops
LAPACK (Cholesky, $n = 1000$)	301 Mflops	2115 Mflops

从表 1.1 中可以看出, LINPACK 的 Cholesky 分解子程序在此计算机上的运行效率是非常低的, 1 个处理器时还不到计算机峰值的四分之一; 8 个处理器时就更低, 大约是峰值的四十分之一! 而 LAPACK 却几乎接近于峰值. 其实两者的运算量是完全一样的, 只是在运算次序上有所不同.

为了弄清为什么会出现这种情况, 我们首先需要了解一下现代计算机的存储结构. 现代计算机大都采用多级存储的方式: 寄存器 (Register)、缓冲器 (Cache)、主存 (Memory)、磁盘 (Disk) 和磁带 (Tape). 计算器直接与寄存器交换信息, 计算时需将所需的数据逐级传递到寄存器, 而计算结束后需将寄存器内的数据再逐级传递出去. 从寄存器依次到磁带其传递信息的速度越来越慢, 一般具有量级上的差别. 造价也是随着级别的下降而下降, 寄存器十分昂贵, 而磁盘和磁带则非常便宜. 因此一般计算机的磁盘和磁带的容量都很大, 而缓冲器和寄存器的容量就很小.

基于计算机的这种存储结构, 在编制软件时, 就应考虑到尽可能地减少内外存及寄存器和主存之间的数据传输. 假定完成某计算任务需要的运算量为 f, 而需要存取数的次数为 m, 则我们用

$$q = \frac{f}{m}$$

来表示平均每存取一次数可做的运算次数. 这样, 我们便有

$$f \cdot t_{\text{arith}} + m \cdot t_{\text{mem}} = f \cdot t_{\text{arith}} \left(1 + \frac{1}{q} \frac{t_{\text{mem}}}{t_{\text{arith}}} \right),$$

其中 t_{arith} 表示做一次运算所需时间, t_{mem} 表示存取一次数所需时间. 由此可见, q 越大, 就表明执行该任务的效率越高.

数值线性代数的算法一般主要是由一些向量运算、矩阵–向量运算和矩阵–矩阵运算组成的. 因此, 目前已将这三种类型的一些最常用的基本运算抽出来编制成了数值线性代数基础子程序, 叫做 BLAS, 是英文 Basic Linear Algebra Subroutines 的缩写. 它分为三类: BLAS1, 包括一些常用的向量运算, 如 $x \leftarrow \alpha x$, $\mu \leftarrow x^{\mathrm{T}} y$ 和 $y \leftarrow y + \alpha x$ 等; BLAS2, 包括一些常用的矩阵–向量运算, 如 $y \leftarrow y + \alpha Ax$ 等; BLAS3, 包括一些常用的矩阵–矩阵运算, 如 $C \leftarrow C + \alpha AB$ 等. 由于这些运算实际运行的效率如何是至关重要的, 因此计算机厂家已将 BLAS 标准化, 并根据其计算机的特点进行了优化处理. 有关 BLAS 的三种典型运算的运算次数、数据存取次数及它们的比参见表 1.2.

表 1.2

典型运算	f	m	$q = f/m$
$y \leftarrow y + \alpha x$	$2n$	$3n + 1$	$2/3$
$y \leftarrow y + Ax$	$2n^2$	$n^2 + 3n$	2
$C \leftarrow C + AB$	$2n^3$	$4n^2$	$n/2$

从表 1.2 中不难看出, 矩阵–矩阵运算的效率是最高的, 平均每存取一次数可做 $n/2$ 次运算. 因此在算法的设计和软件实现时就应尽可能多地使用矩阵–矩阵运算. LAPACK 正是基于这点而使其效率大幅度提高的. 下面我们简要地介绍一下怎样在计算一个矩阵的三角分解时尽可能多地使用 BLAS3.

设

$$A = \begin{bmatrix} A_{11} & A_{12} \\ A_{21} & A_{22} \end{bmatrix} \begin{matrix} b \\ n-b \end{matrix} .$$
$$\begin{matrix} \quad b \quad\quad n-b \end{matrix}$$

令

$$\begin{bmatrix} L_{11} & 0 \\ L_{21} & I \end{bmatrix} \begin{bmatrix} U_{11} & U_{12} \\ 0 & \widetilde{A}_{22} \end{bmatrix} = \begin{bmatrix} A_{11} & A_{12} \\ A_{21} & A_{22} \end{bmatrix} .$$

比较上式两边对应的块, 可得

$$A_{11} = L_{11}U_{11}, \quad A_{12} = L_{11}U_{12},$$
$$A_{21} = L_{21}U_{11}, \quad A_{22} = \widetilde{A}_{22} + L_{21}U_{12}.$$

这样, 我们便可按照如下的步骤来计算所要的各个子矩阵:

(1) 计算 A_{11} 的 LU 分解: $A_{11} = L_{11}U_{11}$, 得 L_{11} 和 U_{11};

(2) 解方程组 $L_{21}U_{11} = A_{21}$ 和 $L_{11}U_{12} = A_{12}$, 得 L_{21} 和 U_{12};

(3) 计算 $\widetilde{A}_{22} = A_{22} - L_{21}U_{12}$.

上述计算过程中最后两步均为 BLAS3 的基本运算, 而且我们还可以对 $\widetilde{A}_{22}$ 重复上面的过程. 这样我们就可设计出一种尽可能多地使用 BLAS3 的计算三角分解的算法. 当然, 实际计算时还需将主元选取结合进去才行. 此外, b 的大小需根据计算机的存储结构来确定.

习　题

1. 给出求下三角阵的逆矩阵的详细算法.

2. 设 S, $T \in \mathbf{R}^{n \times n}$ 为两个上三角阵, 而且线性方程组 $(ST - \lambda I)x = b$ 是非奇异的. 试给出一种运算量为 $O(n^2)$ 的算法来求解该方程组.

3. 证明: 如果 $L_k = I - l_k e_k^{\mathrm{T}}$ 是一个 Gauss 变换, 则 $L_k^{-1} = I + l_k e_k^{\mathrm{T}}$ 也是一个 Gauss 变换.

4. 确定一个 3×3 Gauss 变换 L, 使得

$$L \begin{bmatrix} 2 \\ 3 \\ 4 \end{bmatrix} = \begin{bmatrix} 2 \\ 7 \\ 8 \end{bmatrix}.$$

5. 证明: 如果 $A \in \mathbf{R}^{n \times n}$ 有三角分解, 并且是非奇异的, 那么定理 1.1.2 中的 L 和 U 都是唯一的.

6. 设 $A = [a_{ij}] \in \mathbf{R}^{n \times n}$ 的定义如下:

$$a_{ij} = \begin{cases} 1, & \text{如果 } i = j \text{ 或 } j = n, \\ -1, & \text{如果 } i > j, \\ 0, & \text{其他.} \end{cases}$$

证明: A 有满足 $|l_{ij}| \leqslant 1$ 和 $u_{nn} = 2^{n-1}$ 的三角分解.

7. 设 A 对称且 $a_{11} \neq 0$, 并假定经过一步 Gauss 消去之后, A 具有如下形状:

$$\begin{bmatrix} a_{11} & a_1^T \\ 0 & A_2 \end{bmatrix}.$$

证明: A_2 仍是对称阵.

8. 设 $A = [a_{ij}] \in \mathbf{R}^{n \times n}$ 是严格对角占优阵, 即 A 满足

$$|a_{kk}| > \sum_{\substack{j=1 \\ j \neq k}}^{n} |a_{kj}|, \quad k = 1, \cdots, n,$$

又设经过一步 Gauss 消去之后, A 具有如下形状:

$$\begin{bmatrix} a_{11} & a_1^T \\ 0 & A_2 \end{bmatrix}.$$

试证: 矩阵 A_2 仍是严格对角占优阵. 由此推断: 对于对称的严格对角占优阵来说, 用 Gauss 消去法和列主元 Gauss 消去法可得到同样的结果.

9. 设 $A \in \mathbf{R}^{n \times n}$ 有三角分解. 当把 Gauss 消去法应用于 $n \times (n+1)$ 矩阵 $[A, b]$ 时, 怎样才能不必存储 L 而解出 $Ax = b$? 需要多少次乘法运算?

10. 设 A 是正定阵. 如果对 A 执行 Gauss 消去一步产生一个形式为

$$\begin{bmatrix} a_{11} & a_1^T \\ 0 & A_2 \end{bmatrix}$$

的矩阵, 证明: A_2 仍是正定阵.

11. 设

$$A = \begin{bmatrix} A_{11} & A_{12} \\ A_{21} & A_{22} \end{bmatrix} \begin{matrix} k \\ n-k \end{matrix},$$
$$\begin{matrix} k & n-k \end{matrix}$$

并且 A_{11} 是非奇异的. 矩阵

$$S = A_{22} - A_{21}A_{11}^{-1}A_{12}$$

称为 A_{11} 在 A 中的 **Schur 余阵**. 证明: 如果 A_{11} 有三角分解, 那么经过 k 步 Gauss 消去以后, S 正好等于 (1.1.4) 式对应的矩阵 $A_{22}^{(k)}$.

12. 证明: 如果用全主元 Gauss 消去法得到 $PAQ = LU$, 则对任意的 i 有 $|u_{ii}| \geqslant |u_{ij}|$ $(j = i+1, \cdots, n)$.

13. 利用列主元 Gauss 消去法给出一种求矩阵的逆的实用算法.

14. 假定已知 $A \in \mathbf{R}^{n \times n}$ 的三角分解: $A = LU$. 试设计一个算法来计算 A^{-1} 的 (i, j) 元素.

15. 证明: 如果 $A^{\mathrm{T}} \in \mathbf{R}^{n \times n}$ 是严格对角占优阵 (参见第 8 题), 那么 A 有三角分解 $A = LU$, 并且 $|l_{ij}| < 1$.

16. 形如 $N(y, k) = I - ye_k^{\mathrm{T}}$ 的矩阵称做 **Gauss-Jordan 变换**, 其中 $y \in \mathbf{R}^n$.

(1) 假定 $N(y, k)$ 非奇异, 试给出计算其逆的公式;

(2) 向量 $x \in \mathbf{R}^n$ 满足何种条件才能保证存在 $y \in \mathbf{R}^n$, 使得

$$N(y, k)x = e_k?$$

(3) 给出一种利用 Gauss-Jordan 变换求 $A \in \mathbf{R}^{n \times n}$ 的逆矩阵 A^{-1} 的算法, 并且说明 A 满足何种条件才能保证你的算法能够进行到底.

17. 证明: 定理 1.3.1 中的下三角阵 L 是唯一的.

18. 证明: 如果 A 是一个带宽为 $2n+1$ 的对称正定带状矩阵, 则其 Cholesky 因子 L 也是带状矩阵. L 的带宽为多少?

19. 若 $A = LL^{\mathrm{T}}$ 是 A 的 Cholesky 分解, 试证: L 的 i 阶顺序主子阵 L_i 正好是 A 的 i 阶顺序主子阵 A_i 的 Cholesky 因子.

20. 证明: 若 $A \in \mathbf{R}^{n \times n}$ 是对称的, 而且其前 $n-1$ 个顺序主子阵均非奇异, 则 A 有唯一的分解式

$$A = LDL^{\mathrm{T}},$$

其中 L 是单位下三角阵, D 是对角阵.

21. 设

$$A = \begin{bmatrix} 16 & 4 & 8 & 4 \\ 4 & 10 & 8 & 4 \\ 8 & 8 & 12 & 10 \\ 4 & 4 & 10 & 12 \end{bmatrix}, \quad b = \begin{bmatrix} 32 \\ 26 \\ 38 \\ 30 \end{bmatrix}.$$

用平方根法证明 A 是正定的, 并给出方程组 $Ax = b$ 的解.

22. 给出按行计算 Cholesky 因子 L 的详细算法.

23. 利用改进的平方根法设计一种计算正定对称矩阵的逆的算法.

24. 设 $H = A + \mathrm{i}B$ 是一个正定 Hermite 矩阵, 其中 $A, B \in \mathbf{R}^{n \times n}$.

(1) 证明: 矩阵

$$C = \begin{bmatrix} A & -B \\ B & A \end{bmatrix}$$

是正定对称的;

(2) 试给出一种仅用实数运算的算法来求解线性方程组

$$(A+\mathrm{i}B)(x+\mathrm{i}y) = (b+\mathrm{i}c), \quad x, y, b, c \in \mathbf{R}^n.$$

上 机 习 题

1. 先用你所熟悉的计算机语言将不选主元和列主元 Gauss 消去法编写成通用的子程序; 然后用你编写的程序求解 84 阶方程组

$$\begin{bmatrix} 6 & 1 & & & & & \\ 8 & 6 & 1 & & & & \\ & 8 & 6 & 1 & & & \\ & & \ddots & \ddots & \ddots & & \\ & & & 8 & 6 & 1 & \\ & & & & 8 & 6 & 1 \\ & & & & & 8 & 6 \end{bmatrix} \begin{bmatrix} x_1 \\ x_2 \\ x_3 \\ \vdots \\ x_{82} \\ x_{83} \\ x_{84} \end{bmatrix} = \begin{bmatrix} 7 \\ 15 \\ 15 \\ \vdots \\ 15 \\ 15 \\ 14 \end{bmatrix};$$

最后将你的计算结果与方程组的精确解进行比较, 并就此谈谈你对 Gauss 消去法的看法.

2. 先用你所熟悉的计算机语言将平方根法和改进的平方根法编写成通用的子程序; 然后用你编写的程序求解对称正定方程组 $Ax = b$, 其中

(1) b 随机地选取, 系数矩阵 A 为 100 阶矩阵

$$\begin{bmatrix} 10 & 1 & & & & & \\ 1 & 10 & 1 & & & & \\ & 1 & 10 & 1 & & & \\ & & \ddots & \ddots & \ddots & & \\ & & & 1 & 10 & 1 & \\ & & & & 1 & 10 & 1 \\ & & & & & 1 & 10 \end{bmatrix};$$

(2) 系数矩阵 A 为 40 阶 Hilbert 矩阵, 即系数矩阵 A 的第 i 行第 j 列元素为

$$a_{ij} = \frac{1}{i+j-1},$$

向量 b 的第 i 个分量为

$$b_i = \sum_{j=1}^{n} \frac{1}{i+j-1}.$$

3. 用第 1 题的程序求解第 2 题的两个方程组并比较所有的计算结果, 然后评论各个方法的优劣.

第二章 线性方程组的敏度分析与消去法的舍入误差分析

我们已在上一章详细地介绍了如何用 Gauss 消去法求解线性方程组, 但从数值计算的角度来看, 这是不够的. 这是因为在实际计算时, 我们不仅要面对如何求解的问题, 而且还要面对数据不精确的问题和机器的有限精度问题. 只有讨论了后面这两个问题, 我们才可能知道, 所求得的解是否可靠. 而要讨论这两个问题, 我们需要用范数来描述向量与矩阵的扰动的大小等概念. 所以, 在这一章中, 我们首先介绍向量范数和矩阵范数的概念及其基本性质; 然后对线性方程组进行敏度分析, 讨论舍入误差问题, 并对列主元 Gauss 消去法进行详细的舍入误差分析; 最后介绍一种估计计算解精度的实用方法以及改进其计算精度的迭代方法.

§2.1 向量范数和矩阵范数

2.1.1 向量范数

向量范数的概念是复数模的概念的自然推广, 其定义如下:

定义 2.1.1 一个从 $\mathbf{R}^n$ 到 $\mathbf{R}$ 的非负函数 $\|\cdot\|$ 叫做 $\mathbf{R}^n$ 上的**向量范数**, 如果它满足:

(1) **正定性**: 对所有的 $x \in \mathbf{R}^n$, 有 $\|x\| \geqslant 0$, 而且 $\|x\| = 0$ 当且仅当 $x = 0$;

(2) **齐次性**: 对所有的 $x \in \mathbf{R}^n$ 和 $\alpha \in \mathbf{R}$, 有 $\|\alpha x\| = |\alpha|\, \|x\|$;

(3) **三角不等式**: 对所有的 $x, y \in \mathbf{R}^n$, 有 $\|x + y\| \leqslant \|x\| + \|y\|$.

由范数的性质 (2) 和 (3) 容易导出, 对任意的 $x, y \in \mathbf{R}^n$, 有

$$\big|\,\|x\| - \|y\|\,\big| \leqslant \|x - y\| \leqslant \max_{1 \leqslant i \leqslant n} \|e_i\| \sum_{i=1}^{n} |x_i - y_i|.$$

由此即知, $\|\cdot\|$ 作为 $\mathbf{R}^n$ 上的实函数是连续的.

最常用的向量范数是 p 范数 (亦称 **Hölder 范数**):

$$\|x\|_p = \big(|x_1|^p + \cdots + |x_n|^p\big)^{\frac{1}{p}}, \quad p \geqslant 1,$$

其中 $p = 1, 2, \infty$ 是最重要的, 即

$$\|x\|_1 = |x_1| + \cdots + |x_n|,$$
$$\|x\|_2 = \big(|x_1|^2 + \cdots + |x_n|^2\big)^{\frac{1}{2}} = \sqrt{x^{\mathrm{T}}x},$$
$$\|x\|_\infty = \max\{|x_i| : i = 1, \cdots, n\},$$

它们分别叫做 1 **范数**, 2 **范数** 和 ∞ **范数**. 这三个范数的正定性与齐次性是显然的, 而且也容易证明 $\|\cdot\|_1$ 和 $\|\cdot\|_\infty$ 满足三角不等式. 对 2 范数要证明三角不等式成立, 需要用到 Cauchy-Schwartz 不等式

$$|x^{\mathrm{T}}y| \leqslant \|x\|_2\|y\|_2, \quad x, y \in \mathbf{R}^n,$$

这个不等式是 Hölder 不等式

$$|x^{\mathrm{T}}y| \leqslant \|x\|_p\|y\|_q, \quad \frac{1}{p} + \frac{1}{q} = 1$$

的特殊情形. 事实上, 利用 Cauchy-Schwartz 不等式, 我们有

$$\|x + y\|_2^2 = (x + y)^{\mathrm{T}}(x + y) = \|x\|_2^2 + x^{\mathrm{T}}y + y^{\mathrm{T}}x + \|y\|_2^2$$
$$\leqslant \|x\|_2^2 + 2\|x\|_2\|y\|_2 + \|y\|_2^{\mathrm{T}} = (\|x\|_2^2 + \|y\|_2^2)^2.$$

由此即知 2 范数满足三角不等式.

尽管在 $\mathbf{R}^n$ 上可以引进各种各样的范数, 但在下面定理 2.1.1 所述的意义下所有这些范数都是等价的.

定理 2.1.1 设 $\|\cdot\|_\alpha$ 和 $\|\cdot\|_\beta$ 是 $\mathbf{R}^n$ 上任意两个范数, 则存在正常数 c_1 和 c_2, 使得对一切 $x \in \mathbf{R}^n$, 有

$$c_1\|x\|_\alpha \leqslant \|x\|_\beta \leqslant c_2\|x\|_\alpha.$$

这一定理的证明较为复杂, 这里略去. 有兴趣的读者可参看有关的参考书 (例如, 可参看文献 [6]).

例如, 对于 $\|\cdot\|_1$, $\|\cdot\|_2$ 和 $\|\cdot\|_\infty$ 这三种常用的向量范数, 有

$$\|x\|_2 \leqslant \|x\|_1 \leqslant \sqrt{n}\|x\|_2,$$
$$\|x\|_\infty \leqslant \|x\|_2 \leqslant \sqrt{n}\|x\|_\infty,$$
$$\|x\|_\infty \leqslant \|x\|_1 \leqslant n\|x\|_\infty.$$

利用定理 2.1.1 可证如下的重要结果:

定理 2.1.2 设 $x_k \in \mathbf{R}^n$, 则 $\lim\limits_{k \to \infty} \|x_k - x\| = 0$ 的充分必要条件是

$$\lim_{k \to \infty} |x_i^{(k)} - x_i| = 0, \quad i = 1, \cdots, n,$$

即向量序列的范数收敛等价于其分量收敛.

证明留作练习.

2.1.2 矩阵范数

若我们用 E_{ij} 表示在 (i, j) 位置上的元素是 1, 其余元素都是零的 $n \times n$ 矩阵, 则 E_{ij} 是线性无关的, 而且任一个 $n \times n$ 矩阵 $A = [a_{ij}]$ 都可表示为

$$A = \sum_{i=1}^{n} \sum_{j=1}^{n} a_{ij} E_{ij}.$$

这也就是说, 全体 $n \times n$ 实矩阵构成的空间的维数是 n^2. 因此, $\mathbf{R}^{n \times n}$ 亦可看做一个 n^2 维的向量空间. 这样, 我们自然想到将向量范数的概念直接推广到矩阵上. 然而这样推广的缺点是未考虑到矩阵的乘法运算. 因此实用的矩阵范数的定义是按如下的方式定义的:

定义 2.1.2 一个从 $\mathbf{R}^{n \times n}$ 到 $\mathbf{R}$ 的非负函数 $\|\cdot\|$ 叫做 $\mathbf{R}^{n \times n}$ 上的**矩阵范数**, 如果它满足:

(1) **正定性**: 对所有的 $A \in \mathbf{R}^{n \times n}$, 有 $\|A\| \geqslant 0$, 而且 $\|A\| = 0$ 当且仅当 $A = 0$;

(2) **齐次性**: 对所有的 $A \in \mathbf{R}^{n \times n}$ 和 $\alpha \in \mathbf{R}$, 有 $\|\alpha A\| = |\alpha| \, \|A\|$;

(3) **三角不等式**: 对所有的 $A, B \in \mathbf{R}^{n \times n}$, 有 $\|A+B\| \leqslant \|A\| + \|B\|$;

(4) **相容性**: 对所有的 $A, B \in \mathbf{R}^{n \times n}$, 有 $\|AB\| \leqslant \|A\| \|B\|$.

因为 $\mathbf{R}^{n \times n}$ 上的矩阵范数自然可以看做 $\mathbf{R}^{n^2}$ 上的向量范数, 所以矩阵范数具有向量范数的一切性质. 例如, 有

(1) $\mathbf{R}^{n \times n}$ 上的任意两个矩阵范数是等价的;

(2) 矩阵序列的范数收敛等价于其元素收敛, 即

$$\lim_{k \to \infty} \|A_k - A\| = 0 \Longleftrightarrow \lim_{k \to \infty} a_{ij}^{(k)} = a_{ij}, \ i, j = 1, \cdots, n,$$

其中 $A_k = \left[a_{ij}^{(k)} \right] \in \mathbf{R}^{n \times n}$.

矩阵与向量的乘积在矩阵计算中经常出现, 因此我们自然希望矩阵范数与向量范数之间最好具有某种协调性. 若将向量看做矩阵的特殊情形, 那么由矩阵范数的相容性, 我们便得到了这种协调性, 即矩阵范数与向量范数的相容性.

定义 2.1.3　若矩阵范数 $\| \cdot \|_M$ 和向量范数 $\| \cdot \|_v$ 满足

$$\|Ax\|_v \leqslant \|A\|_M \|x\|_v, \quad A \in \mathbf{R}^{n \times n}, \ x \in \mathbf{R}^n,$$

则称矩阵范数 $\| \cdot \|_M$ 与向量范数 $\| \cdot \|_v$ 是**相容**的.

在本书中, 如果没有特别说明, 凡同时涉及向量范数和矩阵范数的均假定它们是相容的. 事实上, 对任意给定的向量范数, 我们都可以构造一个与该向量范数相容的矩阵范数, 其方法如下面的定理所述.

定理 2.1.3　设 $\| \cdot \|$ 是 $\mathbf{R}^n$ 上的一个向量范数. 若定义

$$\|A\| = \max_{\|x\|=1} \|Ax\|, \quad A \in \mathbf{R}^{n \times n}, \tag{2.1.1}$$

则 $\| \cdot \|$ 是 $\mathbf{R}^{n \times n}$ 上的一个矩阵范数.

证明　首先, 由于 $\mathcal{D} = \{x \in \mathbf{R}^n : \|x\| = 1\}$ 是 $\mathbf{R}^n$ 中的有界闭集, 而 $\| \cdot \|$ 又是 $\mathbf{R}^n$ 上的连续函数, 所以存在向量 $x_0 \in \mathcal{D}$, 使得 $\|Ax_0\| = \max_{x \in \mathcal{D}} \|Ax\|$. 因此, 由 (2.1.1) 式所定义的 $\| \cdot \|$ 是有意义的.

其次, 对任意的 $x \in \mathbf{R}^n$, $x \neq 0$, 由 (2.1.1) 式知

$$\frac{\|Ax\|}{\|x\|} = \left\| A \frac{x}{\|x\|} \right\| \leqslant \|A\|,$$

从而有

$$\|Ax\| \leqslant \|A\|\,\|x\|, \quad x \in \mathbf{R}^n. \tag{2.1.2}$$

下面对任取的 $A, B \in \mathbf{R}^{n \times n}$, 证明 $\|\!|\cdot|\!\|$ 满足矩阵范数的四条性质.

(1) 正定性. 设 $A \neq 0$, 不妨设 A 的第 i 列非零, 即 $Ae_i \neq 0$. 由 (2.1.2) 式和向量范数的正定性, 有

$$0 < \|Ae_i\| \leqslant \|A\|\,\|e_i\|,$$

从而 $\|\!|A|\!\| > 0$.

(2) 齐次性. 任取 $\alpha \in \mathbf{R}$, 有

$$\|\!|\alpha A|\!\| = \max_{\|x\|=1} \|\alpha Ax\| = |\alpha| \max_{\|x\|=1} \|Ax\| = |\alpha|\,\|\!|A|\!\|.$$

(3) 三角不等式. 设 x 满足 $\|x\| = 1$, 使得 $\|(A+B)x\| = \|\!|A+B|\!\|$, 则由向量范数的三角不等式和 (2.1.2) 式, 有

$$\|\!|A+B|\!\| = \|(A+B)x\| \leqslant \|Ax\| + \|Bx\|$$
$$\leqslant \|\!|A|\!\|\,\|x\| + \|\!|B|\!\|\,\|x\| = \|\!|A|\!\| + \|\!|B|\!\|.$$

(4) 相容性. 设 $x \in \mathbf{R}^n$ 满足 $\|x\| = 1$, 使得 $\|ABx\| = \|\!|AB|\!\|$, 则由 (2.1.2) 式, 有

$$\|\!|AB|\!\| = \|ABx\| \leqslant \|\!|A|\!\|\,\|Bx\| \leqslant \|\!|A|\!\|\,\|\!|B|\!\|\,\|x\| = \|\!|A|\!\|\,\|\!|B|\!\|.$$

这样, 我们就完成了定理 2.1.3 的证明.　　　　　　　　　□

由 (2.1.1) 式定义的矩阵范数 $\|\!|\cdot|\!\|$ 称为**从属于向量范数** $\|\cdot\|$ **的矩阵范数**, 也称为由向量范数 $\|\cdot\|$ 诱导出的**算子范数**.

在上面的讨论中, 为了不致引起混淆, 我们将算子范数记做 $\|\!|\cdot|\!\|$. 今后为了简单起见, 我们仍将其记做 $\|\cdot\|$. 此外, 还需指出的是, 为了讨论方便, 我们在本节中仅考虑了方阵的范数, 但其大部分结论都适宜于长方阵的情形.

根据定理 2.1.3, 我们可从 $\mathbf{R}^n$ 上最常用的 p 范数得到 $\mathbf{R}^{n \times n}$ 上的算子范数 $\|\cdot\|_p$:

$$\|A\|_p = \max_{\|x\|_p = 1} \|Ax\|_p, \quad A \in \mathbf{R}^{n \times n}.$$

对于 $p = 1, 2, \infty$ 所对应的算子范数, 我们有如下的定理:

定理 2.1.4　设 $A = [a_{ij}] \in \mathbf{R}^{n \times n}$, 则有

$$\|A\|_1 = \max_{1 \leqslant j \leqslant n} \sum_{i=1}^n |a_{ij}|,$$

$$\|A\|_\infty = \max_{1 \leqslant i \leqslant n} \sum_{j=1}^n |a_{ij}|,$$

$$\|A\|_2 = \sqrt{\lambda_{\max}(A^{\mathrm{T}} A)},$$

其中 $\lambda_{\max}(A^{\mathrm{T}} A)$ 表示 $A^{\mathrm{T}} A$ 的最大特征值.

证明　$A = 0$ 时定理显然成立, 因此在下面的证明中总假定 $A \neq 0$. 对于 1 范数, 将给定的 $A \in \mathbf{R}^{n \times n}$ 按列分块为 $A = [a_1, \cdots, a_n]$, 并记 $\delta = \|a_{j_0}\|_1 = \max_{1 \leqslant j \leqslant n} \|a_j\|_1$, 则对任一满足 $\|x\|_1 = \sum_{i=1}^n |x_i| = 1$ 的 $x \in \mathbf{R}^n$, 有

$$\|Ax\|_1 = \left\| \sum_{j=1}^n x_j a_j \right\|_1 \leqslant \sum_{j=1}^n |x_j| \, \|a_j\|_1$$

$$\leqslant \left(\sum_{j=1}^n |x_j| \right) \max_{1 \leqslant j \leqslant n} \|a_j\|_1 = \|a_{j_0}\|_1 = \delta.$$

此外, 若取 e_{j_0} 为 n 阶单位矩阵的第 j_0 列, 则有 $\|e_{j_0}\|_1 = 1$, 而且

$$\|A e_{j_0}\|_1 = \|a_{j_0}\|_1 = \delta.$$

因此, 我们有

$$\|A\|_1 = \max_{\|x\|_1 = 1} \|Ax\|_1 = \delta = \max_{1 \leqslant j \leqslant n} \|a_j\|_1 = \max_{1 \leqslant j \leqslant n} \sum_{i=1}^n |a_{ij}|.$$

对于 ∞ 范数, 记 $\eta = \max\limits_{1 \leqslant i \leqslant n} \sum\limits_{j=1}^{n} |a_{ij}|$, 则对任一满足 $\|x\|_\infty = 1$ 的 $x \in \mathbf{R}^n$, 有

$$\|Ax\|_\infty = \max_{1 \leqslant i \leqslant n} \left| \sum_{j=1}^{n} a_{ij} x_j \right| \leqslant \max_{1 \leqslant i \leqslant n} \sum_{j=1}^{n} |a_{ij}| \, |x_j|$$

$$\leqslant \max_{1 \leqslant i \leqslant n} \sum_{j=1}^{n} |a_{ij}| = \eta.$$

设 A 的第 k 行的 1 范数最大, 即 $\eta = \sum\limits_{j=1}^{n} |a_{kj}|$. 令

$$\widetilde{x} = \left(\mathrm{sgn}\,(a_{k1}), \cdots, \mathrm{sgn}\,(a_{kn}) \right)^{\mathrm{T}},$$

则 $A \neq 0$ 蕴涵着 $\|\widetilde{x}\|_\infty = 1$, 而且容易证明 $\|A\widetilde{x}\|_\infty = \eta$. 这样, 我们就已经证明了

$$\|A\|_\infty = \eta = \max_{1 \leqslant i \leqslant n} \sum_{j=1}^{n} |a_{ij}|.$$

对于 2 范数, 应有

$$\|A\|_2 = \max_{\|x\|_2 = 1} \|Ax\|_2 = \max_{\|x\|_2 = 1} [(Ax)^{\mathrm{T}} Ax]^{\frac{1}{2}}$$

$$= \max_{\|x\|_2 = 1} [x^{\mathrm{T}} (A^{\mathrm{T}} A) x]^{\frac{1}{2}}.$$

注意, $A^{\mathrm{T}} A$ 是对称半正定的. 设其特征值为

$$\lambda_1 \geqslant \lambda_2 \geqslant \cdots \geqslant \lambda_n \geqslant 0,$$

以及它们对应的正交规范特征向量为 $v_1, \cdots, v_n \in \mathbf{R}^n$, 则对任一满足 $\|x\|_2 = 1$ 的向量 $x \in \mathbf{R}^n$, 有

$$x = \sum_{i=1}^{n} \alpha_i v_i \quad \text{和} \quad \sum_{i=1}^{n} \alpha_i^2 = 1.$$

于是, 有

$$x^{\mathrm{T}}A^{\mathrm{T}}Ax = \sum_{i=1}^{n} \lambda_i \alpha_i^2 \leqslant \lambda_1.$$

另一方面, 若取 $x = v_1$, 则有

$$x^{\mathrm{T}}A^{\mathrm{T}}Ax = v_1^{\mathrm{T}}A^{\mathrm{T}}Av_1 = v_1^{\mathrm{T}}\lambda_1 v_1 = \lambda_1.$$

所以

$$\|A\|_2 = \max_{\|x\|_2=1} \|Ax\|_2 = \sqrt{\lambda_1} = \sqrt{\lambda_{\max}(A^{\mathrm{T}}A)}.$$

于是, 定理得证. □

基于定理 2.1.4, 我们通常分别称矩阵的 1 范数, ∞ 范数和 2 范数为**列和范数**、**行和范数**和**谱范数**. 此外, 从这一定理容易看出, 矩阵列和范数与行和范数是很容易计算的, 而矩阵的谱范数就不适宜于实际计算, 它需要计算 $A^{\mathrm{T}}A$ 的最大特征值. 但是, 谱范数所具有的许多好的性质, 使它在理论研究中很有用处. 下面的定理列举了谱范数的几条最常用的性质.

定理 2.1.5   设 $A \in \mathbf{R}^{n \times n}$, 则

(1) $\|A\|_2 = \max\{|y^{\mathrm{T}}Ax| : x, y \in \mathbf{C}^n, \|x\|_2 = \|y\|_2 = 1\}$;

(2) $\|A^{\mathrm{T}}\|_2 = \|A\|_2 = \sqrt{\|A^{\mathrm{T}}A\|_2}$;

(3) 对任意的 n 阶正交矩阵 U 和 V, 有 $\|UA\|_2 = \|AV\|_2 = \|A\|_2$.

证明留作练习.

此外, 在 $\mathbf{R}^{n \times n}$ 上的另一个常用且易于计算的矩阵范数为

$$\|A\|_F = \Big(\sum_{i,j=1}^{n} |a_{ij}|^2 \Big)^{\frac{1}{2}},$$

通常称之为 **Frobenius 范数**, 它是向量 2 范数的自然推广.

作为本节的结束, 我们来证明几个本书经常使用的与范数有关的重要结果. 由于这些结果与谱半径有关, 因此, 为了讨论方便, 我们下面的讨论将在复数范围内展开. 大家容易看出, 本节前面所讲的所有概念与结果都可毫无困难地推广到复空间上.

定义 2.1.4   设 $A \in \mathbf{C}^{n \times n}$, 则称

$$\rho(A) = \max\{|\lambda| : \lambda \in \lambda(A)\}$$

为 A 的**谱半径**, 这里 $\lambda(A)$ 表示 A 的特征值的全体.

谱半径与矩阵范数之间有如下关系:

定理 2.1.6 设 $A \in \mathbf{C}^{n\times n}$, 则有

(1) 对 $\mathbf{C}^{n\times n}$ 上的任意矩阵范数 $\|\cdot\|$, 有

$$\rho(A) \leqslant \|A\|;$$

(2) 对任给的 $\varepsilon > 0$, 存在 $\mathbf{C}^{n\times n}$ 上的算子范数 $\|\cdot\|$, 使得

$$\|A\| \leqslant \rho(A) + \varepsilon.$$

证明 (1) 设 $x \in \mathbf{C}^n$ 满足

$$x \neq 0, \quad Ax = \lambda x, \quad |\lambda| = \rho(A),$$

则有

$$\rho(A)\|xe_1^{\mathrm{T}}\| = \|\lambda xe_1^{\mathrm{T}}\| = \|Axe_1^{\mathrm{T}}\| \leqslant \|A\| \|xe_1^{\mathrm{T}}\|,$$

从而有

$$\rho(A) \leqslant \|A\|.$$

(2) 由 Jordan 分解定理知, 存在非奇异矩阵 $X \in \mathbf{C}^{n\times n}$, 使得

$$X^{-1}AX = \begin{bmatrix} \lambda_1 & \delta_1 & & & \\ & \lambda_2 & \delta_2 & & \\ & & \ddots & \ddots & \\ & & & \lambda_{n-1} & \delta_{n-1} \\ & & & & \lambda_n \end{bmatrix},$$

其中 $\delta_i = 1$ 或 0. 对于任意给定的 $\varepsilon > 0$, 令

$$D_\varepsilon = \mathrm{diag}\,(1, \varepsilon, \varepsilon^2, \cdots, \varepsilon^{n-1}),$$

则有

$$D_\varepsilon^{-1} X^{-1} A X D_\varepsilon = \begin{bmatrix} \lambda_1 & \varepsilon\delta_1 & & & \\ & \lambda_2 & \varepsilon\delta_2 & & \\ & & \ddots & \ddots & \\ & & & \lambda_{n-1} & \varepsilon\delta_{n-1} \\ & & & & \lambda_n \end{bmatrix}.$$

现在定义

$$\|G\|_\varepsilon = \|D_\varepsilon^{-1} X^{-1} G X D_\varepsilon\|_\infty, \quad G \in \mathbf{C}^{n\times n},$$

则容易验证这样定义的函数 $\|\cdot\|_\varepsilon$ 是由如下定义的向量范数诱导出的算子范数:

$$\|x\|_{XD_\varepsilon} = \|(XD_\varepsilon)^{-1} x\|_\infty, \quad x \in \mathbf{C}^n,$$

而且有

$$\|A\|_\varepsilon = \|D_\varepsilon^{-1} X^{-1} A X D_\varepsilon\|_\infty = \max_{1 \leqslant i \leqslant n} (|\lambda_i| + |\varepsilon\delta_i|) \leqslant \rho(A) + \varepsilon,$$

其中假定 $\delta_n = 0$. $\qquad\qquad\qquad\qquad\qquad\qquad\qquad\qquad\qquad$ □

定理 2.1.7   设 $A \in \mathbf{C}^{n\times n}$, 则

$$\lim_{k\to\infty} A^k = 0 \Longleftrightarrow \rho(A) < 1.$$

证明   必要性   设 $\lim\limits_{k\to\infty} A^k = 0$, 并假定 $\lambda \in \lambda(A)$ 满足 $\rho(A) = |\lambda|$. 由于对任意的 k 有 $\lambda^k \in \lambda(A^k)$, 故由定理 2.1.6 知,

$$\rho(A)^k = |\lambda|^k \leqslant \rho(A^k) \leqslant \|A^k\|_2$$

对一切 k 成立, 从而必有 $\rho(A) < 1$.

充分性   设 $\rho(A) < 1$. 由定理 2.1.6 知, 必有算子范数 $\|\cdot\|$, 使得 $\|A\| < 1$, 从而

$$0 \leqslant \|A^k\| \leqslant \|A\|^k \to 0, \quad k \to \infty,$$

于是 $\lim\limits_{k\to\infty} A^k = 0$.   □

利用定理 2.1.7 容易证明如下的重要结果:

定理 2.1.8 设 $A \in \mathbf{C}^{n\times n}$, 则有

(1) $\sum\limits_{k=0}^{\infty} A^k$ 收敛的充分必要条件是 $\rho(A) < 1$;

(2) 当 $\sum\limits_{k=0}^{\infty} A^k$ 收敛时, 有

$$\sum_{k=0}^{\infty} A^k = (I - A)^{-1},$$

而且存在 $\mathbf{C}^{n\times n}$ 上的算子范数 $\|\cdot\|$, 使得

$$\left\| (I - A)^{-1} - \sum_{k=0}^{m} A^k \right\| \leqslant \frac{\|A\|^{m+1}}{1 - \|A\|}$$

对一切的自然数 m 成立.

由这一定理立即得到如下常用的结果:

推论 2.1.1 设 $\|\cdot\|$ 是 $\mathbf{C}^{n\times n}$ 上的一个满足条件 $\|I\| = 1$ 的矩阵范数, 并假定 $A \in \mathbf{C}^{n\times n}$ 满足 $\|A\| < 1$, 则 $I - A$ 可逆, 且有

$$\left\| (I - A)^{-1} \right\| \leqslant \frac{1}{1 - \|A\|}.$$

§2.2 线性方程组的敏度分析

一个线性方程组 $Ax = b$ 是由它的系数矩阵 A 和它的右端项 b 所确定的. 而在实际问题中, 通过观察或通过计算得到的 A 与 b 中的数据是带有误差的, 亦即 A, b 受到了扰动. 通常这种扰动相对于精确数据是微小的. 那么, 自然要问: A 和 b 的微小扰动将对线性方程组的解有何影响? 这就是所谓的线性方程组的敏感性问题. 也许读者认为, 既然 A, b 受到的扰动是微小的, 那么对应的方程组的解 x 的变化也应该是微小的. 然而对于某些实际问题, 情况并非如此, 请看下例.

例 2.2.1　线性方程组

$$\begin{bmatrix} 2.0002 & 1.9998 \\ 1.9998 & 2.0002 \end{bmatrix} \begin{bmatrix} x_1 \\ x_2 \end{bmatrix} = \begin{bmatrix} 4 \\ 4 \end{bmatrix}$$

的解为 $x = (1, 1)^{\mathrm{T}}$. 若方程组右端有扰动 $\delta b = (2 \times 10^{-4}, -2 \times 10^{-4})^{\mathrm{T}}$, 则原方程组变为

$$\begin{bmatrix} 2.0002 & 1.9998 \\ 1.9998 & 2.0002 \end{bmatrix} \begin{bmatrix} \widetilde{x}_1 \\ \widetilde{x}_2 \end{bmatrix} = \begin{bmatrix} 4.0002 \\ 3.9998 \end{bmatrix},$$

其解为 $\widetilde{x} = (1.5, 0.5)^{\mathrm{T}}$. 这样, 我们有

$$\frac{\|\widetilde{x} - x\|_\infty}{\|x\|_\infty} = \frac{1}{2}, \quad \frac{\|\delta b\|_\infty}{\|b\|_\infty} = \frac{1}{20000},$$

即解的相对误差是右端项相对误差的 10000 倍.

　　这个例子表明, 确实有一些线性方程组其系数的微小变化会引起解的巨大变化. 下面我们就一般的非奇异线性方程组 $Ax = b$ 来讨论其敏感性问题. 假定该方程组经微小扰动之后变为

$$(A + \delta A)(x + \delta x) = b + \delta b.$$

将 $b = Ax$ 代入上式并整理可得

$$(A + \delta A)\delta x = \delta b - \delta Ax. \tag{2.2.1}$$

由于 A 非奇异, 故在 δA 充分小时, $A + \delta A$ 仍是非奇异的. 事实上, 由推论 2.1.1 知, 只要 $\|A^{-1}\|\,\|\delta A\| < 1$, 就有 $A + \delta A$ 可逆, 而且

$$\|(I + A^{-1}\delta A)^{-1}\| \leqslant \frac{1}{1 - \|A^{-1}\|\,\|\delta A\|}. \tag{2.2.2}$$

因此, 在此条件下, 有 $A + \delta A = A(I + A^{-1}\delta A)$ 是非奇异的, 而且由 (2.2.1) 式可得

$$\begin{aligned} \delta x &= (A + \delta A)^{-1}(\delta b - \delta Ax) \\ &= (I + A^{-1}\delta A)^{-1}A^{-1}(\delta b - \delta Ax). \end{aligned}$$

两边取范数得

$$\|\delta x\| \leqslant \|(I + A^{-1}\delta A)^{-1}\| \, \|A^{-1}\| (\|\delta b\| + \|\delta A\| \, \|x\|)$$
$$\leqslant \frac{\|A^{-1}\|}{1 - \|A^{-1}\| \, \|\delta A\|} (\|\delta b\| + \|\delta A\| \, \|x\|),$$

其中最后一步利用了不等式 (2.2.2). 上式两边都除以 $\|x\|$ (当然, 这里假定 $x \neq 0$), 并注意到 $\|b\| \leqslant \|A\| \, \|x\|$, 便有

$$\frac{\|\delta x\|}{\|x\|} \leqslant \frac{\|A^{-1}\| \, \|A\|}{1 - \|A^{-1}\| \, \|\delta A\|} \left(\frac{\|\delta A\|}{\|A\|} + \frac{\|\delta b\|}{\|b\|} \right).$$

这样, 我们就证明了如下定理:

定理 2.2.1 设 $\|\cdot\|$ 是 $\mathbf{R}^{n \times n}$ 上的一个满足条件 $\|I\| = 1$ 的矩阵范数, 并假定 $A \in \mathbf{R}^{n \times n}$ 非奇异, $b \in \mathbf{R}^n$ 非零; 再假定 $\delta A \in \mathbf{R}^{n \times n}$ 满足 $\|A^{-1}\| \, \|\delta A\| < 1$. 若 x 和 $x + \delta x$ 分别是线性方程组

$$Ax = b \quad \text{和} \quad (A + \delta A)(x + \delta x) = b + \delta b$$

的解, 则

$$\frac{\|\delta x\|}{\|x\|} \leqslant \frac{\kappa(A)}{1 - \kappa(A)\frac{\|\delta A\|}{\|A\|}} \left(\frac{\|\delta A\|}{\|A\|} + \frac{\|\delta b\|}{\|b\|} \right), \tag{2.2.3}$$

其中 $\kappa(A) = \|A^{-1}\| \, \|A\|$.

当 $\frac{\|\delta A\|}{\|A\|}$ 较小时, 有

$$\frac{\kappa(A)}{1 - \kappa(A)\frac{\|\delta A\|}{\|A\|}} \approx \kappa(A),$$

从而有

$$\frac{\|\delta x\|}{\|x\|} \lessapprox \kappa(A) \left(\frac{\|\delta A\|}{\|A\|} + \frac{\|\delta b\|}{\|b\|} \right).$$

由此可知, 线性方程组的解 x 的相对误差的上界是右端项 b 和系数矩阵 A 的相对误差之和乘以一个放大倍数 $\kappa(A)$ 而得到的. 因此, 扰动

对线性方程组解的影响大小便与这个放大倍数有很大关系. 若这个放大倍数不大, 则扰动对解的影响也不会太大; 而若这个放大倍数很大, 则扰动对解的影响可能就很大. 于是, 我们有如下定义:

定义 2.2.1   称数 $\kappa(A) = \|A\|\|A^{-1}\|$ 为线性方程组 $Ax = b$ 的**条件数**.

条件数在一定程度上刻画了扰动对方程组解的影响程度. 通常, 若线性方程组的系数矩阵 A 的条件数 $\kappa(A)$ 很大, 则我们就说该线性方程组的求解问题是**病态**的, 有时亦说 A 是病态的; 反之, 若 $\kappa(A)$ 很小, 则我们就说该线性方程组的求解问题是**良态**的, 或说 A 是良态的.

显然, 条件数与范数有关, 当要强调使用什么样的范数时, 可在条件数上加上下标, 如

$$\kappa_2(A) = \|A\|_2 \|A^{-1}\|_2.$$

既然条件数与范数有关, 那么自然要问: 一个方程组在一种范数下是病态的, 在另一种范数下又如何呢? 事实上, 由矩阵范数的等价性容易推出, $\mathbf{R}^{n \times n}$ 上任意两个范数下的条件数 $\kappa_\alpha(A)$ 和 $\kappa_\beta(A)$ 都是等价的, 即存在常数 c_1 和 c_2, 使得

$$c_1 \kappa_\alpha(A) \leqslant \kappa_\beta(A) \leqslant c_2 \kappa_\alpha(A).$$

例如, 有

$$\frac{1}{n} \kappa_2(A) \leqslant \kappa_1(A) \leqslant n \kappa_2(A),$$

$$\frac{1}{n} \kappa_\infty(A) \leqslant \kappa_2(A) \leqslant n \kappa_\infty(A),$$

$$\frac{1}{n^2} \kappa_1(A) \leqslant \kappa_\infty(A) \leqslant n^2 \kappa_1(A).$$

这样, 一个矩阵在 α 范数下是病态的, 则它在 β 范数下也是病态的.

此外, 由不等式 (2.2.2) 容易导出如下结果:

推论 2.2.1   设 $\|\cdot\|$ 是 $\mathbf{R}^{n \times n}$ 上的一个满足条件 $\|I\| = 1$ 的矩阵范数, 并假定 $A \in \mathbf{R}^{n \times n}$ 是非奇异的, 而且 $\delta A \in \mathbf{R}^{n \times n}$ 满足 $\|A^{-1}\| \|\delta A\| < 1$, 则 $A + \delta A$ 也是非奇异的, 而且有

$$\frac{\|(A + \delta A)^{-1} - A^{-1}\|}{\|A^{-1}\|} \leqslant \frac{\kappa(A)}{1 - \kappa(A)\dfrac{\|\delta A\|}{\|A\|}} \frac{\|\delta A\|}{\|A\|}.$$

这表明 $\kappa(A) = \|A^{-1}\| \, \|A\|$ 亦可作为矩阵求逆问题的条件数.

最后我们再来看一下条件数的几何意义.

定理 2.2.2 设 $A \in \mathbf{R}^{n \times n}$ 非奇异, 则

$$\min\left\{\frac{\|\delta A\|_2}{\|A\|_2} : A + \delta A \text{ 奇异}\right\} = \frac{1}{\|A\|_2 \, \|A^{-1}\|_2} = \frac{1}{\kappa_2(A)}, \quad (2.2.4)$$

即在谱范数下, 一个矩阵的条件数的倒数恰好等于该矩阵与全体奇异矩阵所成集合的相对距离.

证明 只需证明

$$\min\left\{\|\delta A\|_2 : A + \delta A \text{ 奇异}\right\} = \frac{1}{\|A^{-1}\|_2}$$

即可. 由推论 2.1.1 可知, 当 $\|A^{-1}\|_2 \, \|\delta A\|_2 < 1$ 时, $A + \delta A$ 必是非奇异的, 从而有

$$\min\left\{\|\delta A\|_2 : A + \delta A \text{ 奇异}\right\} \geqslant \frac{1}{\|A^{-1}\|_2}. \quad (2.2.5)$$

此外, 由于谱范数是由向量 2 范数诱导出的算子范数, 因而必存在满足 $\|x\|_2 = 1$ 的 $x \in \mathbf{R}^n$, 使得 $\|A^{-1}x\|_2 = \|A^{-1}\|_2$. 现令

$$y = \frac{A^{-1}x}{\|A^{-1}x\|_2}, \quad \delta A = -\frac{xy^{\mathrm{T}}}{\|A^{-1}\|_2},$$

则有 $\|y\|_2 = 1$, 而且

$$(A + \delta A)y = Ay + \delta Ay = \frac{x}{\|A^{-1}x\|_2} - \frac{x}{\|A^{-1}\|_2} = 0,$$

$$\|\delta A\|_2 = \max_{\|z\|_2 = 1}\left\|\frac{xy^{\mathrm{T}}}{\|A^{-1}\|_2}z\right\|_2 = \frac{\|x\|_2}{\|A^{-1}\|_2}\max_{\|z\|_2 = 1}|y^{\mathrm{T}}z| = \frac{1}{\|A^{-1}\|_2}.$$

这也就是说, 我们已经找到了一个 $\delta A \in \mathbf{R}^{n \times n}$ 使得 $A + \delta A$ 奇异, 而且又有 $\|\delta A\|_2 = \|A^{-1}\|_2^{-1}$. 这样, 结合 (2.2.5) 式便有 (2.2.4) 式成立. □

定理 2.2.2 表明, 当 $A \in \mathbf{R}^{n \times n}$ 十分病态时, A 已与一个奇异矩阵十分靠近.

§2.3 基本运算的舍入误差分析

这一节我们将对浮点数的基本运算的舍入误差进行分析, 这是对各种数值计算方法作误差分析的基础.

大家知道, 计算机中的浮点数 f 可表示为

$$f = \pm w \times \beta^J, \quad L \leqslant J \leqslant U,$$

这里 β 是机器所用浮点数的基底, J 是阶, w 是尾数. 尾数 w 一般可表示为

$$w = 0.d_1 d_2 \cdots d_t,$$

其中 t 是尾数位数, 称为字长, $0 \leqslant d_i < \beta$. 若 $d_1 \neq 0$, 则称该浮点数为规格化浮点数.

若用 $\mathcal{F}$ 表示一个系统的浮点数全体所构成的集合, 则

$$\mathcal{F} = \{0\} \cup \{f : f = \pm 0.d_1 \cdots d_t \times \beta^J, 0 \leqslant d_i < \beta,$$
$$d_1 \neq 0, \, L \leqslant J \leqslant U\}.$$

显然, 集合 $\mathcal{F}$ 可用四元数组 (β, t, L, U) 来刻画. 机器不同, 这四个值亦不同, 较典型的值是 $(2, 56, -63, 64)$.

集合 $\mathcal{F}$ 是一个包含 $2(\beta-1)\beta^{t-1}(U-L+1)+1$ 个数的有限集, 这些数对称地分布在区间 $[m, M]$ 和 $[-M, -m]$ 中, 其中

$$m = \beta^{L-1}, \quad M = \beta^U(1 - \beta^{-t}). \tag{2.3.1}$$

值得注意的是, 这些数在 $[m, M]$ 和 $[-M, -m]$ 中的分布是不等距的. 例如, 若 $\beta = 2, t = 2, L = -1$ 和 $U = 2$, 则 $\mathcal{F}$ 中 17 个数的分布如图 2.1 所示.

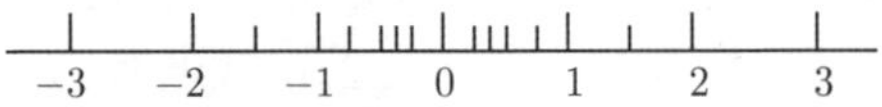

图   2.1

既然 $\mathcal{F}$ 只是一个有限集, 它就不可能将 $[m, M]$ 和 $[-M, -m]$ 中的任意实数表示出来. 例如, 数 0.584635 是无法用 4 位 10 进制浮点数表示出来的 (尽管它可以用 6 位浮点数表示出来). 这一点就决定了在计算机中浮点数的运算是无法精确进行的. 再例如, 计算两个 t 位浮点数的乘积, 若要精确表示一般要 $2t$ 位浮点数, 用 t 位浮点数表示自然是不精确的, 由此便会产生舍入误差. 下面我们就来讨论对于一个给定的实数, 应选择什么样的浮点数去表示它, 由此产生的相对误差又是多少.

记实数 x 的浮点数表示为 $\mathrm{fl}(x)$. 若 $x = 0$, 则 $\mathrm{fl}(x)$ 取为零. 若 $m \leqslant |x| \leqslant M$, 则当使用舍入法时, 取 $\mathrm{fl}(x)$ 为 $\mathcal{F}$ 中最接近于 x 的数 f; 当使用截断法时, 取 $\mathrm{fl}(x)$ 为 $\mathcal{F}$ 中满足 $|f| \leqslant |x|$ 且最接近于 x 的数 f. 例如, 对 $(\beta, t, L, U) = (10, 3, 0, 2)$ 和实数 $x = 5.45627$, 若用舍入法, 则有 $\mathrm{fl}(x) = 0.546 \times 10$; 若用截断法, 则有 $\mathrm{fl}(x) = 0.545 \times 10$.

有了实数的浮点数表示以后, 我们就可确定它的相对误差. 这是进行误差分析的基础. 下面的基本定理给出了一个实数表示成浮点数所引起的相对误差.

定理 2.3.1 设 $m \leqslant |x| \leqslant M$, 其中 m 和 M 由 (2.3.1) 式定义, 则

$$\mathrm{fl}(x) = x(1 + \delta), \quad |\delta| \leqslant \mathbf{u}, \tag{2.3.2}$$

其中 $\mathbf{u}$ 为**机器精度**, 即

$$\mathbf{u} = \begin{cases} \dfrac{1}{2}\beta^{1-t}, & \text{用舍入法}, \\ \beta^{1-t}, & \text{用截断法}. \end{cases}$$

证明 现不妨假定 $x > 0$ (因若 $x < 0$, 证明完全类似). 设 α 是满足

$$\beta^{\alpha-1} \leqslant x < \beta^{\alpha} \tag{2.3.3}$$

的唯一整数. 在 $[\beta^{\alpha-1}, \beta^{\alpha})$ 中浮点数的阶为 α, 所以在这个区间中所有 t 位的浮点数以间距 $\beta^{\alpha-t}$ 分布. 对于舍入法, 根据 (2.3.3) 式, 有

$$|\mathrm{fl}(x) - x| \leqslant \frac{1}{2}\beta^{\alpha-t} = \frac{1}{2}\beta^{\alpha-1}\beta^{1-t} \leqslant \frac{1}{2}x\beta^{1-t},$$

即

$$\frac{|\mathrm{fl}(x) - x|}{x} \leqslant \frac{1}{2}\beta^{1-t}; \tag{2.3.4}$$

对于截断法, 有

$$|\mathrm{fl}(x) - x| \leqslant \beta^{\alpha-t} = \beta^{\alpha-1}\beta^{1-t} \leqslant x\beta^{1-t},$$

即

$$\frac{|\mathrm{fl}(x) - x|}{x} \leqslant \beta^{1-t}. \tag{2.3.5}$$

这样我们就证明了 (2.3.2) 式. □

注 2.3.1 为了以后使用方便, 我们有时也将定理 2.3.1 中的 $\mathrm{fl}(x)$ 表示为

$$\mathrm{fl}(x) = \frac{x}{1+\delta}, \quad |\delta| \leqslant \mathbf{u}.$$

现在我们来考虑基本运算的舍入误差. 设 $a, b \in \mathcal{F}$ 是两个给定的浮点数, 我们用 ∘ 来表示 $+, -, \times, /$ 中任意一种运算. $\mathrm{fl}(a \circ b)$ 的意义是先进行运算, 得到精确的实数, 再按舍入规则表示成浮点数. 在运算中, 若出现 $|a \circ b| > M$ 或 $0 < |a \circ b| < m$, 则就是发生了上溢或下溢. 在不发生溢出的情况下, 由定理 2.3.1 立即得到如下定理:

定理 2.3.2 设 $a, b \in \mathcal{F}$, 则

$$\mathrm{fl}(a \circ b) = (a \circ b)(1 + \delta), \quad |\delta| \leqslant \mathbf{u}.$$

利用这些基本浮点运算的相对误差界, 可以建立更复杂的运算的相对误差界.

例 2.3.1 设 x, y 是两个由浮点数构成的 n 维向量. 试估计 $|\mathrm{fl}(x^{\mathrm{T}}y) - x^{\mathrm{T}}y|$ 的上界.

解 令

$$S_k = \mathrm{fl}\left(\sum_{i=1}^{k} x_i y_i\right),$$

则由定理 2.3.2, 可得

$$S_1 = x_1 y_1 (1 + \gamma_1), \quad |\gamma_1| \leqslant \mathbf{u},$$

$$S_k = \mathrm{fl}\,(S_{k-1} + \mathrm{fl}\,(x_k y_k))$$

$$= [S_{k-1} + x_k y_k (1 + \gamma_k)](1 + \delta_k), \quad |\delta_k|, |\gamma_k| \leqslant \mathbf{u},$$

于是有

$$\mathrm{fl}\,(x^{\mathrm{T}} y) = S_n = \sum_{i=1}^{n} x_i y_i (1 + \gamma_i) \prod_{j=i}^{n} (1 + \delta_j)$$

$$= \sum_{i=1}^{n} (1 + \varepsilon_i) x_i y_i, \tag{2.3.6}$$

其中

$$1 + \varepsilon_i = (1 + \gamma_i) \prod_{j=i}^{n} (1 + \delta_j),$$

这里我们定义 $\delta_1 = 0$. 这样, 我们就有

$$|\mathrm{fl}\,(x^{\mathrm{T}} y) - x^{\mathrm{T}} y| \leqslant \sum_{i=1}^{n} |\varepsilon_i| |x_i y_i| \leqslant 1.01 n \mathbf{u} \sum_{i=1}^{n} |x_i y_i|,$$

其中最后一个不等式用了下面将要证明的定理 2.3.3 的结论. 注意上式表明, 若 $|x^{\mathrm{T}} y| \ll \sum\limits_{i=1}^{n} |x_i y_i|$, 则 $\mathrm{fl}\,(x^{\mathrm{T}} y)$ 的相对误差可能会很大.

定理 2.3.3 若 $|\delta_i| \leqslant \mathbf{u}$ 且 $n\mathbf{u} \leqslant 0.01$, 那么

$$1 - n\mathbf{u} \leqslant \prod_{i=1}^{n} (1 + \delta_i) \leqslant 1 + 1.01 n\mathbf{u},$$

或写成

$$\prod_{i=1}^{n} (1 + \delta_i) = 1 + \delta, \quad |\delta| \leqslant 1.01 n\mathbf{u}.$$

证明 因为 $|\delta_i| \leqslant \mathbf{u}$, 故有

$$(1 - \mathbf{u})^n \leqslant \prod_{i=1}^{n} (1 + \delta_i) \leqslant (1 + \mathbf{u})^n. \tag{2.3.7}$$

先估计 $(1-\mathbf{u})^n$ 的下界. 利用函数 $(1-x)^n$ $(0<x<1)$ 的 Taylor 展开

$$(1-x)^n = 1 - nx + \frac{n(n-1)}{2}(1-\theta x)^{n-2}x^2,$$

得到

$$1 - nx \leqslant (1-x)^n.$$

由此立即得到

$$1 - 1.01n\mathbf{u} \leqslant 1 - n\mathbf{u} \leqslant (1-\mathbf{u})^n. \tag{2.3.8}$$

下面估计 $(1+\mathbf{u})^n$ 的上界. 由 e^x 的幂级数展开

$$e^x = 1 + x + \frac{x^2}{2!} + \frac{x^3}{3!} + \cdots$$
$$= 1 + x + \frac{x}{2} \cdot x \cdot \left(1 + \frac{x}{3} + \frac{2x^2}{4!} + \cdots\right)$$

立即知道, 当 $0 \leqslant x \leqslant 0.01$ 时, 有

$$1 + x \leqslant e^x \leqslant 1 + x + \frac{0.01}{2}xe^x \leqslant 1 + 1.01x, \tag{2.3.9}$$

这里用到了 $e^{0.01} < 2$ 这一事实. 令 $x=\mathbf{u}$, 由 (2.3.9) 式左端不等式得

$$(1+\mathbf{u})^n \leqslant e^{n\mathbf{u}}; \tag{2.3.10}$$

令 $x = n\mathbf{u}$, 由 (2.3.9) 式右端不等式得

$$e^{n\mathbf{u}} \leqslant 1 + 1.01n\mathbf{u}. \tag{2.3.11}$$

结合 (2.3.10) 式和 (2.3.11) 式得

$$(1+\mathbf{u})^n \leqslant 1 + 1.01n\mathbf{u}. \tag{2.3.12}$$

由 (2.3.8), (2.3.12) 和 (2.3.7) 三式即知定理的结论成立. □

作为本节的结束, 我们来简要地分析一下矩阵基本运算的舍入误差, 这些结果对我们以后的讨论是有用的. 为此, 我们引进记号

$$|E| = [|e_{ij}|], \quad E \in \mathbf{R}^{n \times n},$$

并且规定

$$|E| \leqslant |F| \quad \text{当且仅当} \quad |e_{ij}| \leqslant |f_{ij}|, \ i, j = 1, \cdots, n.$$

设 A, B 是由 $\mathcal{F}$ 中的元素构成的 $n \times n$ 矩阵, 且 $\alpha \in \mathcal{F}$, 则由定理 2.3.2 易知

$$\mathrm{fl}(\alpha A) = \alpha A + E, \quad |E| \leqslant \mathbf{u}|\alpha A|,$$

$$\mathrm{fl}(A + B) = (A + B) + E, \quad |E| \leqslant \mathbf{u}|A + B|.$$

此外, 应用例 2.3.1 可得

$$\mathrm{fl}(AB) = AB + E, \quad |E| \leqslant 1.01 n \mathbf{u}|A|\,|B|.$$

注意, $|AB|$ 可能比 $|A||B|$ 小得多, 因此矩阵乘积的相对误差未必很小. 基于这个原因, 通常计算内积时是先用双精度 (即字长为 $2t$) 计算, 再把计算结果舍入为单精度数 (即字长为 t).

上述的这三个矩阵基本运算的舍入误差界, 是通过估计计算解与精确解之间的误差得到的, 舍入误差的界与精确解有关. 这种误差分析的方法称为**向前误差分析法**. 而实际上常用的是向后误差分析法. 为了说明这种误差分析方法, 我们来看一个简单的例子. 假定上面所述的矩阵 A, B 是 2×2 的上三角阵, 则由定理 2.3.1 可知

$$\mathrm{fl}(AB) = \begin{bmatrix} a_{11}b_{11}(1 + \varepsilon_1) & \widetilde{a}_{12} \\ 0 & a_{22}b_{22}(1 + \varepsilon_5) \end{bmatrix},$$

其中

$$\widetilde{a}_{12} = \big(a_{11}b_{12}(1 + \varepsilon_2) + a_{12}b_{22}(1 + \varepsilon_3)\big)(1 + \varepsilon_4),$$

$$|\varepsilon_i| \leqslant \mathbf{u}, \quad i = 1, 2, 3, 4, 5.$$

若令

$$\widetilde{A} = \begin{bmatrix} a_{11} & a_{12}(1 + \varepsilon_3)(1 + \varepsilon_4) \\ 0 & a_{22}(1 + \varepsilon_5) \end{bmatrix},$$

$$\widetilde{B} = \left[\begin{array}{cc} b_{11}(1+\varepsilon_1) & b_{12}(1+\varepsilon_2)(1+\varepsilon_4) \\ 0 & b_{22} \end{array} \right],$$

则易证

$$\mathrm{fl}(AB) = \widetilde{A}\widetilde{B},$$

而且

$$\begin{aligned} \widetilde{A} &= A + E, \quad |E| \leqslant 3\mathbf{u}|A|, \\ \widetilde{B} &= B + F, \quad |F| \leqslant 3\mathbf{u}|B|. \end{aligned}$$

换句话说, 计算得到的乘积 $\mathrm{fl}(AB)$ 是有了微小扰动的两个矩阵 $\widetilde{A}$ 和 $\widetilde{B}$ 的精确的乘积. 这种把计算过程产生的误差归结为具有误差的原始数据的精确运算的误差分析方法称为**向后误差分析法**. 向后误差分析法的优点在于, 它将浮点数的运算转化为实数的精确运算, 从而在分析过程中就可以毫无困难地使用实数的代数运算法则.

§2.4   列主元 Gauss 消去法的舍入误差分析

这一节我们就利用上一节所建立的浮点数基本运算的舍入误差理论对求解线性方程组的列主元 Gauss 消去法进行向后误差分析. 我们将证明用列主元 Gauss 消去法求解线性方程组 $Ax = b$ 时, 它的计算解 $\widetilde{x}$ 满足

$$(A+E)\widetilde{x} = b, \tag{2.4.1}$$

并且给出误差矩阵 E 的上界估计.

首先考虑 A 的三角分解的舍入误差.

引理 2.4.1   设 $n \times n$ 浮点数矩阵 $A = [a_{ij}]$ 有三角分解, 且 $1.01n\mathbf{u} \leqslant 0.01$, 则用 Gauss 消去法计算得到的单位下三角阵 $\widetilde{L}$ 和上三角阵 $\widetilde{U}$ 满足

$$\widetilde{L}\widetilde{U} = A + E, \tag{2.4.2}$$

其中

$$|E| \leqslant 2.05n\mathbf{u}|\widetilde{L}|\,|\widetilde{U}|. \tag{2.4.3}$$

证明 设 $\widetilde{U} = [\widetilde{u}_{ij}]$, $\widetilde{L} = [\widetilde{l}_{ij}]$, 则由 Gauss 消去法的具体实现知, $\widetilde{u}_{ij}\,(i \leqslant j)$ 是从 a_{ij} 中依次减去 $\widetilde{l}_{ik}\widetilde{u}_{kj}(k = 1, \cdots, i-1)$ 而得到的, 即

$$
\begin{aligned}
a_{ij}^{(0)} &= a_{ij}, \\
a_{ij}^{(k)} &= \mathrm{fl}\,(a_{ij}^{(k-1)} - \mathrm{fl}\,(\widetilde{l}_{ik}\widetilde{u}_{kj})), \quad k = 1, \cdots, i-2, \\
\widetilde{u}_{ij} = a_{ij}^{(i-1)} &= \mathrm{fl}\,(a_{ij}^{(i-2)} - \mathrm{fl}\,(\widetilde{l}_{i,i-1}\widetilde{u}_{i-1,j})).
\end{aligned}
$$

由基本运算舍入误差分析的基本结果可得

$$a_{ij}^{(k)} = (a_{ij}^{(k-1)} - (\widetilde{l}_{ik}\widetilde{u}_{kj})(1+\gamma_k))(1+\varepsilon_k),$$

其中 $|\gamma_k| \leqslant \mathbf{u}$, $|\varepsilon_k| \leqslant \mathbf{u}$ $(k = 1, \cdots, i-1)$. 由此出发, 利用与例 2.3.1 同样的推理方法可得

$$\widetilde{u}_{ij} = a_{ij}(1+\delta_i) - \sum_{k=1}^{i-1}(\widetilde{l}_{ik}\widetilde{u}_{kj})(1+\delta_k), \tag{2.4.4}$$

其中 $|\delta_k| \leqslant 1.01n\mathbf{u}$ $(k = 1, \cdots, i)$. 从 (2.4.4) 式中将 a_{ij} 解出来, 便有

$$
\begin{aligned}
a_{ij} &= \frac{\widetilde{u}_{ij}}{1+\delta_i} + \sum_{k=1}^{i-1}(\widetilde{l}_{ik}\widetilde{u}_{kj})\frac{1+\delta_k}{1+\delta_i} \\
&= \sum_{k=1}^{i}\widetilde{l}_{ik}\widetilde{u}_{kj} - e_{ij},
\end{aligned} \tag{2.4.5}
$$

其中 $\widetilde{l}_{ii} = 1$, 而

$$e_{ij} = (\widetilde{l}_{ii}\widetilde{u}_{ij})\frac{\delta_i}{1+\delta_i} + \sum_{k=1}^{i-1}(\widetilde{l}_{ik}\widetilde{u}_{kj})\frac{\delta_i-\delta_k}{1+\delta_i}. \tag{2.4.6}$$

注意到 $|\delta_k| \leqslant 1.01n\mathbf{u} < 0.01$, 我们就有

$$|e_{ij}| \leqslant \frac{2.02n\mathbf{u}}{1-0.01}\sum_{k=1}^{i}|\widetilde{l}_{ik}|\,|\widetilde{u}_{kj}| \leqslant 2.05n\mathbf{u}\sum_{k=1}^{i}|\widetilde{l}_{ik}|\,|\widetilde{u}_{kj}|. \tag{2.4.7}$$

此外, 由 Gauss 消去法的具体实现知, $\widetilde{l}_{ij}$ $(i>j)$ 的计算过程如下:

$$a_{ij}^{(0)} = a_{ij},$$
$$a_{ij}^{(k)} = \mathrm{fl}\,(a_{ij}^{(k-1)} - \mathrm{fl}\,(\widetilde{l}_{ik}\widetilde{u}_{kj})), \quad k = 1, 2, \cdots, j-1,$$
$$\widetilde{l}_{ij} = \mathrm{fl}\,(a_{ij}^{(j-1)}/\widetilde{u}_{jj}).$$

由基本运算的舍入误差分析的基本结果可得

$$a_{ij}^{(k)} = (a_{ij}^{(k-1)} - (\widetilde{l}_{ik}\widetilde{u}_{kj})(1+\gamma_k))(1+\varepsilon_k),$$
$$\widetilde{l}_{ij} = a_{ij}^{(j-1)}/[\widetilde{u}_{jj}(1+\delta)],$$

其中 $|\delta| \leqslant \mathbf{u}$, $|\gamma_k| \leqslant \mathbf{u}$, $|\varepsilon_k| \leqslant \mathbf{u}$ $(k = 1, \cdots, j-1)$. 由此出发, 完全类似 (2.4.5) 式和 (2.4.7) 式的证明, 可证

$$a_{ij} = \sum_{k=1}^{j} \widetilde{l}_{ik}\widetilde{u}_{kj} - e_{ij}, \tag{2.4.8}$$

其中

$$|e_{ij}| \leqslant 2.05n\mathbf{u}\sum_{k=1}^{j}|\widetilde{l}_{ik}||\widetilde{u}_{kj}|. \tag{2.4.9}$$

综合上面所证, 即知引理的结论成立.   □

注意到交换矩阵的行或列并不引进舍入误差, 由引理 2.4.1 立即得到如下结论:

推论 2.4.1   设 $n \times n$ 浮点数矩阵 A 是非奇异的, 且 $1.01n\mathbf{u} \leqslant 0.01$, 则用列主元 Gauss 消去法计算得到的单位下三角阵 $\widetilde{L}$, 上三角阵 $\widetilde{U}$ 以及排列方阵 $\widetilde{P}$ 满足

$$\widetilde{L}\widetilde{U} = \widetilde{P}A + E,$$

其中

$$|E| \leqslant 2.05n\mathbf{u}|\widetilde{L}||\widetilde{U}|.$$

当对 A 完成 LU 分解之后, 求解线性方程组 $Ax = b$ 的问题就归结为求解两个三角形方程组

$$\widetilde{L}y = \widetilde{P}b \quad \text{和} \quad \widetilde{U}x = y$$

的问题. 所以我们现在来估计求解三角形方程组的舍入误差.

引理 2.4.2 设 $n \times n$ 浮点数三角阵 S 是非奇异的, 并且假定 $1.01n\mathbf{u} \leqslant 0.01$, 则用第一章 §1.1 所介绍的解三角方程组的方法求解 $Sx = b$ 所得到的计算解 $\widetilde{x}$ 满足

$$(S + H)\widetilde{x} = b, \tag{2.4.10}$$

其中

$$|H| \leqslant 1.01n\mathbf{u}|S|. \tag{2.4.11}$$

证明 对 n 用数学归纳法. 不失一般性, 设 $S = L$ 是下三角阵. 当 $n = 1$ 时, 引理显然成立. 假设对所有的 $n-1$ 阶下三角形方程组已证引理成立. 我们来考虑 n 阶的情形. 假定用前代法解 $Lx = b$ 的计算解为 $\widetilde{x}$, 并将 L, b 和 $\widetilde{x}$ 分块如下:

$$b = \begin{bmatrix} b_1 \\ c \end{bmatrix} \begin{matrix} 1 \\ n-1 \end{matrix}, \quad \widetilde{x} = \begin{bmatrix} \widetilde{x}_1 \\ \widetilde{y} \end{bmatrix} \begin{matrix} 1 \\ n-1 \end{matrix},$$

$$L = \begin{bmatrix} l_{11} & 0 \\ l_1 & L_1 \end{bmatrix} \begin{matrix} 1 \\ n-1 \end{matrix}.$$
$$\begin{matrix} 1 & n-1 \end{matrix}$$

由定理 2.3.2 有

$$\widetilde{x}_1 = \mathrm{fl}\left(\frac{b_1}{l_{11}}\right) = \frac{b_1}{l_{11}(1 + \delta_1)}, \quad |\delta_1| \leqslant \mathbf{u}. \tag{2.4.12}$$

此外, 注意到 $\widetilde{y}$ 是用前代法求解 $n-1$ 阶方程组

$$L_1 y = \mathrm{fl}\left(c - \widetilde{x}_1 l_1\right)$$

所得到的计算解, 由归纳法假设即有

$$(L_1 + H_1)\widetilde{y} = \mathrm{fl}\left(c - \widetilde{x}_1 l_1\right),$$

其中

$$|H_1| \leqslant 1.01(n-1)\mathbf{u}|L_1|. \tag{2.4.13}$$

应用定理 2.3.2, 可得

$$\mathrm{fl}\left(c - \widetilde{x}_1 l_1\right) = \mathrm{fl}\left(c - \mathrm{fl}\left(\widetilde{x}_1 l_1\right)\right) = (I + D_\gamma)^{-1}\left(c - \widetilde{x}_1 l_1 - \widetilde{x}_1 D_\delta l_1\right),$$

其中

$$D_\gamma = \mathrm{diag}\left(\gamma_2, \cdots, \gamma_n\right), \quad D_\delta = \mathrm{diag}\left(\delta_2, \cdots, \delta_n\right),$$
$$|\gamma_i| \leqslant \mathbf{u}, \quad |\delta_i| \leqslant \mathbf{u}, \quad i = 2, \cdots, n.$$

于是, 我们有

$$\widetilde{x}_1 l_1 + \widetilde{x}_1 D_\delta l_1 + (I + D_\gamma)(L_1 + H_1)\widetilde{y} = c,$$

从而有

$$(L + H)\widetilde{x} = b,$$

其中

$$H = \begin{bmatrix} \delta_1 l_{11} & 0 \\ D_\delta l_1 & H_1 + D_\gamma(L_1 + H_1) \end{bmatrix}.$$

由 (2.4.12) 式和 (2.4.13) 式得

$$|H| \leqslant \begin{bmatrix} |\delta_1|\,|l_{11}| & 0 \\ |D_\delta|\,|l_1| & |H_1| + |D_\gamma|(|L_1| + |H_1|) \end{bmatrix}$$
$$\leqslant \begin{bmatrix} \mathbf{u}|l_{11}| & 0 \\ \mathbf{u}|l_1| & |H_1| + \mathbf{u}(|L_1| + |H_1|) \end{bmatrix}$$
$$\leqslant \mathbf{u} \begin{bmatrix} |l_{11}| & 0 \\ |l_1| & (1.01(n-1) + 1 + 1.01(n-1)\mathbf{u})|L_1| \end{bmatrix}$$
$$\leqslant 1.01 n \mathbf{u}|L|,$$

其中最后一个不等式用到了假设条件 $1.01 n\mathbf{u} \leqslant 0.01$. □

应用引理 2.4.2 到三角形方程组

$$\widetilde{L}y = \widetilde{P}b \quad \text{和} \quad \widetilde{U}x = y$$

即知最后得到的计算解 $\widetilde{x}$ 应满足

$$(\widetilde{L} + F)(\widetilde{U} + G)\widetilde{x} = \widetilde{P}b,$$

即

$$(\widetilde{L}\widetilde{U} + F\widetilde{U} + \widetilde{L}G + FG)\widetilde{x} = \widetilde{P}b, \tag{2.4.14}$$

其中

$$|F| \leqslant 1.01n\mathbf{u}|\widetilde{L}|, \quad |G| \leqslant 1.01n\mathbf{u}|\widetilde{U}|. \tag{2.4.15}$$

再将 $\widetilde{L}\widetilde{U} = \widetilde{P}A + E$ 代入 (2.4.14) 式, 得

$$(A + \delta A)\widetilde{x} = b,$$

这里

$$\delta A = \widetilde{P}^{\mathrm{T}}(E + F\widetilde{U} + \widetilde{L}G + FG).$$

由 (2.4.15) 式和推论 2.4.1 得

$$|\delta A| \leqslant 4.09\, n\mathbf{u}\widetilde{P}^{\mathrm{T}}|\widetilde{L}|\,|\widetilde{U}|.$$

注意到 $\widetilde{L}$ 的元素的绝对值均不超过 1, 故有

$$\|\widetilde{L}\|_\infty \leqslant n.$$

为了给出 $\|\widetilde{U}\|_\infty$ 的估计, 我们定义

$$\rho = \max_{i,j} |\widetilde{u}_{ij}| / \max_{i,j} |a_{ij}|,$$

通常称之为列主元 Gauss 消去法的**增长因子**. 于是, 我们有

$$\|\widetilde{U}\|_\infty \leqslant n \max_{i,j} |\widetilde{u}_{ij}| = n\rho \max_{i,j} |a_{ij}| \leqslant n\rho\|A\|_\infty.$$

这样, 我们就得到了本节的主要定理:

定理 2.4.1 设 $n \times n$ 浮点数矩阵 A 是非奇异的, 且 $1.01n\mathbf{u} \leqslant 0.01$, 则用列主元 Gauss 消去法解线性方程组 $Ax = b$ 所得到的计算解 $\widetilde{x}$ 满足

$$(A + \delta A)\widetilde{x} = b, \tag{2.4.16}$$

其中

$$\|\delta A\|_\infty / \|A\|_\infty \leqslant 4.09\, n^3 \rho \mathbf{u}. \tag{2.4.17}$$

定理 2.4.1 表明, 由于消去法求解过程中引进舍入误差而产生的计算解相当于系数矩阵作某些扰动而得到的扰动方程组的精确解. 一般来说, δA 的元素比起 A 的元素的初始误差 (数据的测量误差、数学模型误差等) 来是很小的. 在这个意义上来讲, 列主元 Gauss 消去法是数值稳定的.

最后需指出的是, 理论上可以证明 $\rho \leqslant 2^{n-1}$, 而且上界可以达到. 但在实际计算时, 常遇到的问题其 ρ 很小, 一般来讲不会超过 n. 此外, 定理 2.4.1 中所给出的上界 $4.09\, n^3 \rho \mathbf{u}$ 一般要比真正的 $\|\delta A\|_\infty / \|A\|_\infty$ 大很多. 在实际计算时, 常遇到的问题几乎都有 $\|\delta A\|_\infty / \|A\|_\infty \approx \mathbf{u}$.

§2.5   计算解的精度估计和迭代改进

2.5.1   精度估计

设用某种计算方法求解线性方程组 $Ax = b$ 得到的计算解为 $\hat{x}$. 令

$$r = b - A\hat{x},$$

则有

$$r = Ax - A\hat{x} = A(x - \hat{x}).$$

于是

$$\|x - \hat{x}\| = \|A^{-1}r\| \leqslant \|A^{-1}\|\,\|r\|.$$

再注意到

$$\|b\| \leqslant \|A\|\,\|x\|,$$

即有

$$\frac{\|x - \hat{x}\|}{\|x\|} \leqslant \|A^{-1}\|\,\|A\|\frac{\|r\|}{\|b\|}.$$

特别地, 在上式中取 ∞ 范数便有

$$\frac{\|x - \hat{x}\|_\infty}{\|x\|_\infty} \leqslant \kappa_\infty(A)\frac{\|r\|_\infty}{\|b\|_\infty}. \tag{2.5.1}$$

这样我们就可在实际计算时通过计算

$$\kappa_\infty(A)\frac{\|r\|_\infty}{\|b\|_\infty}$$

来给出计算解的精度估计, 而上式中除了 $\kappa_\infty(A)$ 外, 其余的量都是容易计算的. 注意到

$$\kappa_\infty(A) = \|A^{-1}\|_\infty \|A\|_\infty,$$

而 $\|A\|_\infty$ 又是易于计算的, 便知用 (2.5.1) 式来估计计算解精度的关键在于如何估计 $\|A^{-1}\|_\infty$. 现在已有不少的实用方法可以给出这一估计. 这里我们介绍 LAPACK 所采用的一种优化方法, 该方法就是著名的 "盲人爬山法" 的一个具体应用.

设 $B \in \mathbf{R}^{n\times n}$, 我们来估计 $\|B\|_1$. 定义

$$f(x) = \|Bx\|_1 = \sum_{i=1}^{n}\left|\sum_{j=1}^{n} b_{ij}x_j\right|,$$
$$\mathcal{D} = \{x \in \mathbf{R}^n : \|x\|_1 \leqslant 1\},$$

则易证 f 是凸函数, $\mathcal{D}$ 是凸集, 而且求 $\|B\|_1$ 的问题就等价于求凸函数 f 在凸集 $\mathcal{D}$ 上的最大值问题.

设 f 在 x 点的梯度 $\bigtriangledown f(x)$ 存在, 则由凸函数的性质可知

$$f(y) \geqslant f(x) + \bigtriangledown f(x)(y - x), \quad y \in \mathbf{R}^n.$$

现假定 $x_0 = (x_j^{(0)}) \in \mathbf{R}^n$ 满足 $\|x_0\|_1 = 1$, 使得

$$\sum_{j=1}^{n} b_{ij}x_j^{(0)} \neq 0, \quad i = 1, \cdots, n.$$

令

$$\xi_i = \mathrm{sgn}\left(\sum_{j=1}^{n} b_{ij}x_j^{(0)}\right),$$

则在 x_0 附近有

$$f(x) = \sum_{i=1}^{n}\sum_{j=1}^{n} \xi_i b_{ij}x_j.$$

因此, 有

$$\nabla f(x_0) = \left(\frac{\partial f(x_0)}{\partial x_1}, \cdots, \frac{\partial f(x_0)}{\partial x_n} \right)$$

$$= v^{\mathrm{T}} B = \left(B^{\mathrm{T}} v \right)^{\mathrm{T}},$$

其中 $v = (\xi_1, \cdots, \xi_n)^{\mathrm{T}}$. 再令

$$w = B x_0, \quad z = B^{\mathrm{T}} v,$$

则有如下的定理成立:

定理 2.5.1   假定 B, x_0, v, w 和 z 如上所述, 则有

(1) 若 $\|z\|_\infty \leqslant z^{\mathrm{T}} x_0$, 则 $\|w\|_1 = \|Bx_0\|_1$ 是 $f(x) = \|Bx\|_1$ 在 $\mathcal{D}$ 中的局部极大值;

(2) 若 $\|z\|_\infty > z^{\mathrm{T}} x_0$, 则 $\|Be_j\|_1 > \|Bx_0\|_1$, 其中 j 满足

$$|z_j| = \|z\|_\infty.$$

证明   (1) 由于在 x_0 附近 $f(x)$ 是 x 的线性函数, 因此有

$$f(x) = f(x_0) + \nabla f(x_0)(x - x_0).$$

这样, 只需证在 x_0 附近有

$$\nabla f(x_0)(x - x_0) = z^{\mathrm{T}}(x - x_0) \leqslant 0$$

即可. 事实上, 对于 $\|x\|_1 \leqslant 1$, 我们有

$$z^{\mathrm{T}}(x - x_0) = z^{\mathrm{T}} x - z^{\mathrm{T}} x_0$$

$$\leqslant \|z\|_\infty \|x\|_1 - z^{\mathrm{T}} x_0$$

$$\leqslant \|z\|_\infty - z^{\mathrm{T}} x_0 \leqslant 0.$$

(2) 取 $\widetilde{x} = e_j \mathrm{sgn}(z_j)$, 则有

$$\|Be_j\|_1 = \|B\widetilde{x}\|_1 = f(\widetilde{x})$$

$$\geqslant f(x_0) + \nabla f(x_0)(\widetilde{x} - x_0)$$

$$= \|Bx_0\|_1 + z^{\mathrm{T}} \widetilde{x} - z^{\mathrm{T}} x_0$$

$$= \|Bx_0\|_1 + |z_j| - z^{\mathrm{T}}x_0$$
$$= \|Bx_0\|_1 + \|z\|_\infty - z^{\mathrm{T}}x_0$$
$$> \|Bx_0\|_1,$$

即 (2) 成立.　　　　　　　　　　　　　　　　　　　　　　　　□

基于这一定理可设计算法如下:

算法 2.5.1 (估计矩阵的 1 范数: 优化法)

$k = 1$

while $k = 1$

　　$w = Bx$; $v = \mathbf{sign}\,(w)$; $z = B^{\mathrm{T}}v$

　　if $\|z\|_\infty \leqslant z^{\mathrm{T}}x$

　　　　$\nu = \|w\|_1$

　　　　$k = 0$

　　else

　　　　$x = e_j$, 其中 $|z_j| = \|z\|_\infty$

　　　　$k = 1$

　　end

end

该算法初始的 x 可选任意满足 $\|x\|_1 = 1$ 的向量, 例如可取

$$x_i = 1/n, \quad i = 1, \cdots, n.$$

假如我们已经计算好矩阵 A 的列主元三角分解: $PA = LU$, 则利用上述算法仅用 $O(n^2)$ 的运算量就可给出 $\|A^{-1}\|_\infty$ 的一个估计值. 由于 $\|A^{-1}\|_\infty = \|A^{-\mathrm{T}}\|_1$, 因此只需应用算法 2.5.1 于矩阵 $B = A^{-\mathrm{T}}$ 上即可, 此时计算 $w = Bx$ 和 $z = B^{\mathrm{T}}v$ 就相当于解方程组 $A^{\mathrm{T}}w = x$ 和 $Az = v$, 利用 A 的三角分解这两个方程组是很容易求解的.

综合上述讨论, 我们可以按如下的步骤来估计一个计算解 $\hat{x}$ 的精度:

(1) 应用算法 2.5.1 于 $B = A^{-\mathrm{T}}$ 上得到 $\|A^{-1}\|_\infty$ 的一个估计值 $\widetilde{\nu}$;

(2) 分别计算 $\|r\|_\infty, \|b\|_\infty$ 和 $\|A\|_\infty$ 得到它们的计算值 $\widetilde{\gamma}, \widetilde{\beta}$ 和 $\widetilde{\mu}$;

(3) 计算 $\widetilde{\rho} = \dfrac{\widetilde{\nu}\widetilde{\mu}\widetilde{\gamma}}{\widetilde{\beta}}$, 则数 $\widetilde{\rho}$ 就可作为计算解 $\hat{x}$ 的相对误差的一个估计.

对于绝大多数问题这一方法常常可以给出计算解相对误差的相当好的估计, 但是也有一些特殊的问题利用该方法估计得到的 $\widetilde{\rho}$ 远远小于计算解的实际相对误差. 这主要是由两个方面的原因引起的: 一是由于舍入误差的影响使得计算得到的 $\widetilde{\gamma}$ 远远小于 $\|r\|_\infty$ 的真值; 二是当 A 十分病态时计算得到的三角分解已经相当不准确, 以至于应用它去估计出的 $\widetilde{\nu}$ 要比 $\|A^{-1}\|_\infty$ 的真值小得多. 虽然现在已经有了一些部分解决这些问题的方法, 但怎样才能使给出的估计更好仍然是一个值得进一步深入研究的问题.

2.5.2 迭代改进

若计算解 $\hat{x}$ 的精度太低, 可将 $\hat{x}$ 作为初值, 应用 Newton 迭代法于函数 $f(x) = Ax - b$ 上, 来改进其精度. 具体计算过程可按如下步骤进行:

(1) 计算 $r = b - A\hat{x}$ (用双精度和原始矩阵 A).

(2) 求解 $Az = r$ (利用 A 的三角分解).

(3) 计算 $x = \hat{x} + z$.

(4) 若 $\dfrac{\|x - \hat{x}\|_\infty}{\|x\|_\infty} \leqslant \varepsilon$, 则结束; 否则, 令 $\hat{x} = x$, 转步 (1).

实际计算的经验表明, 当 A 的病态并不是十分严重时, 利用这一方法最终可使其解的计算精度达到机器精度. 可是, 当 A 十分病态时, 这样做对解的精度并不会有太大的改进.

习   题

1. 设 $\alpha_1, \alpha_2, \cdots, \alpha_n$ 是 n 个正数. 证明: 由 $\nu(x) = \left(\sum\limits_{i=1}^{n} \alpha_i x_i^2 \right)^{\frac{1}{2}}$ 定义的函数 $\nu: \mathbf{R}^n \to \mathbf{R}$ 是一个范数.

2. 证明：当且仅当 x 和 y 线性相关且 $x^{\mathrm{T}}y \geqslant 0$ 时，才有

$$\|x + y\|_2 = \|x\|_2 + \|y\|_2.$$

3. 证明：如果 $A = [a_1, a_2, \cdots, a_n]$ 是按列分块的，那么

$$\|A\|_F^2 = \|a_1\|_2^2 + \|a_2\|_2^2 + \cdots + \|a_n\|_2^2.$$

4. 证明：$\|AB\|_F \leqslant \|A\|_2 \|B\|_F$ 和 $\|AB\|_F \leqslant \|A\|_F \|B\|_2$.

5. 设 $\nu: \mathbf{R}^{n \times n} \to \mathbf{R}$ 是由

$$\nu(A) = \max_{1 \leqslant i, j \leqslant n} |a_{ij}|$$

定义的. 证明 $\nu_1 = n\nu$ 是矩阵范数，并且举例说明 ν 不满足矩阵范数的相容性.

6. 证明：在 $\mathbf{R}^n$ 上，当且仅当 A 是正定阵时，函数 $f(x) = (x^{\mathrm{T}}Ax)^{\frac{1}{2}}$ 是一个向量范数.

7. 设 $\|\cdot\|$ 是 $\mathbf{R}^m$ 上的一个向量范数，并且设 $A \in \mathbf{R}^{m \times n}$. 证明：若 $\mathrm{rank}\,(A) = n$，则 $\|x\|_A \stackrel{\text{def}}{=\!=} \|Ax\|$ 是 $\mathbf{R}^n$ 上的一个向量范数.

8. 若 $\|A\| < 1$，且 $\|I\| = 1$，证明：

$$\|(I - A)^{-1}\| \leqslant \frac{1}{1 - \|A\|}.$$

9. 设 $\|\cdot\|$ 是由向量范数 $\|\cdot\|$ 诱导出的矩阵范数. 证明：若 $A \in \mathbf{R}^{n \times n}$ 非奇异，则

$$\|A^{-1}\|^{-1} = \min_{\|x\|=1} \|Ax\|.$$

10. 设 $A = LU$ 是 $A \in \mathbf{R}^{n \times n}$ 的 LU 分解，这里 $|l_{ij}| \leqslant 1$；又设 a_i^{T} 和 u_i^{T} 分别表示 A 和 U 的第 i 行. 验证等式

$$u_i^{\mathrm{T}} = a_i^{\mathrm{T}} - \sum_{j=1}^{i-1} l_{ij} u_j^{\mathrm{T}},$$

并用它证明 $\|U\|_\infty \leqslant 2^{n-1} \|A\|_\infty$.

11. 设

$$A = \begin{bmatrix} 375 & 374 \\ 752 & 750 \end{bmatrix}.$$

(1) 计算 A^{-1} 和 $\kappa_{\infty}(A)$;

(2) 选择 b, δb, x 和 δx, 使得

$$Ax = b, \quad A(x + \delta x) = b + \delta b,$$

而且 $\|\delta b\|_{\infty}/\|b\|_{\infty}$ 很小, 但 $\|\delta x\|_{\infty}/\|x\|_{\infty}$ 却很大;

(3) 选择 b, δb, x 和 δx, 使得

$$Ax = b, \quad A(x + \delta x) = b + \delta b,$$

而且 $\|\delta x\|_{\infty}/\|x\|_{\infty}$ 很小, 但 $\|\delta b\|_{\infty}/\|b\|_{\infty}$ 却很大.

12. 证明对任意的矩阵范数都有 $\|I\| \geqslant 1$, 并由此导出

$$\kappa(A) \geqslant 1.$$

13. 若 A 和 $A + E$ 都是非奇异的, 证明:

$$\|(A + E)^{-1} - A^{-1}\| \leqslant \|E\| \|A^{-1}\| \|(A + E)^{-1}\|.$$

14. 估计连乘 $\mathrm{fl}(x_1 \cdots x_n) = x_1 \cdots x_n(1 + \varepsilon)$ 中 ε 的上界.

15. 证明: 若 $n\mathbf{u} \leqslant 0.01$, 则

$$\mathrm{fl}\left(\sum_{i=1}^{n} x_i\right) = \sum_{i=1}^{n} x_i(1 + \eta_i),$$

其中

$$|\eta_1| \leqslant 1.01(n-1)\mathbf{u}, \quad |\eta_i| \leqslant 1.01(n-i+1)\mathbf{u} \ (i \geqslant 2).$$

16. 设 A 为 $n \times n$ 矩阵, x 为 n 维向量, 而且 $n\mathbf{u} \leqslant 0.01$. 证明:

$$\mathrm{fl}(Ax) = (A + E)x,$$

其中 $E = [e_{ij}]$ 的元素满足

$$|e_{i1}| \leqslant 1.01n|a_{i1}|\mathbf{u} \quad (i = 1, \cdots, n),$$

$$|e_{ij}| \leqslant 1.01(n-j+2)|a_{ij}|\mathbf{u} \quad (i = 1, \cdots, n; \ j = 2, \cdots, n).$$

17. 证明: 若 x 是 n 维向量, 则 $\mathrm{fl}(x^{\mathrm{T}}x) = x^{\mathrm{T}}x(1 + \alpha)$, 其中

$$|\alpha| \leqslant n\mathbf{u} + O(\mathbf{u}^2).$$

18. 证明：如果 A 是三对角阵, 那么列主元 Gauss 消去法的增长因子 ρ 以 2 为界.

19. 证明：如果 A^T 是对角占优阵, 那么列主元 Gauss 消去法的增长因子 ρ 以 2 为界.

20. 设 A 为带状矩阵, 带宽为 $2m+1$, 其中 $m=3$. 若用列主元 Gauss 消去法计算所得到的 $\widetilde{L}$ 和 $\widetilde{U}$ 满足

$$\widetilde{L}\widetilde{U} = P(A+E),$$

其中 P 是排列方阵, 试估计 $\|E\|_\infty$ 的上界.

21. 设 $n\mathbf{u} \leqslant 0.01$, 而且 $\mathrm{fl}(\sqrt{x}) = \sqrt{x}(1+\delta)$, 其中 $|\delta| \leqslant \mathbf{u}$. 试证用平方根法对给定的对称正定矩阵 A 进行 Cholesky 分解得到的下三角阵 $\widetilde{L}$ 满足

$$\widetilde{L}\widetilde{L}^T = A+E,$$

并估计 E 的元素的上界.

上 机 习 题

先用你熟悉的计算机语言将算法 2.5.1 编制成通用的子程序, 然后再用你所编制的子程序完成下面两个计算任务:

(1) 估计 5 到 20 阶 Hilbert 矩阵的 ∞ 范数条件数.

(2) 设

$$A_n = \begin{bmatrix} 1 & 0 & \cdots & 0 & 1 \\ -1 & \ddots & \ddots & \vdots & \vdots \\ \vdots & \ddots & \ddots & 0 & 1 \\ -1 & \cdots & -1 & 1 & 1 \\ -1 & \cdots & -1 & -1 & 1 \end{bmatrix} \in \mathbf{R}^{n\times n}.$$

先随机地选取 $x \in \mathbf{R}^n$, 并计算出 $b = A_n x$; 然后再用列主元 Gauss 消去法求解该方程组, 假定计算解为 $\hat{x}$. 试对 n 从 5 到 30 估计计算解 $\hat{x}$ 的精度, 并且与真实相对误差作比较.

第三章　最小二乘问题的解法

§3.1　最小二乘问题

最小二乘问题多产生于数据拟合问题. 例如, 假定给出 m 个点 $t_1, \cdots, t_m$ 和这 m 个点上的实验或观测数据 $y_1, \cdots, y_m$, 并假定给出在 t_i 上取值的 n 个已知函数 $\psi_1(t), \cdots, \psi_n(t)$. 考虑 ψ_i 的线性组合

$$f(x; t) = x_1 \psi_1(t) + x_2 \psi_2(t) + \cdots + x_n \psi_n(t),$$

我们希望在 $t_1, \cdots, t_m$ 点上 $f(x; t)$ 能最佳地逼近 $y_1, \cdots, y_m$ 这些数据. 为此, 若定义残量

$$r_i(x) = y_i - \sum_{j=1}^{n} x_j \psi_j(t_i), \quad i = 1, \cdots, m, \tag{3.1.1}$$

则问题成为: 估计参数 $x_1, \cdots, x_n$, 使残量 $r_1, \cdots, r_m$ 尽可能地小. (3.1.1) 式可用矩阵 – 向量形式表示为

$$r(x) = b - Ax, \tag{3.1.2}$$

其中

$$A = \begin{bmatrix} \psi_1(t_1) & \cdots & \psi_n(t_1) \\ \vdots & & \vdots \\ \psi_1(t_m) & \cdots & \psi_n(t_m) \end{bmatrix}, \quad b = \begin{bmatrix} y_1 \\ \vdots \\ y_m \end{bmatrix},$$

$$x = (x_1, \cdots, x_n)^{\mathrm{T}}, \quad r(x) = \left(r_1(x), \cdots, r_m(x) \right)^{\mathrm{T}}.$$

当 $m = n$ 时, 我们可以要求 $r(x) = 0$, 则估计 x 的问题就可用第一章中讨论的方法解决. 当 $m > n$ 时, 一般不可能使所有残量为零, 但我们可要求残向量 $r(x)$ 在某种范数意义下最小. 最小二乘问题就是求 x 使残向量 $r(x)$ 在 2 范数意义下最小.

定义 3.1.1 给定矩阵 $A \in \mathbf{R}^{m \times n}$ 及向量 $b \in \mathbf{R}^m$, 确定 $x \in \mathbf{R}^n$, 使得

$$\|b - Ax\|_2 = \|r(x)\|_2 = \min_{y \in \mathbf{R}^n} \|r(y)\|_2 = \min_{y \in \mathbf{R}^n} \|Ay - b\|_2. \tag{3.1.3}$$

这就是所谓的**最小二乘问题**, 简称为 LS (Least Squares) 问题, 其中的 $r(x)$ 常常被称为**残向量**.

在所讨论的最小二乘问题中, 若 r 线性地依赖于 x, 则称其为**线性最小二乘问题**; 若 r 非线性地依赖于 x, 则称其为**非线性最小二乘问题**.

我们在这一章中仅讨论在实际问题中最常碰到的 A, b 均属于实数空间的情形, 但所得到的理论与方法均可毫无困难地直接推广至复数空间之中.

对残向量选择不同的范数, 便得到不同的问题. 例如, 采用 1 范数的 L_1 问题: $\min \|r(x)\|_1$; 采用 ∞ 范数的 L_∞ 问题: $\min \|r(x)\|_\infty$. 对于求解这些问题的方法, 近年来已有相当深入的研究, 但这些不在我们这门课所讨论的范围之内.

最小二乘问题的解 x 又可称做线性方程组

$$Ax = b, \quad A \in \mathbf{R}^{m \times n} \tag{3.1.4}$$

的**最小二乘解**, 即 x 在残向量 $r(x) = b - Ax$ 的 2 范数最小的意义下满足方程组 (3.1.4). 当 $m > n$ 时, 称 (3.1.4) 式为**超定方程组**或**矛盾方程组**; 而当 $m < n$ 时, 称其为**欠定方程组**.

根据 m 与 n 以及矩阵 A 的秩的不同, 最小二乘问题可分为下面几种情形:

(1) $m = n$:

(1a) $\operatorname{rank}(A) = m = n$,
(1b) $\operatorname{rank}(A) = k < m = n$;

(2) $m > n$：

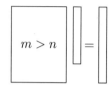

(2a) rank $(A) = n < m$,

(2b) rank $(A) = k < n < m$;

(3) $m < n$：

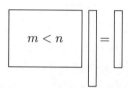

(3a) rank $(A) = m < n$,

(3b) rank $(A) = k < m < n$.

不同的情形通常需要不同的方法去处理, 但限于篇幅本章将主要讨论情形 (2a) 的最小二乘问题的性质与求解. 为了讨论最小二乘问题的性质, 我们需要先介绍一些有关的概念和记号.

设 $A \in \mathbf{R}^{m \times n}$. A 的**值域**定义为

$$\mathcal{R}(A) = \{y \in \mathbf{R}^m : y = Ax, \ x \in \mathbf{R}^n\}.$$

易证 $\mathcal{R}(A) = \text{span}(a_1, \cdots, a_n)$, 其中 $a_i \ (i = 1, \cdots, n)$ 为 A 的列向量. A 的**零空间**定义为

$$\mathcal{N}(A) = \{x \in \mathbf{R}^n : Ax = 0\},$$

它的维数记为 $\text{null}(A)$.

一个子空间 $\mathcal{S} \subset \mathbf{R}^n$ 的**正交补**定义为

$$\mathcal{S}^\perp = \{y \in \mathbf{R}^n : y^\mathrm{T} x = 0, \ \forall x \in \mathcal{S}\}.$$

由于下面的讨论是建立在线性方程组的基本理论上的, 因此我们先简要地介绍一下方程组 (3.1.4) 的最基本的性质.

定理 3.1.1   方程组 (3.1.4) 的解存在的充分必要条件是

$$\text{rank}(A) = \text{rank}([A, b]).$$

证明   **必要性**   设存在 x, 使得 $Ax = b$, 则 b 是 A 的列向量的线性组合, 即有 $b \in \mathcal{R}(A)$. 这说明 $\mathcal{R}([A, b]) = \mathcal{R}(A)$. 由此即知, 必有 $\text{rank}([A, b]) = \text{rank}(A)$.

充分性 若 $\operatorname{rank}([A, b]) = \operatorname{rank}(A)$ 成立, 则 $b \in \mathcal{R}(A)$, 即 b 可表示为

$$b = \sum_{i=1}^{n} x_i a_i,$$

这里 $A = [a_1, \cdots, a_n]$. 于是, 令 $x = (x_1, \cdots, x_n)^{\mathrm{T}}$, 即有 $Ax = b$, 从而定理得证. □

定理 3.1.2 假定方程组 (3.1.4) 的解存在, 并且假定 x 是其任一给定的解, 则方程组 (3.1.4) 的全部解的集合是

$$x + \mathcal{N}(A).$$

证明 如果 y 满足方程组 (3.1.4), 则 $A(y-x) = 0$, 即 $y - x \in \mathcal{N}(A)$, 于是有 $y = x + (y - x) \in x + \mathcal{N}(A)$. 反之, 如果 $y \in x + \mathcal{N}(A)$, 则存在 $z \in \mathcal{N}(A)$, 使得 $y = x + z$, 从而有 $Ay = Ax + Az = Ax = b$. □

定理 3.1.2 告诉我们, 只要知道了方程组 (3.1.4) 的一个解, 便可以用它与 $\mathcal{N}(A)$ 中的向量的和得到方程组 (3.1.4) 的全部解. 由此可知, 方程组 (3.1.4) 的解要想唯一, 只有当 $\mathcal{N}(A)$ 中仅有零向量才行.

推论 3.1.1 方程组 (3.1.4) 的解唯一的充分必要条件是

$$\mathcal{N}(A) = \{0\}.$$

下面就来讨论最小二乘解的存在性和唯一性问题. 首先我们可以通过一个简单例子的几何直观来看这个问题. 假定 $m = 3$, $\operatorname{rank}(A) = 2$, $\mathcal{R}(A)$, b 如图 3.1 所示.

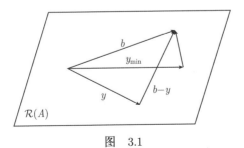

图 3.1

当 x 取遍 $\mathbf{R}^n$ 时, $y = Ax$ 就会取遍整个 $\mathcal{R}(A)$. 这样, 我们便可以考虑与原最小二乘问题等价的一个问题: 求 $y_{\min} \in \mathcal{R}(A)$, 使得

$$\|b - y_{\min}\|_2 = \min\{\|b - y\|_2 : y \in \mathcal{R}(A)\}.$$

注意向量 b 可表示为

$$b = b_1 + b_2,$$

其中 $b_1 \in \mathcal{R}(A)$, $b_2 \in \mathcal{R}(A)^\perp$. 从图 3.1 上容易看出, 当 $b - y$ 垂直于 $\mathcal{R}(A)$ 时, 即 $b - y = b_2 \in \mathcal{R}(A)^\perp$ 时, $\|b - y\|_2$ 达到极小. 这时 $y_{\min} = b_1$, 而 $b - y_{\min} = b_2$ 是达到极小时的残向量. 有了 $y_{\min}$, 只要求解 $Ax = y_{\min}$ 即可得到 x.

定理 3.1.3 线性最小二乘问题 (3.1.3) 的解总是存在的, 而且其解唯一的充分必要条件是 $\mathcal{N}(A) = \{0\}$.

证明 因为 $\mathbf{R}^m = \mathcal{R}(A) \oplus \mathcal{R}(A)^\perp$, 所以向量 b 可以唯一地表示为 $b = b_1 + b_2$, 其中 $b_1 \in \mathcal{R}(A)$, $b_2 \in \mathcal{R}(A)^\perp$. 于是, 对任意 $x \in \mathbf{R}^n$, $b_1 - Ax \in \mathcal{R}(A)$ 且与 b_2 正交, 从而

$$\begin{aligned} \|r(x)\|_2^2 = \|b - Ax\|_2^2 &= \|(b_1 - Ax) + b_2\|_2^2 \\ &= \|b_1 - Ax\|_2^2 + \|b_2\|^2. \end{aligned}$$

由此即知, $\|r(x)\|_2^2$ 达到极小当且仅当 $\|b_1 - Ax\|_2^2$ 达到极小; 而 $b_1 \in \mathcal{R}(A)$ 又蕴涵着 $\|b_1 - Ax\|_2^2$ 达到极小的充分必要条件是

$$Ax = b_1.$$

这样, 由 $b_1 \in \mathcal{R}(A)$ 和推论 3.1.1 立即推出定理的结论成立. $\qquad\square$

记最小二乘问题的解集为 $\mathcal{X}_{\mathrm{LS}}$, 即

$$\mathcal{X}_{\mathrm{LS}} = \{x \in \mathbf{R}^n : x \text{ 是 LS 问题 (3.1.3) 的解}\},$$

则由定理 3.1.3 知, $\mathcal{X}_{\mathrm{LS}}$ 总是非空的, 而且它仅有一个元素的充分必要条件是 A 的列线性无关. 此外, 不难证明解集中有且仅有一个解其 2 范数最小, 我们用 x_{LS} 表示之, 并称其为**最小 2 范数解**.

定理 3.1.4 $x \in \mathcal{X}_{\mathrm{LS}}$ 当且仅当

$$A^{\mathrm{T}} A x = A^{\mathrm{T}} b. \tag{3.1.5}$$

证明 设 $x \in \mathcal{X}_{\text{LS}}$. 由定理 3.1.3 的证明知 $Ax = b_1$, 其中 $b_1 \in \mathcal{R}(A)$, 而且

$$r(x) = b - Ax = b - b_1 = b_2 \in \mathcal{R}(A)^{\perp}.$$

因此 $A^{\text{T}} r(x) = A^{\text{T}} b_2 = 0$. 将 $r(x) = b - Ax$ 代入 $A^{\text{T}} r(x) = 0$ 即得 (3.1.5) 式. 反之, 设 $x \in \mathbf{R}^n$ 满足 $A^{\text{T}} Ax = A^{\text{T}} b$, 则对任意的 $y \in \mathbf{R}^n$, 有

$$\begin{aligned}
\|b - A(x+y)\|_2^2 &= \|b - Ax\|_2^2 - 2y^{\text{T}} A^{\text{T}} (b - Ax) + \|Ay\|_2^2 \\
&= \|b - Ax\|_2^2 + \|Ay\|_2^2 \\
&\geqslant \|b - Ax\|_2^2.
\end{aligned}$$

由此即得 $x \in \mathcal{X}_{\text{LS}}$. □

方程组 (3.1.5) 常常被称为最小二乘问题的**正则化方程组**或**法方程组**, 它是一个含有 n 个变量和 n 个方程的线性方程组. 在 A 的列向量线性无关的条件下, $A^{\text{T}} A$ 对称正定, 故可用平方根法求解方程组 (3.1.5). 这样, 我们就得到了求解最小二乘问题最古老的算法 —— **正则化方法**, 其基本步骤如下:

(1) 计算 $C = A^{\text{T}} A$, $d = A^{\text{T}} b$;

(2) 用平方根法计算 C 的 Cholesky 分解: $C = LL^{\text{T}}$;

(3) 求解三角方程组 $Ly = d$ 和 $L^{\text{T}} x = y$.

注 3.1.1 值得注意的是, 在 $A^{\text{T}} A$ 的计算中, 如果不使用足够的精度, 矩阵 A 中的一些信息可能会丧失. 例如, 对矩阵

$$A = \begin{bmatrix} 1 & 1 & 1 \\ \varepsilon & 0 & 0 \\ 0 & \varepsilon & 0 \\ 0 & 0 & \varepsilon \end{bmatrix},$$

有

$$A^{\text{T}} A = \begin{bmatrix} 1+\varepsilon^2 & 1 & 1 \\ 1 & 1+\varepsilon^2 & 1 \\ 1 & 1 & 1+\varepsilon^2 \end{bmatrix}.$$

假定 $\varepsilon = 10^{-3}$, 且计算 $A^{\mathrm{T}}A$ 是在字长为 6 的 10 进制浮点数的计算机上进行的, 则 $1 + \varepsilon^2 = 1 + 10^{-6}$ 被舍入为 1. 这意味着 A 最后三行的信息全部丧失.

注意, 正则化方程组 (3.1.5) 的解 x 可以表示为

$$x = (A^{\mathrm{T}}A)^{-1}A^{\mathrm{T}}b.$$

因此, 若定义

$$A^{\dagger} = (A^{\mathrm{T}}A)^{-1}A^{\mathrm{T}},$$

则最小二乘问题的解 x 可表示为

$$x = A^{\dagger}b.$$

其实, $n \times m$ 矩阵 $A^{\dagger}$ 正好是 A 的 Moore-Penrose 广义逆. Moore-Penrose 广义逆的定义是: 若 $X \in \mathbf{R}^{m \times n}$ 满足

$$AXA = A, \quad XAX = X, \quad (AX)^{\mathrm{T}} = AX, \quad (XA)^{\mathrm{T}} = XA,$$

则称 X 是 A 的 **Moore-Penrose 广义逆**, 通常记做 $A^{\dagger}$.

现在考虑向量 b 的扰动对最小二乘解的影响. 假定 b 有扰动 δb, 且 x 和 $x + \delta x$ 分别是最小二乘问题

$$\min \|b - Ax\|_2 \quad \text{和} \quad \min \|(b + \delta b) - Ax\|_2$$

的解, 即

$$x = A^{\dagger}b,$$
$$x + \delta x = A^{\dagger}(b + \delta b) = A^{\dagger}\widetilde{b},$$

其中 $\widetilde{b} = b + \delta b$. 下面的定理给出了由于 b 的扰动而引起的 x 的相对误差的界.

定理 3.1.5   设 b_1 和 $\widetilde{b}_1$ 分别是 b 和 $\widetilde{b}$ 在 $\mathcal{R}(A)$ 上的正交投影. 若 $b_1 \neq 0$, 则

$$\frac{\|\delta x\|_2}{\|x\|_2} \leqslant \kappa_2(A)\frac{\|b_1 - \widetilde{b}_1\|_2}{\|b_1\|_2},$$

其中 $\kappa_2(A) = \|A\|_2 \|A^\dagger\|_2$.

证明 设 b 在 $\mathcal{R}(A)^\perp$ 上的正交投影为 b_2, 则 $A^{\mathrm{T}} b_2 = 0$. 由 $b = b_1 + b_2$ 可得

$$A^\dagger b = A^\dagger b_1 + A^\dagger b_2 = A^\dagger b_1 + (A^{\mathrm{T}} A)^{-1} A^{\mathrm{T}} b_2 = A^\dagger b_1.$$

同理可证 $A^\dagger \widetilde{b} = A^\dagger \widetilde{b}_1$. 因此

$$\begin{aligned}
\|\delta x\|_2 &= \|A^\dagger b - A^\dagger \widetilde{b}\|_2 = \|A^\dagger (b_1 - \widetilde{b}_1)\|_2 \\
&\leqslant \|A^\dagger\|_2 \|b_1 - \widetilde{b}_1\|_2.
\end{aligned} \tag{3.1.6}$$

由 $Ax = b_1$, 得

$$\|b_1\|_2 \leqslant \|A\|_2 \|x\|_2. \tag{3.1.7}$$

由 (3.1.6) 式和 (3.1.7) 式立即得到定理的结论. $\qquad\square$

这个定理告诉我们, 在考虑 x 的相对误差时, 若 b 有变化, 只有它在 $\mathcal{R}(A)$ 上的投影会对解产生影响. 此外, 这个定理还告诉我们, 最小二乘问题解的敏感性依赖于数 $\kappa_2(A)$ 的大小. 因此, 我们称 $\kappa_2(A)$ 为最小二乘问题的**条件数**. 若 $\kappa_2(A)$ 很大, 则称最小二乘问题是**病态**的; 否则, 称为**良态**的.

刚才我们仅仅考虑了 b 的扰动对最小二乘解的影响问题, 而要全面讨论最小二乘问题的敏感性问题, 就必须考虑 A 和 b 同时都有微小扰动时, 最小二乘解将有何变化. 这是一个非常复杂的问题, 由于篇幅所限这里将不再进行讨论.

作为本节的结束, 我们给出 $\kappa_2(A)$ 与方阵 $A^{\mathrm{T}} A$ 的条件数之间的关系.

定理 3.1.6 设 A 的列向量线性无关, 则 $\kappa_2(A)^2 = \kappa_2(A^{\mathrm{T}} A)$.

证明 由第二章的定理 2.1.5 知

$$\|A\|_2^2 = \|A^{\mathrm{T}} A\|_2,$$
$$\|A^\dagger\|_2^2 = \|A^\dagger (A^\dagger)^{\mathrm{T}}\|_2 = \|(A^{\mathrm{T}} A)^{-1}\|_2.$$

于是, 有

$$\kappa_2(A)^2 = \|A\|_2^2 \|A^\dagger\|_2^2 = \|A^T A\|_2 \|(A^T A)^{-1}\|_2 = \kappa_2(A^T A),$$

即定理得证.   □

我们曾讨论过用正则化方法求解最小二乘问题, 然而由定理 3.1.6 可知, 最小二乘问题在化为正则化方程组后的条件数是原问题的平方, 这使得求解过程增加了对舍入误差的敏感性. 因此, 在使用正则化方法时, 要特别注意这一点.

§3.2   初等正交变换

为了给出求解最小二乘问题的更实用的算法, 这一节我们来介绍两个最基本的初等正交变换, 它们是数值线性代数中许多重要算法的基础.

3.2.1   Householder 变换

使用 Gauss 变换将一个矩阵约化为上三角形式是基于一个简单的事实: 对于任一个给定的向量 x, 可构造一个初等下三角阵 L, 使 $Lx = \alpha e_1$, 这里 e_1 是 I 的第一列, $\alpha \in \mathbf{R}$. 这一节我们就来讨论如何求一个初等正交矩阵, 使其具有矩阵 L 的功能. 这样, 对一个矩阵的上三角化任务, 便可以由一系列的初等正交变换来完成.

定义 3.2.1   设 $w \in \mathbf{R}^n$ 满足 $\|w\|_2 = 1$, 定义 $H \in \mathbf{R}^{n \times n}$ 为

$$H = I - 2ww^T, \tag{3.2.1}$$

则称 H 为 **Householder 变换**.

Householder 变换也叫做**初等反射矩阵**或**镜像变换**, 它是由著名的数值分析专家 Householder 在 1958 年为讨论矩阵特征值问题而提出来的. 下面的定理给出了 Householder 变换的一些简单而又十分重要的性质.

定理 3.2.1   设 H 是由 (3.2.1) 式定义的 Householder 变换, 那么 H 满足

(1) **对称性**: $H^T = H$;

(2) **正交性**：$H^\mathrm{T}H = I$;

(3) **对合性**：$H^2 = I$;

(4) **反射性**：对任意的 $x \in \mathbf{R}^n$, 如图 3.2 所示, Hx 是 x 关于 w 的垂直超平面 $\mathrm{span}\{w\}^\perp$ 的镜像反射.

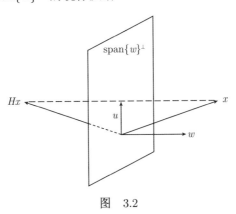

图　3.2

证明　(1) 显然. (2) 和 (3) 可由 (1) 导出. 事实上, 我们有

$$H^\mathrm{T}H = H^2 = (I - 2ww^\mathrm{T})(I - 2ww^\mathrm{T})$$
$$= I - 4ww^\mathrm{T} + 4ww^\mathrm{T}ww^\mathrm{T} = I.$$

(4) 设 $x \in \mathbf{R}^n$, 则 x 可表示为

$$x = u + \alpha w,$$

其中 $u \in \mathrm{span}\,\{w\}^\perp$, $\alpha \in \mathbf{R}$. 利用 $u^\mathrm{T}w = 0$ 和 $w^\mathrm{T}w = 1$ 可得

$$Hx = (I - 2ww^\mathrm{T})(u + \alpha w)$$
$$= u + \alpha w - 2ww^\mathrm{T}u - 2\alpha ww^\mathrm{T}w$$
$$= u - \alpha w.$$

这就说明了 Hx 为 x 关于 $\mathrm{span}\,\{w\}^\perp$ 的镜像反射. □

Householder 变换除了具有定理 3.2.1 所述的良好性质外, 它的主要用途在于, 它能如 Gauss 变换一样, 可以通过适当选取单位向量 w, 把某一给定向量的若干个指定的分量变为零.

定理 3.2.2 设 $0 \neq x \in \mathbf{R}^n$, 则可构造单位向量 $w \in \mathbf{R}^n$, 使得由 (3.2.1) 式定义的 Householder 变换 H 满足

$$Hx = \alpha e_1,$$

其中 $\alpha = \pm\|x\|_2$.

证明 由于

$$Hx = (I - 2ww^{\mathrm{T}})x = x - 2(w^{\mathrm{T}}x)w,$$

故欲使 $Hx = \alpha e_1$, 则 w 应为

$$w = \frac{x - \alpha e_1}{\|x - \alpha e_1\|_2}.$$

对 $\alpha = \pm\|x\|_2$, 直接验证可知这样定义的 w 满足定理的要求. □

定理 3.2.2 告诉我们, 对任意的 $x \in \mathbf{R}^n$ ($x \neq 0$) 都可构造出 Householder 变换 H, 使得 Hx 的后 $n-1$ 个分量为零. 而且其证明亦告诉我们, 可按如下的步骤来构造确定 H 的单位向量 w:

(1) 计算 $v = x \pm \|x\|_2 e_1$;

(2) 计算 $w = v/\|v\|_2$.

首先, 一个自然的问题是: 实际计算时, $\|x\|_2$ 前的符号如何选取最好? 为了使变换后得到的 α 为正数, 则应取

$$v = x - \|x\|_2 e_1.$$

但是这样选取就会出现一个问题: 如果 x 是一个很接近于 e_1 的向量, 计算

$$v_1 = x_1 - \|x\|_2$$

时, 就会出现两个相近的数相减, 而导致严重地损失有效数字, 这里 v_1 和 x_1 分别表示向量 v 和 x 的第一个分量. 不过, 幸运的是, 只要对上式做一简单的等价变形, 就可避免这一问题的出现. 事实上, 注意到

$$v_1 = x_1 - \|x\|_2 = \frac{x_1^2 - \|x\|_2^2}{x_1 + \|x\|_2} = \frac{-(x_2^2 + \cdots + x_n^2)}{x_1 + \|x\|_2},$$

只要在 $x_1 > 0$ 时使用这一式子来计算 v_1, 就会避免出现两个相近的数相减的情形.

其次, 注意到

$$H = I - 2ww^{\mathrm{T}} = I - \frac{2}{v^{\mathrm{T}}v}vv^{\mathrm{T}} = I - \beta vv^{\mathrm{T}},$$

其中 $\beta = 2/(v^{\mathrm{T}}v)$, 我们就没有必要非求出 w 不可, 而只需求出 β 和 v 即可. 尤其是在实际计算时, 将 v 规格化为第一个分量为 1 的向量是方便的, 因为这样恰好可以把 v 的后 $n-1$ 个分量保存在 x 的后 $n-1$ 个化为 0 的分量位置上, 而 v 的第一个分量 1 就无须保存了.

此外, 上溢和下溢也是计算中需要考虑的问题. 当下溢发生时, 一些计算机系统自动置其为零, 这就可能出现 $v^{\mathrm{T}}v$ 为零的情形. 另外, 如果 x 的分量太大, 当该分量平方时, 便会出现上溢. 考虑到对任意的正数 α, αv 与 v 的单位化向量相同, 为了避免溢出现象的出现, 我们可用 $x/\|x\|_\infty$ 代替 x 来构造 v (这样做相当于在原来的 v 之前乘了常数 $\alpha = 1/\|x\|_\infty$).

根据上面的讨论, 可得如下的基本算法:

算法 3.2.1 (计算 Householder 变换)

function: $[v, \beta] = \mathbf{house}\,(x)$

    $n = \mathbf{length}\,(x)$ (向量 x 的长度)

    $\eta = \|x\|_\infty$; $x = x/\eta$

    $\sigma = x(2:n)^{\mathrm{T}}x(2:n)$

    $v(2:n) = x(2:n)$

    if $\sigma = 0$

        $\beta = 0$

    else

        $\alpha = \sqrt{x(1)^2 + \sigma}$

        if $x(1) \leqslant 0$

            $v(1) = x(1) - \alpha$

        else

            $v(1) = -\sigma/(x(1) + \alpha)$

end

$$\beta = 2v(1)^2/(\sigma + v(1)^2); \quad v = v/v(1)$$

　　end

　　利用 Householder 变换在一个向量中引入零元素, 并不局限于 $Hx = \alpha e_1$ 的形式, 其实它可以将向量中任何若干相邻的元素化为零. 例如, 欲在 $x \in \mathbf{R}^n$ 中从 $k+1$ 至 j 位置引入零元素, 只需定义 v 为

$$v = (0, \cdots, 0, x_k - \alpha, x_{k+1}, \cdots, x_j, 0, \cdots, 0)$$

即可, 其中 $\alpha^2 = \sum_{i=k}^{j} x_i^2$.

　　在应用 Householder 变换约化一个给定矩阵为某一需要的形式时, 其主要的工作量是计算一个 Householder 变换 $H = I - \beta vv^{\mathrm{T}} \in \mathbf{R}^{m \times m}$ 与一个已知矩阵 $A \in \mathbf{R}^{m \times n}$ 的乘积. 在实际计算时, H 并不需要以显式给出, 而是根据如下的公式来计算:

$$HA = (I - \beta vv^{\mathrm{T}})A = A - \beta v(A^{\mathrm{T}}v)^{\mathrm{T}} = A - vw^{\mathrm{T}},$$

其中 $w = \beta A^{\mathrm{T}}v$, 即

　　(1) 计算 $w = \beta A^{\mathrm{T}}v$;

　　(2) 计算 $B = A - vw^{\mathrm{T}}$ (B 即为所求的乘积 HA).

完成这一计算任务所需的运算量为 $4mn$.

　　算法 3.2.1 的数值性态是十分令人满意的. 假定算法 3.2.1 的计算结果为 $\tilde{v}$ 和 $\tilde{\beta}$, 定义

$$\widetilde{H} = I - \widetilde{\beta}\widetilde{v}\widetilde{v}^{\mathrm{T}},$$

则可证

$$\|H - \widetilde{H}\|_2 = O(\mathbf{u}).$$

详细的误差分析参见 [21].

3.2.2　Givens 变换

　　欲把一个向量中许多分量化为零, 可以用 Householder 变换, 例如前面所讲到的把一个向量中若干相邻分量化为零. 如果只将其中一个

分量化为零, 则应采用 **Givens 变换**, 它有如下形式:

$$G(i,k,\theta) = I + s(e_i e_k^{\mathrm{T}} - e_k e_i^{\mathrm{T}}) + (c-1)(e_i e_i^{\mathrm{T}} + e_k e_k^{\mathrm{T}})$$

$$= \begin{bmatrix} 1 & & & \vdots & & \vdots & & \\ & \ddots & & \vdots & & \vdots & & \\ \cdots & \cdots & c & \cdots & s & \cdots & \cdots \\ & & \vdots & & \vdots & & \\ \cdots & \cdots & -s & \cdots & c & \cdots & \cdots \\ & & \vdots & & \vdots & \ddots & \\ & & \vdots & & \vdots & & 1 \end{bmatrix} \begin{matrix} \\ \\ i \\ \\ k \\ \\ \end{matrix},$$

$$\qquad\qquad\qquad\qquad i \qquad\quad k$$

其中 $c = \cos\theta$, $s = \sin\theta$. 易证 $G(i,k,\theta)$ 是一个正交阵.

设 $x \in \mathbf{R}^n$. 令 $y = G(i,k,\theta)x$, 则有

$$y_i = cx_i + sx_k,$$
$$y_k = -sx_i + cx_k,$$
$$y_j = x_j, \quad j \neq i, k.$$

因此, 若要 $y_k = 0$, 只要取

$$c = \frac{x_i}{\sqrt{x_i^2 + x_k^2}}, \quad s = \frac{x_k}{\sqrt{x_i^2 + x_k^2}}, \tag{3.2.2}$$

便有

$$y_i = \sqrt{x_i^2 + x_k^2}, \quad y_k = 0.$$

从几何上来看, $G(i,k,\theta)x$ 是在 (i,k) 坐标平面内将 x 按顺时针方向做了 θ 度的旋转. 所以 Givens 变换亦称为**平面旋转变换**.

若利用 (3.2.2) 式计算 c 和 s, 可能会发生溢出. 为了避免这种情形发生, 对给定的实数 a 和 b, 实际上是按下述的方法计算 $c = \cos(\theta)$ 和 $s = \sin(\theta)$, 使得

$$\begin{bmatrix} c & s \\ -s & c \end{bmatrix} \begin{bmatrix} a \\ b \end{bmatrix} = \begin{bmatrix} r \\ 0 \end{bmatrix}.$$

算法 3.2.2 (计算 Givens 变换)

function: $[c, s] = \mathbf{givens}\,(a, b)$

> **if** $b = 0$
>> $c = 1;\ \ s = 0$
>
> **else**
>> **if** $|b| > |a|$
>>> $\tau = a/b;\ \ s = 1/\sqrt{1 + \tau^2};\ \ c = s\tau$
>>
>> **else**
>>> $\tau = b/a;\ \ c = 1/\sqrt{1 + \tau^2};\ \ s = c\tau$
>>
>> **end**
>
> **end**

如果用一个 Givens 变换左 (或右) 乘一个矩阵 $A \in \mathbf{R}^{n \times q}$, 则它只改变 A 的第 i, k 行 (或列) 的元素, 其余元素保持不变. 请读者作为练习写出其详细的算法.

Givens 变换的数值性态亦是良好的. 假定 $\tilde{c}$ 和 $\tilde{s}$ 是由算法 3.2.3 产生的, 则有

$$\tilde{c} = c(1 + \varepsilon_c), \quad \varepsilon_c = O(\mathbf{u}),$$
$$\tilde{s} = s(1 + \varepsilon_s), \quad \varepsilon_s = O(\mathbf{u}).$$

§3.3　正交变换法

设 $A \in \mathbf{R}^{m \times n}$, $b \in \mathbf{R}^m$. 由于 2 范数具有正交不变性, 故对任意的正交矩阵 $Q \in \mathbf{R}^{m \times m}$, 有

$$\|Ax - b\|_2 = \|Q^{\mathrm{T}}(Ax - b)\|_2.$$

这样, 最小二乘问题

$$\min \|Q^{\mathrm{T}}Ax - Q^{\mathrm{T}}b\|_2 \tag{3.3.1}$$

就等价于原最小二乘问题 (3.1.3). 因此, 我们就可望通过适当选取正交矩阵 Q, 使原问题转化为较容易求解的最小二乘问题 (3.3.1). 这就是**正交变换法**的基本思想. 现在考虑如何求正交矩阵 Q, 使问题 (3.3.1) 易于解决.

定理 3.3.1 (QR 分解定理) 设 $A \in \mathbf{R}^{m \times n}$ $(m \geqslant n)$, 则 A 有 **QR 分解**:

$$A = Q \begin{bmatrix} R \\ 0 \end{bmatrix}, \tag{3.3.2}$$

其中 $Q \in \mathbf{R}^{m \times m}$ 是正交矩阵, $R \in \mathbf{R}^{n \times n}$ 是具有非负对角元的上三角阵; 而且当 $m = n$ 且 A 非奇异时, 上述的分解还是唯一的.

证明 先证明 QR 分解的存在性. 对 n 用数学归纳法. 当 $n = 1$ 时, 此定理就是定理 3.2.2 所述的情形, 因此自然成立. 现假设已经证明定理对所有的 $p \times (n-1)$ 矩阵成立, 这里假定 $p \geqslant n-1$. 设 $A \in \mathbf{R}^{m \times n}$ 的第一列为 a_1, 则由定理 3.2.2 知, 存在正交矩阵 $Q_1 \in \mathbf{R}^{m \times m}$, 使得 $Q_1^{\mathrm{T}} a_1 = \|a_1\|_2 e_1$. 于是, 有

$$Q_1^{\mathrm{T}} A = \begin{bmatrix} \|a_1\|_2 & v^{\mathrm{T}} \\ 0 & A_1 \end{bmatrix} \begin{matrix} 1 \\ m-1 \end{matrix} .$$
$$\begin{matrix} 1 & n-1 \end{matrix}$$

对 $(m-1) \times (n-1)$ 矩阵 A_1 应用归纳法假设, 得

$$A_1 = Q_2 \begin{bmatrix} R_2 \\ 0 \end{bmatrix},$$

其中 Q_2 是 $(m-1) \times (m-1)$ 正交矩阵, 而 R_2 是具有非负对角元的 $(n-1) \times (n-1)$ 上三角阵. 这样, 令

$$Q = Q_1 \begin{bmatrix} 1 & 0 \\ 0 & Q_2 \end{bmatrix}, \quad R = \begin{bmatrix} \|a_1\|_2 & v^{\mathrm{T}} \\ 0 & R_2 \\ 0 & 0 \end{bmatrix},$$

则 Q 和 R 满足定理的要求. 于是, 由归纳法原理知存在性得证.

再证唯一性. 设 $m = n$ 且 A 非奇异, 并假定 $A = QR = \widetilde{Q}\widetilde{R}$, 其中 Q, $\widetilde{Q} \in \mathbf{R}^{m \times m}$ 是正交矩阵, R, $\widetilde{R} \in \mathbf{R}^{n \times n}$ 是具有非负对角元的上三角阵. A 非奇异蕴涵着 R, $\widetilde{R}$ 的对角元均为正数. 因此, 我们知

$$\widetilde{Q}^{\mathrm{T}}Q = \widetilde{R}R^{-1}$$

既是正交矩阵又是对角元均为正数的上三角阵, 而这只能是单位矩阵, 从而必有 $\widetilde{Q} = Q$, $\widetilde{R} = R$, 即分解是唯一的. □

利用 QR 分解, 我们就可以实现正交变换法. 设 $A \in \mathbf{R}^{m \times n}$ $(m \geqslant n)$ 有线性无关的列, $b \in \mathbf{R}^m$, 并且假定已知 A 的 QR 分解 (3.3.2). 现将 Q 分块为

$$Q = \left[\begin{array}{cc} Q_1 & Q_2 \\ n & m-n \end{array}\right],$$

并且令

$$Q^{\mathrm{T}}b = \left[\begin{array}{c} Q_1^{\mathrm{T}} \\ Q_2^{\mathrm{T}} \end{array}\right] b = \left[\begin{array}{c} c_1 \\ c_2 \end{array}\right] \begin{array}{c} n \\ m-n \end{array}.$$

那么

$$\|Ax - b\|_2^2 = \|Q^{\mathrm{T}}Ax - Q^{\mathrm{T}}b\|_2^2 = \|Rx - c_1\|_2^2 + \|c_2\|_2^2.$$

由此即知, x 是最小二乘问题 (3.1.3) 的解当且仅当 x 是 $Rx = c_1$ 的解. 这样一来, 最小二乘问题 (3.1.3) 的解就可以很容易地从上三角方程组 $Rx = c_1$ 求得.

综合上面的讨论, 可得正交变换法的基本步骤为:

(1) 计算 A 的 QR 分解 (3.3.2);

(2) 计算 $c_1 = Q_1^{\mathrm{T}}b$;

(3) 求解上三角方程组 $Rx = c_1$.

由此可知, 实现正交变换法的关键是如何实现矩阵 A 的 QR 分解. 下面我们就来介绍实现这一分解最常用的 Householder 方法.

用 **Householder 方法** 计算 QR 分解与不选主元的 Gauss 消去法很类似, 就是利用 Householder 变换逐步将 A 约化为上三角阵. 设 $m = 6$, $n = 5$, 并假定已经计算出 Householder 变换 H_1 和 H_2, 使得

$$H_2H_1A = \begin{bmatrix} \times & \times & \times & \times & \times \\ 0 & \times & \times & \times & \times \\ 0 & 0 & + & \times & \times \\ 0 & 0 & + & \times & \times \\ 0 & 0 & + & \times & \times \\ 0 & 0 & + & \times & \times \end{bmatrix}.$$

我们现在的任务就是集中精力于第三列标为 "+" 的 4 个元素, 确定一个 Householder 变换 $\widetilde{H}_3 \in \mathbf{R}^{4\times4}$, 使得

$$\widetilde{H}_3 \begin{bmatrix} + \\ + \\ + \\ + \end{bmatrix} = \begin{bmatrix} \times \\ 0 \\ 0 \\ 0 \end{bmatrix}.$$

令 $H_3 = \mathrm{diag}\,(I_2, \widetilde{H}_3)$, 则有

$$H_3H_2H_1A = \begin{bmatrix} \times & \times & \times & \times & \times \\ 0 & \times & \times & \times & \times \\ 0 & 0 & \times & \times & \times \\ 0 & 0 & 0 & \times & \times \\ 0 & 0 & 0 & \times & \times \\ 0 & 0 & 0 & \times & \times \end{bmatrix}.$$

对于一般的矩阵 $A \in \mathbf{R}^{m\times n}$, 假定我们已进行了 $k-1$ 步, 得到了 Householder 变换 $H_1, \cdots, H_{k-1}$, 使得

$$A_k = H_{k-1} \cdots H_1 A = \begin{bmatrix} A_{11}^{(k)} & A_{12}^{(k)} \\ 0 & A_{22}^{(k)} \end{bmatrix} \begin{matrix} k-1 \\ m-k+1 \end{matrix},$$
$$\qquad\qquad\qquad\quad\ \underbrace{\phantom{A_{11}^{(k)}}}_{k-1}\ \ \underbrace{\phantom{A_{22}^{(k)}}}_{n-k+1}$$

其中 $A_{11}^{(k)}$ 是上三角阵. 假定

$$A_{22}^{(k)} = [u_k, \cdots, u_n].$$

第 k 步是: 先用算法 3.2.1 确定 Householder 变换

$$\widetilde{H}_k = I_{m-k+1} - \beta_k v_k v_k^{\mathrm{T}} \in \mathbf{R}^{(m-k+1)\times(m-k+1)},$$

使得

$$\widetilde{H}_k u_k = r_{kk} e_1,$$

其中 $r_{kk} \geqslant 0$, $e_1 = (1, 0, \cdots, 0)^{\mathrm{T}} \in \mathbf{R}^{m-k+1}$; 然后, 计算 $\widetilde{H}_k A_{22}^{(k)}$. 令

$$H_k = \operatorname{diag}(I_{k-1}, \widetilde{H}_k),$$

则

$$A_{k+1} = H_k A_k = \begin{bmatrix} A_{11}^{(k)} & A_{12}^{(k)} \\ 0 & \widetilde{H}_k A_{22}^{(k)} \end{bmatrix}$$

$$= \begin{bmatrix} A_{11}^{(k+1)} & A_{12}^{(k+1)} \\ 0 & A_{22}^{(k+1)} \end{bmatrix} \begin{matrix} {\scriptstyle k} \\ {\scriptstyle m-k} \end{matrix},$$
$$\begin{matrix} {\scriptstyle k} & {\scriptstyle n-k} \end{matrix}$$

其中 $A_{11}^{(k+1)}$ 是上三角阵. 这样, 从 $k = 1$ 出发, 对 A 依次进行 n 次 Householder 变换, 我们就可将 A 约化为上三角阵. 现在记

$$R = A_{11}^{(n)}, \quad Q = H_1 \cdots H_n,$$

则

$$A = Q \begin{bmatrix} R \\ 0 \end{bmatrix}.$$

注意, 这样得到的上三角阵 R 的对角元均是非负的.

下面考虑计算 A 的 QR 分解的存储问题. 当分解完成后, 一般来说, A 就不再需要, 可用它来存放 Q 与 R. 通常并不是将 Q 算出, 而是只存放构成它的 n 个 Householder 变换 H_k $(k = 1, \cdots, n)$, 而对每个 H_k, 我们只需保存 v_k 和 β_k 即可. 注意到 v_k 有如下形式:

$$v_k = \left(1, v_{k+1}^{(k)}, \cdots, v_n^{(k)}\right)^{\mathrm{T}},$$

我们正好可以将 $v_k(2:m-k+1)$ 存储在 A 的对角元以下位置上. 例如, 对于 $m=4$, $n=3$ 的问题, 其存储方式如下:

$$A := \begin{bmatrix} r_{11} & r_{12} & r_{13} \\ v_2^{(1)} & r_{22} & r_{23} \\ v_3^{(1)} & v_3^{(2)} & r_{33} \\ v_4^{(1)} & v_4^{(2)} & v_4^{(3)} \end{bmatrix}, \quad d := \begin{bmatrix} \beta_1 \\ \beta_2 \\ \beta_3 \end{bmatrix}.$$

综合上面的讨论, 可得如下算法:

算法 3.3.1 (计算 QR 分解: Householder 方法)

for $j = 1:n$
    if $j < m$
        $[v, \beta] = \mathbf{house}\,(A(j:m, j))$
        $A(j:m, j:n) = (I_{m-j+1} - \beta vv^{\mathrm{T}})A(j:m, j:n)$
        $d(j) = \beta$
        $A(j+1:m, j) = v(2:m-j+1)$
    end
end

容易算出, 这一算法的运算量为 $2n^2(m - n/3)$. 此外, 该算法有十分良好的数值性态, 详细的舍入误差分析参见文献 [21]. 利用这一算法求解最小二乘问题 (3.1.3) 所得到的计算解通常要比正则化方法精确得多, 当然, 付出的代价也是不容忽视的.

Householder 方法并不是实现 QR 分解的唯一方法, 例如我们亦可利用 Givens 变换或 Gram–Schmidt 正交化来实现. 通常用 Givens 变换来实现 QR 分解所需的运算量大约是 Householder 方法的二倍, 但如果 A 有较多的零元素, 则灵活地使用 Givens 变换往往会使运算量大为减少.

此外, QR 分解不仅可用来求解最小二乘问题, 而且它也是数值代数许多重要算法的基础. 例如, 著名的求解特征值问题的 QR 方法就是利用这一分解而得到的; 再如, 我们亦可利用 QR 分解求解线性方

程组 (1.1.3), 而且对于某些病态方程组 QR 分解法的计算结果往往要比三角分解法好得多, 当然, 前者比后者的运算量也要大得多.

作为本章的结束, 我们再给出一个具体的算例.

例 3.3.1   令

$$A = USV^{\mathrm{T}} = \begin{bmatrix} \dfrac{\kappa}{\sqrt{2}} + \dfrac{1}{2} & \dfrac{-\kappa}{\sqrt{6}} + \dfrac{\sqrt{3}}{2} \\[2ex] \dfrac{-\kappa}{\sqrt{2}} & \dfrac{\kappa}{\sqrt{6}} \\[2ex] \dfrac{\kappa}{\sqrt{2}} - \dfrac{1}{2} & \dfrac{-\kappa}{\sqrt{6}} - \dfrac{\sqrt{3}}{2} \end{bmatrix}, \quad b = \begin{bmatrix} 3 \\ 2 \\ -1 \end{bmatrix},$$

其中 κ 是一个大于 1 的参数, 而

$$U = \begin{bmatrix} \dfrac{1}{\sqrt{3}} & \dfrac{1}{\sqrt{2}} \\[2ex] \dfrac{-1}{\sqrt{3}} & 0 \\[2ex] \dfrac{1}{\sqrt{3}} & \dfrac{-1}{\sqrt{2}} \end{bmatrix}, \quad V = \begin{bmatrix} \dfrac{\sqrt{3}}{2} & \dfrac{1}{2} \\[2ex] \dfrac{-1}{2} & \dfrac{\sqrt{3}}{2} \end{bmatrix}, \quad S = \begin{bmatrix} \sqrt{2}\kappa & 0 \\ 0 & \sqrt{2} \end{bmatrix}.$$

显然, 矩阵 A 的条件数为 $\|A\|_2 \|A^\dagger\|_2 = \kappa$, 而最小二乘问题

$$r(x) = \|Ax - b\|_2 = \min$$

的唯一解为

$$x_* = VS^{-1}U^Tb = \frac{u_1^{\mathrm{T}}b}{\sqrt{2}\kappa} v_1 + \frac{u_2^{\mathrm{T}}b}{\sqrt{2}} v_2 = \begin{bmatrix} 1 \\ \sqrt{3} \end{bmatrix},$$

其中 u_1, u_2 和 v_1, v_2 分别是矩阵 U 和 V 的列向量, 并且直接计算有 $r(x_*) = \|Ax_* - b\|_2 = \sqrt{6}$. 注意: x_* 和 $r(x_*)$ 与 κ 无关.

对 $\kappa = 10^5, 10^7, 10^9$ 分别用如下的三种方法求解这一最小二乘问题:

- 用 Cholesky 分解法求解正则化方程组 (简记为 NC);
- 用列主元 Gauss 消去法求解正则化方程组 (简记为 NG);

• 正交变换法 (简记为 QR).

计算结果列在了表 3.1 中, 其中 $\tilde{x}$ 表示计算解. 从表中可以看出, 随着系数矩阵条件数的增大, 正则化方法得到的计算解误差越来越大, 而正交变换法得到的计算解就没有受到任何影响. 此外, 就这一例子来看, 用 Cholesky 分解法求解正则化方程组和用列主元 Gauss 消去法求解正则化方程组所得结果是完全一样的.

表　3.1

	$\kappa = 10^5$		$\kappa = 10^7$		$\kappa = 10^9$	
	$r(\tilde{x})$	$\|\tilde{x} - x_*\|_2$	$r(\tilde{x})$	$\|\tilde{x} - x_*\|_2$	$r(\tilde{x})$	$\|\tilde{x} - x_*\|_2$
NC	2.449	0.000000	2.449	0.001955	3.742	2.000651
NG	2.449	0.000000	2.449	0.001955	3.742	2.000651
QR	2.449	0.000000	2.449	0.000000	2.449	0.000000

习　　题

1. 设
$$A = \begin{bmatrix} 1 & 2 \\ 3 & 4 \\ 5 & 6 \end{bmatrix}, \quad b = \begin{bmatrix} 1 \\ 1 \\ 1 \end{bmatrix}.$$
用正则化方法求对应的 LS 问题的解.

2. 设
$$A = \begin{bmatrix} 1 & 3 & 1 & 1 \\ 2 & 0 & 0 & 0 \\ 1 & 0 & 0 & 0 \end{bmatrix}, \quad b = \begin{bmatrix} 1 \\ 1 \\ 1 \end{bmatrix}.$$
求对应的 LS 问题的全部解.

3. 设 $x = (1, 0, 4, 6, 3, 4)^{\mathrm{T}}$. 求一个 Householder 变换和一个正数 α, 使得 $Hx = (1, \alpha, 4, 6, 0, 0)^{\mathrm{T}}$.

4. 确定 $c = \cos\theta$ 和 $s = \sin\theta$, 使得
$$\begin{bmatrix} c & s \\ -s & c \end{bmatrix} \begin{bmatrix} 5 \\ 12 \end{bmatrix} = \alpha \begin{bmatrix} 1 \\ 1 \end{bmatrix}, \quad \alpha \in \mathbf{R}.$$

5. 假定 $x = (x_1, x_2)^{\mathrm{T}}$ 是一个二维复向量. 给出一种算法计算一个如下形式的酉矩阵:
$$Q = \begin{bmatrix} c & \bar{s} \\ -s & c \end{bmatrix}, \quad c \in \mathbf{R}, \ c^2 + |s|^2 = 1,$$
使得 Qx 的第二个分量为零.

6. 假定 x 和 y 是 $\mathbf{R}^n$ 中的两个单位向量. 给出一种使用 Givens 变换的算法, 计算一个正交阵 Q, 使得 $Qx = y$.

7. 设 x 和 y 是 $\mathbf{R}^n$ 中的两个非零向量. 给出一种算法来确定一个 Householder 变换 H, 使得 $Hx = \alpha y$, 其中 $\alpha \in \mathbf{R}$.

8. 假定 $L \in \mathbf{R}^{m \times n}$ $(m \geqslant n)$ 是下三角阵. 说明如何确定 Householder 变换 $H_1, \cdots, H_n$, 使得
$$H_n \cdots H_1 L = \begin{bmatrix} L_1 \\ 0 \end{bmatrix} \begin{matrix} n \\ m-n \end{matrix},$$
其中 $L_1 \in \mathbf{R}^{n \times n}$ 是下三角阵.

9. 假定 $A \in \mathbf{R}^{m \times n}$ 的秩为 n, 并假定已经用部分主元 Gauss 消去法计算好了 LU 分解 $PA = LU$, 其中 $L \in \mathbf{R}^{m \times n}$ 是单位下三角阵, $U \in \mathbf{R}^{m \times n}$ 是上三角阵, $P \in \mathbf{R}^{m \times m}$ 是排列方阵. 说明怎样用上题中的分解方法去找向量 $z \in \mathbf{R}^n$, 使得
$$\|Lz - Pb\|_2 = \min,$$
并证明: 如果 $Ux = z$, 那么 $\|Ax - b\|_2 = \min$.

10. 设 $A \in \mathbf{R}^{m \times n}$, 且存在 $X \in \mathbf{R}^{n \times m}$ 使得对每一个 $b \in \mathbf{R}^m$, $x = Xb$ 均极小化 $\|Ax - b\|_2$. 证明: $AXA = A$ 和 $(AX)^{\mathrm{T}} = AX$.

11. 设 $A \in \mathbf{R}^{m \times n}$ 是一个对角加边矩阵, 即
$$A = \begin{bmatrix} \alpha_1 & \rho_2 & \rho_3 & \cdots & \cdots & \rho_n \\ \beta_2 & \alpha_2 & 0 & \cdots & \cdots & 0 \\ \beta_3 & 0 & \alpha_3 & \ddots & & \vdots \\ \vdots & \vdots & \ddots & \ddots & \ddots & \vdots \\ \vdots & \vdots & & \ddots & \alpha_{n-1} & 0 \\ \beta_n & 0 & \cdots & \cdots & 0 & \alpha_n \end{bmatrix}.$$

试给出用 Givens 变换求 A 的 QR 分解的详细算法.

12. 利用等式

$$\|A(x+\alpha w)-b\|_2^2 = \|Ax-b\|_2^2 + 2\alpha w^\mathrm{T} A^\mathrm{T}(Ax-b) + \alpha^2\|Aw\|_2^2$$

证明: 如果 $x \in \mathcal{X}_{\mathrm{LS}}$, 那么 $A^\mathrm{T}Ax = A^\mathrm{T}b$.

上 机 习 题

用你所熟悉的计算机语言编制利用 QR 分解求解线性方程组和线性最小二乘问题的通用子程序, 并用你编制的子程序完成下面的两个计算任务:

(1) 求解第一章上机习题中的三个线性方程组, 并将所得的计算结果与前面的结果相比较, 说明各方法的优劣;

(2) 求一个二次多项式 $y = at^2 + bt + c$, 使得在残向量的 2 范数最小的意义下拟合表 3.2 中的数据;

表　3.2

t_i	-1	-0.75	-0.5	0	0.25	0.5	0.75
y_i	1.00	0.8125	0.75	1.00	1.3125	1.75	2.3125

(3) 在房产估价的线性模型

$$y = x_0 + a_1x_1 + a_2x_2 + \cdots + a_{11}x_{11}$$

中, $a_1, a_2, \cdots, a_{11}$ 分别表示税、浴室数目、占地面积、居住面积、车库数目、房屋数目、居室数目、房龄、建筑类型、户型及壁炉数目, y 代表房屋价格. 现根据表 3.3 和表 3.4 给出的 28 组数据, 求出模型中参数的最小二乘结果.

表　3.3

			y			
25.9	29.5	27.9	25.9	29.9	29.9	30.9
28.9	84.9	82.9	35.9	31.5	31.0	30.9
30.0	28.9	36.9	41.9	40.5	43.9	37.5
37.9	44.5	37.9	38.9	36.9	45.8	41.0

表   3.4

a_1	a_2	a_3	a_4	a_5	a_6	a_7	a_8	a_9	a_{10}	a_{11}
4.9176	1.0	3.4720	0.9980	1.0	7	4	42	3	1	0
5.0208	1.0	3.5310	1.5000	2.0	7	4	62	1	1	0
4.5429	1.0	2.2750	1.1750	1.0	6	3	40	2	1	0
4.5573	1.0	4.0500	1.2320	1.0	6	3	54	4	1	0
5.0597	1.0	4.4550	1.1210	1.0	6	3	42	3	1	0
3.8910	1.0	4.4550	0.9880	1.0	6	3	56	2	1	0
5.8980	1.0	5.8500	1.2400	1.0	7	3	51	2	1	1
5.6039	1.0	9.5200	1.5010	0.0	6	3	32	1	1	0
15.4202	2.5	9.800	3.4200	2.0	10	5	42	2	1	1
14.4598	2.5	12.8000	3.000	2.0	9	5	14	4	1	1
5.8282	1.0	6.4350	1.2250	2.0	6	3	32	1	1	0
5.3003	1.0	4.9883	1.5520	1.0	6	3	30	1	2	0
6.2712	1.0	5.5200	0.9750	1.0	5	2	30	1	2	0
5.9592	1.0	6.6660	1.1210	2.0	6	3	32	2	1	0
5.0500	1.0	5.0000	1.0200	0.0	5	2	46	4	1	1
5.6039	1.0	9.5200	1.5010	0.0	6	3	32	1	1	0
8.2464	1.5	5.1500	1.6640	2.0	8	4	50	4	1	0
6.6969	1.5	6.0920	1.4880	1.5	7	3	22	1	1	1
7.7841	1.5	7.1020	1.3760	1.0	6	3	17	2	1	0
9.0384	1.0	7.8000	1.5000	1.5	7	3	23	3	3	0
5.9894	1.0	5.5200	1.2560	2.0	6	3	40	4	1	1
7.5422	1.5	4.0000	1.6900	1.0	6	3	22	1	1	0
8.7951	1.5	9.8900	1.8200	2.0	8	4	50	1	1	1
6.0931	1.5	6.7265	1.6520	1.0	6	3	44	4	1	0
8.3607	1.5	9.1500	1.7770	2.0	8	4	48	1	1	1
8.1400	1.0	8.0000	1.5040	2.0	7	3	3	1	3	0
9.1416	1.5	7.3262	1.8310	1.5	8	4	31	4	1	0
12.0000	1.5	5.0000	1.2000	2.0	6	3	30	3	1	1

第四章　线性方程组的古典迭代解法

随着计算技术的发展,计算机的存储量日益增大,计算速度也迅速提高,直接法 (如 Gauss 消去法、平方根法等) 在计算机上可以求解的线性方程组的规模也越来越大,但直接法大多数均需对系数矩阵 A 进行分解,因而一般不能保持 A 的稀疏性. 而实际应用中, 特别是偏微分方程的数值求解时, 常常遇到的恰恰就是大型稀疏线性方程的求解问题. 因此, 寻求能够保持稀疏性的有效算法就成为数值线性代数中一个非常重要的研究课题.

目前发展起来的求解稀疏线性方程组的方法主要有两类: 一类是迭代法; 另一类是稀疏直接法. 稀疏直接法是直接法与某些稀疏矩阵技巧有机结合的产物, 它充分利用所给线性方程组的系数矩阵的零元素的分布特点 (即矩阵的结构), 采用灵活的主元选取策略, 使得分解出的矩阵因子尽可能地保持原有的稀疏性. 限于篇幅, 本书不涉及这类方法.

迭代法是按照某种规则构造一个向量序列 $\{x_k\}$, 使其极限向量 x_* 是方程组 $Ax = b$ 的精确解. 因此, 对迭代法来说, 一般有下面几个问题:

(1) 如何构造迭代序列?

(2) 构造的迭代序列是否收敛? 在什么情况下收敛?

(3) 如果收敛, 收敛的速度如何? 我们应该给予量的刻画, 用以比较各种迭代方法收敛的快慢.

(4) 因为计算总是有限次的, 所以总要讨论近似解的误差估计和迭代过程的中断处理等问题, 这又和舍入误差的分析有关.

一个方法是否有效要看得到具有某个精确度的近似解而付出的代价如何, 通常以运算量和存储量的要求为标准. 在这个标准下, 直接法在很多情况下比迭代法好, 但是对大型的稀疏方程组来说, 迭代法更适用. 本章我们将主要讨论古典迭代法.

§4.1 单步线性定常迭代法

对给定的线性方程组如何通过构造合适的迭代法来求其解的问题是一个十分困难而又有趣的问题, 吸引了不少科研人员致力于这方面的研究, 目前已经取得了丰硕的成果. 在现有的众多迭代法中, 最简单而又基本的就是单步线性定常迭代法. 这一节, 我们就来简要地介绍一下这类方法. 先从最简单的 Jacobi 迭代法谈起.

4.1.1   Jacobi 迭代法

考虑非奇异线性代数方程组

$$Ax = b. \tag{4.1.1}$$

令

$$A = D - L - U, \tag{4.1.2}$$

其中

$$A = [a_{ij}], \quad D = \operatorname{diag}(a_{11}, a_{22}, \cdots, a_{nn}),$$

$$L = \begin{bmatrix} 0 & & & & \\ -a_{21} & 0 & & & \\ -a_{31} & -a_{32} & 0 & & \\ \vdots & \vdots & \ddots & \ddots & \\ -a_{n1} & -a_{n2} & \cdots & -a_{n,n-1} & 0 \end{bmatrix}, \tag{4.1.3}$$

$$U = \begin{bmatrix} 0 & -a_{12} & -a_{13} & \cdots & -a_{1n} \\ & 0 & -a_{23} & \cdots & -a_{2n} \\ & & \ddots & \ddots & \vdots \\ & & & 0 & -a_{n-1,n} \\ & & & & 0 \end{bmatrix},$$

那么 (4.1.1) 式可以写成

$$x = Bx + g, \tag{4.1.4}$$

其中 $B = D^{-1}(L + U)$, $g = D^{-1}b$. 若给定初始向量

$$x_0 = (x_1^{(0)}, x_2^{(0)}, \cdots, x_n^{(0)})^{\mathrm{T}},$$

并代入 (4.1.4) 式的右边, 就可以计算出一个新的向量 x_1, 即

$$x_1 = Bx_0 + g;$$

再把 x_1 代入 (4.1.4) 式右边, 又可得到一个向量 x_2; 依次类推, 有

$$x_k = Bx_{k-1} + g, \quad k = 1, 2, \cdots. \tag{4.1.5}$$

这就是所谓的**Jacobi 迭代法**, 其中 B 叫做 Jacobi 迭代法的**迭代矩阵**, g 叫做 Jacobi 迭代法的**常数项**.

4.1.2　Gauss-Seidel 迭代法

注意到 Jacobi 迭代法中各分量的计算顺序是没有关系的, 先算哪个分量都一样. 现在, 假设不按 Jacobi 迭代格式, 而是在计算 x_k 的第一个分量用 x_{k-1} 的各个分量计算, 但当计算 x_k 的第二个分量 $x_2^{(k)}$ 时, 因 $x_1^{(k)}$ 已经算出, 用它代替 $x_1^{(k-1)}$, 其他分量仍用 $x_i^{(k-1)}$. 类似地, 计算 $x_l^{(k)}$ 时, 因 $x_1^{(k)}, \cdots, x_{l-1}^{(k)}$ 都已算出, 用它们代替 $x_1^{(k-1)}, \cdots, x_{l-1}^{(k-1)}$, 其他分量仍用 x_{k-1} 的分量, 于是有

$$x_k = D^{-1}Lx_k + D^{-1}Ux_{k-1} + g, \quad k = 1, 2, \cdots. \tag{4.1.6}$$

我们称这种迭代格式为 **Gauss-Seidel 迭代法**, 简称为 **G-S 迭代法**. 它的一个明显的好处是在编写程序时存储量减少了. 如果 $(D - L)^{-1}$ 存在, G-S 迭代法可以改写成

$$x_k = (D - L)^{-1}Ux_{k-1} + (D - L)^{-1}b. \tag{4.1.7}$$

我们把 $L_1 = (D-L)^{-1}U$ 叫做 G-S 迭代法的迭代矩阵, 而把 $(D-L)^{-1}b$ 叫做 G-S 迭代法的常数项.

对 G-S 迭代法来说, 计算分量的次序是不能改变的.

4.1.3 单步线性定常迭代法

大家已经注意到, 上面介绍的两种迭代法, 有一个共同的特点, 那就是新的近似解 x_k 是已知近似解 x_{k-1} 的线性函数, 并且只与 x_{k-1} 有关, 即它们都可以表示成如下形式:

$$x_k = Mx_{k-1} + g. \tag{4.1.8}$$

事实上, 对 Jacobi 迭代法, 有

$$M = D^{-1}(L+U), \quad g = D^{-1}b;$$

对 G-S 迭代法, 有

$$M = (D-L)^{-1}U, \quad g = (D-L)^{-1}b.$$

我们把形如 (4.1.8) 式的迭代法称为**单步线性定常迭代法**, 其中 $M \in \mathbf{R}^{n\times n}$ 叫做**迭代矩阵**, $g \in \mathbf{R}^n$ 叫做**常数项**, 而 $x_0 \in \mathbf{R}^n$ 叫做**初始向量**. 如果对任意的初始向量由 (4.1.8) 式产生的向量序列 $\{x_k\}$ (称为迭代序列) 都有极限, 则称该迭代法是**收敛**的; 否则, 就称它是不收敛的或**发散**的.

如果迭代法 (4.1.8) 是收敛的, 并记其极限为 x_*, 则于 (4.1.8) 式两边取极限, 便可得到

$$x_* = Mx_* + g. \tag{4.1.9}$$

这表明迭代序列 $\{x_k\}$ 的极限 x_* 恰为方程组 (4.1.9) 的解. 如果线性方程组 (4.1.1) 与 (4.1.9) 等价, 即存在非奇异矩阵 $G \in \mathbf{R}^{n\times n}$, 使得

$$G(I-M) = A, \quad Gg = b, \tag{4.1.10}$$

则该迭代序列也收敛到非奇异线性方程组 (4.1.1) 的唯一解. 因此, 如果迭代序列收敛, 且 (4.1.10) 式成立, 则对充分大的 k, x_k 就可以作为方程组 (4.1.1) 的近似解. 当条件 (4.1.10) 成立时, 就称迭代法 (4.1.8) 与线性方程组 (4.1.1) 是**相容**的. 显然, Jacobi 迭代法和 G-S 迭代法都是相容的. 从实用的角度考虑, 当然我们只对相容的收敛迭代法感兴趣. 因此, 在本章如果没有特别说明, 我们总假定所讨论的迭代法是相容的.

§4.2 收敛性理论

这一节我们来讨论如何判定单步线性定常迭代法的收敛性问题. 我们将先介绍一些这方面的最基本结果, 而后再给出 Jacobi 迭代法和 G-S 迭代法的收敛性理论.

4.2.1 收敛的充分必要条件

设 x_* 为方程组 (4.1.1) 的解, 并且假定向量 x_k 是由迭代法 (4.1.8) 所产生的. 定义

$$y_k = x_k - x_*, \qquad (4.2.1)$$

并称之为 x_k 的**误差向量**. 由 (4.1.8) 式减去 (4.1.9) 式得

$$y_{k+1} = My_k, \quad k = 0, 1, \cdots. \qquad (4.2.2)$$

利用 (4.2.2) 式即可导出

$$y_k = M^k y_0. \qquad (4.2.3)$$

由 (4.2.3) 式容易看出, 对任意给定的 y_0 都有 $y_k \to 0$ (即 $x_k \to x_*$) 的充分必要条件是 $M^k \to 0$. 上述结果可以写成下述引理:

引理 4.2.1 迭代法 (4.1.8) 收敛的充分必要条件是

$$M^k \to 0.$$

又根据定理 2.1.7 知, $M^k \to 0$ 的充分必要条件为 $\rho(M) < 1$, 这样我们就得到了单步线性定常迭代法收敛的基本定理:

定理 4.2.1 解方程组 (4.1.1) 的单步线性定常迭代法 (4.1.8) 收敛的充分必要条件是其迭代矩阵 M 的谱半径小于 1, 即

$$\rho(M) < 1. \qquad (4.2.4)$$

从上面的定理看到, 迭代序列收敛取决于迭代矩阵的谱半径, 而与初始向量的选取和常数项无关.

因为解同一个方程组时, Jacobi 迭代矩阵和 G-S 迭代矩阵的谱半径不一定相同, 而且并无包含关系, 因此, 有时 Jacobi 迭代法收敛,

而 G-S 迭代法不收敛. 当然, 也有 Jacobi 迭代法不收敛而 G-S 迭代法收敛的情形. 例如, 若方程组的系数矩阵分别为

$$A_1 = \begin{bmatrix} 1 & 2 & -2 \\ 1 & 1 & 1 \\ 2 & 2 & 1 \end{bmatrix} \quad 和 \quad A_2 = \begin{bmatrix} 2 & -1 & 1 \\ 1 & 1 & 1 \\ 1 & 1 & -2 \end{bmatrix},$$

则可以验证: 对前者而言 Jacobi 迭代法是收敛的, 但 G-S 迭代法不收敛; 而对后者而言 Jacobi 迭代法不收敛, 但 G-S 迭代法收敛. 请读者作为练习自己验证.

4.2.2 收敛的充分条件及误差估计

用迭代矩阵的谱半径来判别迭代法是否收敛, 显然是十分不便的, 这是因为计算迭代矩阵的谱半径相当困难. 因此, 需要给出一些方便使用的判别条件, 也就是比较容易计算的条件.

定理 4.2.2   若迭代矩阵 M 的范数 $\|M\| = q < 1$, 则迭代法 (4.1.8) 所产生的近似解 x_k 与准确解 x_* 的误差有如下估计式:

$$\|x_k - x_*\| \leqslant \frac{q^k}{1-q} \|x_1 - x_0\|. \tag{4.2.5}$$

证明   由 (4.2.2) 式知 $y_k = M^k y_0$, 两边取范数, 得

$$\|y_k\| = \|M^k y_0\| \leqslant \|M\|^k \|y_0\| = q^k \|y_0\|. \tag{4.2.6}$$

现在估计 y_0. 根据定义, 我们有

$$\begin{aligned} \|y_0\| &= \|x_0 - x_*\| \leqslant \|x_0 - x_1\| + \|x_1 - x_*\| \\ &= \|x_0 - x_1\| + \|M y_0\| \\ &\leqslant \|x_0 - x_1\| + q\|y_0\|, \end{aligned}$$

从而有

$$\|y_0\| \leqslant \frac{1}{1-q} \|x_0 - x_1\|.$$

将此不等式代入 (4.2.6) 式即知定理成立. □

从近似解的误差估计可以计算出要得到满足精度要求的近似解需要迭代多少次, 但这种估计往往偏高, 在实际计算时用它控制并不方便, 所以给出下面的定理.

定理 4.2.3 若 $\|M\| = q < 1$, 则迭代法 (4.1.8) 所产生的近似解 x_k 与准确解 x_* 的误差有如下的估计式:

$$\|x_k - x_*\| \leqslant \frac{q}{1-q}\|x_{k-1} - x_k\|. \tag{4.2.7}$$

证明 因为

$$\|x_k - x_*\| = \|M(x_{k-1} - x_*)\| \leqslant q\|x_{k-1} - x_*\|$$
$$\leqslant q\|x_{k-1} - x_k\| + q\|x_k - x_*\|,$$

所以有

$$\|x_k - x_*\| \leqslant \frac{q}{1-q}\|x_{k-1} - x_k\|.$$

于是, 定理得证. □

不等式 (4.2.7) 表明: 只要迭代矩阵 M 的范数不是很接近 1, 当相邻两次迭代向量 x_k 和 x_{k-1} 很接近时, 则 x_k 与 x_* 也很接近. 因此, 我们可以用量 $\|x_{k-1} - x_k\|$ 是否适当小来判别迭代是否应该终止. 这在实际计算中是非常好用的. 例如, 若 $\|M\| = 0.9$, $\|x_{k-1} - x_k\| = 10^{-8}$, 则由 (4.2.7) 式有 $\|x_* - x_k\| \leqslant 9 \times 10^{-8}$. 这里需特别指出的是, 当 $\|M\|$ 很接近 1 时, 即使 $\|x_{k-1} - x_k\|$ 很小, 我们也不能断定 $\|x_* - x_k\|$ 很小. 例如, 若 $\|M\| = 1 - 10^{-12}$, $\|x_{k-1} - x_k\| = 10^{-12}$, 我们由 (4.2.7) 式只能得到 $\|x_* - x_k\| \leqslant 1 - 10^{-12}$, 由此并不能断定 x_k 与 x_* 是否很接近.

尽管用范数来判定迭代过程是否收敛只是一个充分条件, 但用起来比较方便. 通常是用矩阵的 1 范数和 ∞ 范数来判定的, 这是因为当矩阵知道以后它们是很容易计算的.

4.2.3 Jacobi 迭代法与 G-S 迭代法的收敛性

对 Jacobi 迭代法来说, 上一小节给出的判别法基本上能令人满意了, 这是因为给定方程组后, Jacobi 迭代法的迭代矩阵是比较容易得到的; 而对 G-S 迭代法来说, 仍有一些困难, 这是因为由方程组的系数矩阵去计算 G-S 迭代矩阵需要求 $(D-L)^{-1}U$ 就不那么方便之故. 为此, 给出下面的定理.

定理 4.2.4 设 $B=[b_{ij}]$ 和 L_1 分别是上一节所定义的 Jacobi 迭代法和 G-S 迭代法的迭代矩阵. 若 $\|B\|_\infty < 1$, 则 $\|L_1\|_\infty < 1$, 而且由 G-S 迭代法所产生的近似解 x_k 与准确解 x_* 的误差有如下的估计式:

$$\|x_k - x_*\|_\infty \leqslant \frac{\mu^k}{1-\mu}\|x_1 - x_0\|_\infty, \tag{4.2.8}$$

其中

$$\mu = \max_i \left(\sum_{j=i+1}^n |b_{ij}| \Big/ \left(1 - \sum_{j=1}^{i-1} |b_{ij}| \right) \right) \leqslant \|B\|_\infty < 1. \tag{4.2.9}$$

证明 先证 $\mu < 1$. 令

$$l_i = \sum_{j=1}^{i-1} |b_{ij}|, \quad u_i = \sum_{j=i+1}^n |b_{ij}|.$$

由定理 2.1.4 知, 对任意 $1 \leqslant i \leqslant n$ 都有 $l_i + u_i \leqslant \|B\|_\infty < 1$. 再由

$$\begin{aligned} l_i + u_i - \frac{u_i}{1-l_i} &= \frac{1}{1-l_i}\big((l_i+u_i)(1-l_i) - u_i\big) \\ &= \frac{l_i}{1-l_i}(1 - l_i - u_i) \geqslant 0 \end{aligned}$$

可推出

$$\frac{u_i}{1-l_i} \leqslant l_i + u_i,$$

两边对 i 取最大值, 得

$$\mu = \max_i \frac{u_i}{1-l_i} \leqslant \max_i(l_i + u_i) = \|B\|_\infty < 1. \tag{4.2.10}$$

再证 $\|L_1\|_\infty < 1$. 根据矩阵 ∞ 范数的定义知, 必存在一个满足 $\|x\|_\infty = 1$ 的 $x \in \mathbf{R}^n$, 使得 $\|L_1\|_\infty = \|L_1 x\|_\infty$. 令 $y = L_1 x$, 并且假定 $|y_i| = \|y\|_\infty$. 注意到 $L_1 = (D-L)^{-1}U$, 便有

$$y = D^{-1}Ly + D^{-1}Ux. \tag{4.2.11}$$

再注意到 $B = D^{-1}L + D^{-1}U$, 即知 $D^{-1}L$ 为 B 的下三角部分, 而 $D^{-1}U$ 为 B 的上三角部分. 于是, 比较 (4.2.11) 式两边的第 i 个分量, 可得

$$y_i = \sum_{j=1}^{i-1} b_{ij}y_j + \sum_{j=i+1}^{n} b_{ij}x_j.$$

上式两边取绝对值, 并且注意到 $\|x\|_\infty = 1$ 和 $|y_i| = \|y\|_\infty$, 可得

$$\|y\|_\infty \leqslant \|y\|_\infty l_i + u_i.$$

由此推得

$$\|L_1\|_\infty = \|y\|_\infty \leqslant \frac{u_i}{1 - l_i} \leqslant \mu < 1. \tag{4.2.12}$$

最后我们给出估计式 (4.2.8) 的证明. 应用定理 4.2.2, 并且注意到 $\|L_1\|_\infty \leqslant \mu < 1$, 可得

$$\|x_k - x_*\|_\infty \leqslant \frac{\|L_1\|_\infty^k}{1 - \|L_1\|_\infty} \|x_1 - x_0\|_\infty \leqslant \frac{\mu^k}{1 - \mu} \|x_1 - x_0\|_\infty,$$

即 (4.2.8) 式得证. □

类似地, 我们可以给出下面的定理.

定理 4.2.5 设 $B = [b_{ij}]$ 和 L_1 分别是上一节所定义的 Jacobi 迭代法和 G-S 迭代法的迭代矩阵. 若 $\|B\|_1 < 1$, 则 $\rho(L_1) < 1$, 而且由 G-S 迭代法所产生的近似解 x_k 与准确解 x_* 的误差有如下的估计式:

$$\|x_k - x_*\|_1 \leqslant \frac{\tilde{\mu}^k}{(1 - \tilde{\mu})(1 - s)} \|x_1 - x_0\|_1, \tag{4.2.13}$$

其中

$$s = \max_j \sum_{i=j+1}^{n} |b_{ij}|, \quad \tilde{\mu} = \max_j \frac{\sum_{i=1}^{j-1} |b_{ij}|}{1 - \sum_{i=j+1}^{n} |b_{ij}|} \leqslant \|B\|_1 < 1. \tag{4.2.14}$$

证明   完全类似于 (4.2.10) 式的证明, 可证 $\tilde{\mu} \leqslant \|B\|_1 < 1$.
再来证明 $\rho(L_1) < 1$. 因为

$$(D-L)^{-1}U = (I - D^{-1}L)^{-1}\big[D^{-1}U(I - D^{-1}L)^{-1}\big](I - D^{-1}L),$$

所以 $L_1 = (D-L)^{-1}U$ 与 $\tilde{L}_1 \equiv D^{-1}U(I - D^{-1}L)^{-1}$ 相似. 于是, 它们
有相同的谱半径, 即有 $\rho(L_1) = \rho(\tilde{L}_1)$. 完全类似于 (4.2.12) 式的证明,
可证 $\|\tilde{L}_1^{\mathrm{T}}\|_\infty \leqslant \tilde{\mu} < 1$. 这样我们便有

$$\rho(L_1) = \rho(\tilde{L}_1) \leqslant \|\tilde{L}_1\|_1 = \|\tilde{L}_1^{\mathrm{T}}\|_\infty \leqslant \tilde{\mu} < 1.$$

最后证明估计式 (4.2.13). 由 G-S 迭代法的迭代格式, 容易导出

$$x_k - x_{k-1} = D^{-1}L(x_k - x_{k-1}) + D^{-1}U(x_{k-1} - x_{k-2}),$$

用分量表示即为

$$x_i^{(k)} - x_i^{(k-1)} = \sum_{j=1}^{i-1} b_{ij}\big(x_j^{(k)} - x_j^{(k-1)}\big) + \sum_{j=i+1}^{n} b_{ij}\big(x_j^{(k-1)} - x_j^{(k-2)}\big).$$

上式两边取绝对值以后, 再对 i 求和, 得

$$\sum_{i=1}^{n}|x_i^{(k)} - x_i^{(k-1)}| \leqslant \sum_{i=1}^{n}\bigg(\sum_{j=1}^{i-1}|b_{ij}|\,|x_j^{(k)} - x_j^{(k-1)}| \\ + \sum_{j=i+1}^{n}|b_{ij}|\,|x_j^{(k-1)} - x_j^{(k-2)}|\bigg).$$

把上不等式右边的两个求和号交换, 并注意到矩阵 B 的特点, 就有

$$\sum_{i=1}^{n}|x_i^{(k)} - x_i^{(k-1)}| \leqslant \sum_{j=1}^{n}\bigg(\sum_{i=j+1}^{n}|b_{ij}|\,|x_j^{(k)} - x_j^{(k-1)}| \\ + \sum_{i=1}^{j-1}|b_{ij}|\,|x_j^{(k-1)} - x_j^{(k-2)}|\bigg).$$

我们令

$$\widetilde{u}_j = \sum_{i=j+1}^{n} |b_{ij}|, \quad \widetilde{l}_j = \sum_{i=1}^{j-1} |b_{ij}|,$$

则

$$\sum_{i=1}^{n} |x_i^{(k)} - x_i^{(k-1)}| \leqslant \sum_{j=1}^{n} \left(\widetilde{u}_j |x_j^{(k)} - x_j^{(k-1)}| + \widetilde{l}_j |x_j^{(k-1)} - x_j^{(k-2)}| \right),$$

从而

$$\sum_{j=1}^{n} (1 - \widetilde{u}_j)|x_j^{(k)} - x_j^{(k-1)}| \leqslant \sum_{j=1}^{n} \widetilde{l}_j |x_j^{(k-1)} - x_j^{(k-2)}|$$

$$\leqslant \widetilde{\mu} \sum_{j=1}^{n} (1 - \widetilde{u}_j)|x_j^{(k-1)} - x_j^{(k-2)}|$$

$$\leqslant \cdots$$

$$\leqslant \widetilde{\mu}^{k-1} \sum_{j=1}^{n} (1 - \widetilde{u}_j)|x_j^{(1)} - x_j^{(0)}|.$$

根据 $\widetilde{u}_j$ 和 s 的定义知

$$1 - s \leqslant 1 - \widetilde{u}_j < 1,$$

所以

$$(1 - s) \sum_{j=1}^{n} |x_j^{(k)} - x_j^{(k-1)}| \leqslant \widetilde{\mu}^{k-1} \sum_{j=1}^{n} |x_j^{(1)} - x_j^{(0)}|,$$

即

$$(1 - s)\|x_k - x_{k-1}\|_1 \leqslant \widetilde{\mu}^{k-1} \|x_1 - x_0\|_1.$$

又因为

$$x_k - x_* = \sum_{i=k}^{\infty} (x_i - x_{i+1}),$$

所以

$$\|x_k - x_*\|_1 \leqslant \sum_{i=k}^{\infty} \|x_i - x_{i+1}\|_1$$

$$\leqslant \frac{1}{1-s}\sum_{i=k}^{\infty}\widetilde{\mu}^i\|x_1-x_0\|_1$$

$$=\frac{\widetilde{\mu}^k}{(1-\widetilde{\mu})(1-s)}\|x_1-x_0\|_1,$$

即 (4.2.13) 式得证.   □

如果线性方程组的系数矩阵正定, 我们还能推出一些更好的结论.

定理 4.2.6   若线性方程组 (4.1.1) 的系数矩阵 A 对称, 而且其对角元 $a_{ii}>0$ $(i=1,\cdots,n)$, 则 Jacobi 迭代法收敛的充分必要条件是 A 和 $2D-A$ 都正定.

证明   因为 $B=D^{-1}(L+U)=D^{-1}(D-A)=I-D^{-1}A$, 而 $D=\text{diag}(a_{ii})$ 的对角元均大于零, 故

$$B=I-D^{-1}A=D^{-\frac{1}{2}}(I-D^{-\frac{1}{2}}AD^{-\frac{1}{2}})D^{\frac{1}{2}}. \tag{4.2.15}$$

由 A 的对称性推出 $I-D^{-\frac{1}{2}}AD^{-\frac{1}{2}}$ 也是对称的, 而且它与 B 相似, 有相同的特征值, 从而 B 的特征值均为实数. 此外, 由 (4.2.15) 式立即可得

$$I-B=D^{-\frac{1}{2}}\big(D^{-\frac{1}{2}}AD^{-\frac{1}{2}}\big)D^{\frac{1}{2}}, \tag{4.2.16}$$

$$I+B=D^{-\frac{1}{2}}\big(2I-D^{-\frac{1}{2}}AD^{-\frac{1}{2}}\big)D^{\frac{1}{2}}. \tag{4.2.17}$$

由定理 4.2.1 知, Jacobi 迭代法收敛的充分必要条件是 $\rho(B)<1$. 再由 B 的特征值均为实数知, $\rho(B)<1$ 的充分必要条件是 $I-B$ 和 $I+B$ 的特征值均为正实数, 而 (4.2.16) 式和 (4.2.17) 式又蕴涵着这相当于 A 与 $2D-A$ 均是正定的, 从而定理得证.   □

定理 4.2.7   若线性方程组 (4.1.1) 的系数矩阵 A 是对称正定的, 则 G-S 迭代法收敛.

证明   包含在定理 4.4.4 的证明中.   □

从上面的两个定理看到, 对 Jacobi 迭代法和 G-S 迭代法收敛性的判别, 已从对迭代矩阵性质的研究转到对系数矩阵性质的研究上来了, 这应该说是一个很大的进展. 然而矩阵正定性的判别并不很直观, 所以要把对判别条件的研究再深入一步. 为此需引进两个定义.

定义 4.2.1   设矩阵 $A = \left[a_{ij} \right] \in \mathbf{R}^{n \times n}$. 若对所有的 $i\ (1 \leqslant i \leqslant n)$ 都有

$$|a_{ii}| \geqslant \sum_{\substack{j=1 \\ j \neq i}}^{n} |a_{ij}|, \tag{4.2.18}$$

并且 (4.2.18) 式中至少对一个 i 有严格不等号成立, 则称 A 是**弱严格对角占优**的; 如果 (4.2.18) 式对所有 i 都有严格不等号成立, 则称 A 是**严格对角占优**的.

定义 4.2.2   设矩阵 $A \in \mathbf{R}^{n \times n}$. 如果存在 n 阶排列方阵 P, 使得

$$PAP^{\mathrm{T}} = \left[\begin{array}{cc} A_{11} & 0 \\ A_{12} & A_{22} \end{array} \right], \tag{4.2.19}$$

其中 A_{11} 是 r 阶方阵, A_{22} 是 $n - r$ 阶方阵, 则称 A 是**可约**的 (或**可分**的); 反之, 如果不存在这样的排列矩阵, 则称 A 是**不可约**的 (或**不可分**的).

如果 A 可分, 则可将方程组 $Ax = b$ 化为

$$PAP^{\mathrm{T}}Px = Pb.$$

记 $Px = y, Pb = f$, 则有

$$\left[\begin{array}{cc} A_{11} & 0 \\ A_{12} & A_{22} \end{array} \right] \left[\begin{array}{c} y_1 \\ y_2 \end{array} \right] = \left[\begin{array}{c} f_1 \\ f_2 \end{array} \right],$$

其中 y_1 和 f_1 是 r 维向量, y_2 和 f_2 是 $n - r$ 维的向量. 我们可以先解 r 阶方程组

$$A_{11}y_1 = f_1,$$

求出 y_1, 再代入

$$A_{12}y_1 + A_{22}y_2 = f_2,$$

解出 y_2. 这样, 就把求解一个 n 阶方程组的问题化为求解两个低阶方程组的问题. 这也正是可分这一概念的由来.

定义 4.2.2 的一个等价说法是: 设 A 为 $n\ (n \geqslant 2)$ 阶方阵, $\mathcal{W} = \{1, \cdots, n\}$. 如果存在 $\mathcal{W}$ 的两个非空的子集 $\mathcal{S}$ 和 $\mathcal{T}$ 满足

$$\mathcal{S} \cup \mathcal{T} = \mathcal{W}, \quad \mathcal{S} \cap \mathcal{T} = \varnothing,$$

使得

$$a_{ij} = 0 \quad (i \in \mathcal{S}, \ j \in \mathcal{T}),$$

则称 A 为可约的; 否则, 称 A 为不可约的.

关于它们的等价性, 我们就不证明了. 我们主要是利用矩阵所具有的这些特征, 来导出判别迭代法收敛性的一些条件.

如果一个矩阵不可约, 并且是弱严格对角占优的, 则称该矩阵为**不可约对角占优**的. 例如, 三对角阵

$$A = \begin{bmatrix} 2 & -1 & 0 & 0 \\ -1 & 2 & -1 & 0 \\ 0 & -1 & 2 & -1 \\ 0 & 0 & -1 & 2 \end{bmatrix}$$

是不可约对角占优的.

定理 4.2.8　若矩阵 A 是严格对角占优的或不可约对角占优的, 则 A 非奇异.

证明　先证 A 为严格对角占优的情形. 用反证法. 假设 A 奇异, 则齐次方程组 $Ax = 0$ 有非零解 x. 不妨假设 $|x_i| = \|x\|_\infty = 1$, 则有

$$|a_{ii}| = |a_{ii}x_i| = \left| \sum_{\substack{j=1 \\ j \neq i}}^{n} a_{ij}x_j \right| \leqslant \sum_{\substack{j=1 \\ j \neq i}}^{n} |a_{ij}|.$$

这与 A 严格对角占优矛盾.

再证 A 为不可约对角占优时, A 亦非奇异. 仍用反证法. 设 x 满足 $\|x\|_\infty = 1$, 使得 $Ax = 0$, 并定义

$$\mathcal{S} = \{i: \ |x_i| = 1\},$$
$$\mathcal{T} = \{k: \ |x_k| < 1\}.$$

显然 $\mathcal{S} \cup \mathcal{T} = \mathcal{W}$, $\mathcal{S} \cap \mathcal{T} = \varnothing$, 而且 $\mathcal{T}$ 非空. 这是因为: 假设 $\mathcal{T}$ 为空集, 则 x 的各个分量的绝对值均为 1, 那么不论 i 为 $\mathcal{S}$ 中的何值均有

$$|a_{ii}| \leqslant \sum_{\substack{j=1 \\ j \neq i}}^{n} |a_{ij}|.$$

这与 A 弱严格对角占优矛盾. 另外, 因为 A 不可约, 必定存在 i, k, 使得

$$a_{ik} \neq 0, \quad i \in \mathcal{S}, k \in \mathcal{T}.$$

于是, $|a_{ik}x_k| < |a_{ik}|$, 并且

$$
\begin{aligned}
|a_{ii}| &\leqslant \sum_{j \in \mathcal{S}, j \neq i} |a_{ij}||x_j| + \sum_{j \in \mathcal{T}} |a_{ij}||x_j| \\
&< \sum_{j \in \mathcal{S}, j \neq i} |a_{ij}| + \sum_{j \in \mathcal{T}} |a_{ij}| \\
&= \sum_{j \neq i} |a_{ij}|.
\end{aligned}
$$

这又与 A 弱严格对角占优矛盾. 因此, 定理得证. □

从上面的定理可以直接得到下面的推论.

推论 4.2.1 若 A 是严格对角占优的或不可约对角占优的对称矩阵, 且 A 的对角线元素均为正数, 则 A 正定.

证明 设 $\lambda \leqslant 0$, 我们考虑矩阵 $A - \lambda I$. 因为 $A - \lambda I$ 只在 A 的对角线元素上增加了一些, 所以 $A - \lambda I$ 和 A 一样是严格对角占优的或不可约对角占优的. 因此, $A - \lambda I$ 非奇异. 注意到 $\lambda \leqslant 0$ 的任意性, 即知 A 的特征值皆大于零, 从而 A 正定. □

定理 4.2.9 若 A 是严格对角占优的或不可约对角占优的, 则 Jacobi 迭代法和 G-S 迭代法都收敛.

证明 若 A 是严格对角占优的或不可约对角占优的, 则对每个 i, 必有 $|a_{ii}| > 0$, 因此 D 可逆. 现在假设 Jacobi 迭代矩阵 B 的某个特征值 $|\lambda| \geqslant 1$, 考察矩阵 $\lambda D - L - U$. 显然, $\lambda D - L - U$ 也是严格对角占优的或不可约对角占优的, 因此 $\lambda D - L - U$ 非奇异. 再由

$$\lambda I - B = \lambda I - D^{-1}(L + U) = D^{-1}(\lambda D - L - U)$$

可推出

$$\det(\lambda I - B) = \det(D^{-1})\det(\lambda D - L - U) \neq 0,$$

这与 λ 是 B 的特征值矛盾. 这也就是说, B 的特征值的模均小于 1, 即 Jacobi 迭代法收敛.

关于 G-S 迭代法, 我们只要考虑矩阵 $\lambda D - \lambda L - U$, 用同样的方法可以证明 L_1 的特征值的模均小于 1, 即 G-S 迭代法收敛. 详细的证明留作练习.   □

§4.3   收 敛 速 度

大家已经看到, 对于一个给定的线性方程组我们可以构造各种迭代法来求其解. 这样, 我们自然要问: 那个迭代法收敛得快呢? 为了比较迭代法收敛的快慢, 本节给出单步线性定常迭代法收敛速度的定量刻画.

4.3.1   平均收敛速度和渐近收敛速度

考虑单步线性定常迭代法

$$x_k = M x_{k-1} + g.$$

若该迭代法收敛, 则其极限 x_* 必满足

$$x_* = M x_* + g.$$

因此, 误差 $y_k = x_k - x_*$ 满足

$$y_k = M y_{k-1} = \cdots = M^k y_0,$$

从而

$$\|y_k\| \leqslant \|M^k\| \|y_0\|.$$

初始误差 $\|y_0\|$ 一般是不知道的, 所以通常用 $\|M^k\|$ 的大小来刻画迭代法收敛的速度. 因此, 定义

$$R_k(M) = \frac{-\ln\|M^k\|}{k}, \tag{4.3.1}$$

并称其为 k 次迭代的**平均收敛速度**.

注意, 如果迭代法收敛, 则当 $k \to \infty$ 时, $\|M^k\| \to 0$. 故当 k 充分大时, 总有 $R_k(M) > 0$. 设 $R_k = R_k(M) > 0$, 量

$$\sigma = \left(\frac{\|y_k\|}{\|y_0\|}\right)^{\frac{1}{k}} \approx \|M^k\|^{\frac{1}{k}} = \mathrm{e}^{-R_k}$$

就表示误差范数在 k 次迭代中平均每次迭代所缩减的比例因子.

如果有两个迭代矩阵 G 和 H, 而 $R_k(H) > R_k(G) > 0$, 我们就说, 对于 k 次迭代来讲, 对应于 H 的迭代法比对应于 G 的迭代法的收敛速度快.

如果 M 是对称矩阵 (或 Hermite 矩阵, 正规矩阵), 则显然有

$$\|M^k\|_2 = (\rho(M))^k.$$

所以

$$R_k(M) = -\ln \rho(M). \tag{4.3.2}$$

它与 k 无关. 但一般情况下 R_k 是依赖于 k 的, 这时计算 R_k 也就很复杂. 另外, 在比较两个迭代矩阵 G 和 H 时, 可能对某些 k 有 $R_k(G) < R_k(H)$, 而对另一些 k 又有 $R_k(G) > R_k(H)$. 好在我们是研究迭代过程的收敛性, 最终是通过 $k \to \infty$ 来实现的. 因此, 为了刻画整个迭代过程的收敛速度, 我们自然考虑

$$R_\infty(M) = \lim_{k \to \infty} R_k(M).$$

这就是**渐近收敛速度**.

定理 4.3.1 设单步线性定常迭代矩阵为 M, 则有

$$R_\infty(M) = -\ln \rho(M). \tag{4.3.3}$$

证明 只需证明 $\lim_{k \to \infty} \|M^k\|^{\frac{1}{k}} = \rho(M)$ 即可. 一方面, 因为

$$(\rho(M))^k = \rho(M^k) \leqslant \|M^k\|,$$

所以

$$\rho(M) \leqslant \|M^k\|^{\frac{1}{k}}.$$

另一方面, 对任给的 $\varepsilon > 0$, 考虑矩阵

$$B_\varepsilon = \frac{1}{\rho(M) + \varepsilon} M.$$

显然, $\rho(B_\varepsilon) < 1$. 于是, 由定理 2.1.7 知 $\lim\limits_{k \to \infty} B_\varepsilon^k = 0$. 因此, 存在自然数 K, 使得当 $k \geqslant K$ 时, 有

$$\|B_\varepsilon^k\| \leqslant 1,$$

即

$$\|M^k\| \leqslant \left(\rho(M) + \varepsilon\right)^k.$$

因此, 我们已经证明了: 对任给的 $\varepsilon > 0$, 存在自然数 K, 使得当 $k \geqslant K$ 时, 有

$$\rho(M) \leqslant \|M^k\|^{\frac{1}{k}} \leqslant \rho(M) + \varepsilon,$$

即

$$\lim_{k \to \infty} \|M^k\|^{\frac{1}{k}} = \rho(M).$$

定理得证. $\square$

从上面定理看到, 渐近收敛速度是迭代矩阵谱半径的负对数. 为了更具体地说明迭代法的收敛速度, 我们来考虑模型问题.

4.3.2 模型问题

所谓模型问题是指用五点差分格式求解单位正方形区域上的 Poisson 方程第一边值问题:

$$\begin{cases} \Delta u = \dfrac{\partial^2 u}{\partial x^2} + \dfrac{\partial^2 u}{\partial y^2} = -f(x, y), & 0 < x, y < 1, \\ u|_\Gamma = \phi, \end{cases} \tag{4.3.4}$$

其中 Γ 为单位正方形区域的边界.

为了将微分方程离散化, 把正方形的每边 n 等分, 并令 $h = \dfrac{1}{n}$, 用两组平行于坐标轴的等距直线

$$\begin{cases} x = ih, & i = 1, \cdots, n-1, \\ y = jh, & j = 1, \cdots, n-1 \end{cases}$$

把单位正方形分割成 n^2 个小正方形, 记小正方形的顶点为 (x_i, y_j), $i, j = 0, 1, \cdots, n$. $n = 4$ 的情形如图 4.1 所示. 用二阶差商

$$\left.\frac{\partial^2 u}{\partial x^2}\right|_{(x_i, y_j)} = \frac{1}{h^2}[u(x_{i-1}, y_j) - 2u(x_i, y_j) + u(x_{i+1}, y_j)] + O(h^2),$$

$$\left.\frac{\partial^2 u}{\partial y^2}\right|_{(x_i, y_j)} = \frac{1}{h^2}[u(x_i, y_{j-1}) - 2u(x_i, y_j) + u(x_i, y_{j+1})] + O(h^2)$$

代入方程 (4.3.4) 后, 再用 u_{ij} 代替 $u(x_i, y_j)$, 并略去误差项得

$$\begin{cases} 4u_{ij} - (u_{i+1,j} + u_{i-1,j} + u_{i,j+1} + u_{i,j-1}) = h^2 f_{ij}, \\ \qquad i, j = 1, \cdots, n-1, \\ u_{i,0} = \phi_{i,0}, \ u_{i,n} = \phi_{i,n}, \quad i = 0, 1, \cdots, n, \\ u_{0,j} = \phi_{0,j}, \ u_{n,j} = \phi_{n,j}, \quad j = 0, 1, \cdots, n. \end{cases} \tag{4.3.5}$$

现假定 $\phi \equiv 0$, 将 (4.3.5) 式写成矩阵形式即为

$$T_{n-1}U + UT_{n-1} = h^2 F, \tag{4.3.6}$$

其中

$$U = [u_{ij}], \quad F = [f_{ij}],$$

$$T_{n-1} = \begin{bmatrix} 2 & -1 & & & \\ -1 & \ddots & \ddots & & \\ & \ddots & \ddots & -1 \\ & & -1 & 2 \end{bmatrix} \in \mathbf{R}^{(n-1) \times (n-1)}.$$

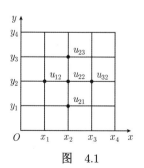

图 4.1

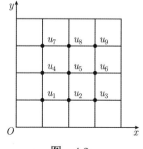

图 4.2

若把正方形的顶点按如图 4.2 所示的次序排列, 即先按 j 由小到大排列, j 相同的按 i 由小到大排列, 这种排列方式叫做**自然顺序排列**. 用自然顺序排列后得到的线性方程组具有如下形状:

$$Au = h^2 f,$$

其中

$$A = \begin{bmatrix} T_{n-1} + 2I_{n-1} & -I_{n-1} & & \\ -I_{n-1} & \ddots & \ddots & \\ & \ddots & \ddots & -I_{n-1} \\ & & -I_{n-1} & T_{n-1} + 2I_{n-1} \end{bmatrix}.$$

易知, A 是 $(n-1)^2$ 阶方阵. 如果顶点的排列次序改变了, A 的形状也要改变, 但可以证明 A 的特征值仍旧不变.

上面的系数矩阵 A 具有这样几个特点:

(1) A 是块三对角阵, 共有五条对角线上有非零元素;

(2) A 是不可约对角占优的;

(3) A 是对称正定的, 而且是稀疏的.

容易验证 T_{n-1} 的特征值为 $\lambda_j = 2\left(1 - \cos\dfrac{j\pi}{n}\right)$, 对应的单位特征向量为

$$z_j = \left(\sqrt{\frac{2}{n}}\sin\frac{j\pi}{n}, \sqrt{\frac{2}{n}}\sin\frac{2j\pi}{n}, \cdots, \sqrt{\frac{2}{n}}\sin\frac{(n-1)j\pi}{n}\right)^{\mathrm{T}}.$$

利用 (4.3.6) 式, 由此即可推出 A 的特征值为

$$\lambda_{pq} = \lambda_p + \lambda_q = 2\left(2 - \cos\frac{p\pi}{n} - \cos\frac{q\pi}{n}\right), \tag{4.3.7}$$

对应的特征向量 v_{pq} 为矩阵 $z_p z_q^{\mathrm{T}}$ 按列 "拉直" 得到的 $(n-1)^2$ 维向量, 即

$$v_{pq} = \sqrt{\frac{2}{n}}\left(\sin\frac{q\pi}{n}z_p^{\mathrm{T}}, \sin\frac{2q\pi}{n}z_p^{\mathrm{T}}, \cdots, \sin\frac{(n-1)q\pi}{n}z_p^{\mathrm{T}}\right)^{\mathrm{T}}. \tag{4.3.8}$$

4.3.3 Jacobi 迭代法和 G-S 迭代法的渐近收敛速度

容易导出, 用 Jacobi 迭代法计算模型问题的迭代矩阵为 $B = D^{-1}(D - A) = I - \dfrac{1}{4}A$, 其计算公式为

$$u_{ij}^{(k)} = \frac{1}{4}\big(u_{i+1,j}^{(k-1)} + u_{i-1,j}^{(k-1)} + u_{i,j+1}^{(k-1)} + u_{i,j-1}^{(k-1)}\big) + \frac{h^2}{4}f_{ij}, \tag{4.3.9}$$

$$u_{i0} = u_{in} = u_{0j} = u_{nj} = 0, \quad i, j = 1, \cdots, n-1.$$

而对应的 Jacobi 迭代矩阵 B 的特征值问题为

$$\begin{cases} \mu V_{ij} = \dfrac{1}{4}(V_{i-1,j} + V_{i+1,j} + V_{i,j-1} + V_{i,j+1}), \\ V_{i0} = V_{in} = V_{0j} = V_{nj} = 0. \end{cases} \tag{4.3.10}$$

因为 $B = I - \dfrac{1}{4}A$, 所以 B 的特征值为

$$\mu_{pq} = 1 - \frac{1}{4}\lambda_{pq} = \frac{1}{2}\left(\cos\frac{p\pi}{n} + \cos\frac{q\pi}{n}\right),$$

$$p, q = 1, \cdots, n-1.$$

于是 $\rho(B) = \cos\dfrac{\pi}{n} = \cos h\pi$. 这样我们就得到用 Jacobi 迭代法计算模型问题时的渐近收敛速度

$$R_\infty(B) = -\ln\rho(B) = -\ln\cos h\pi \sim \frac{1}{2}\pi^2 h^2, \quad h \to 0.$$

把 G-S 迭代法应用到模型问题上, 迭代矩阵 $L_1 = (D-L)^{-1}U$ 的特征值问题是

$$\begin{cases} \lambda\xi_{ij} = \dfrac{1}{4}(\lambda\xi_{i-1,j} + \lambda\xi_{i,j-1} + \xi_{i+1,j} + \xi_{i,j+1}), \\ \xi_{i0} = \xi_{in} = \xi_{0j} = \xi_{nj} = 0. \end{cases} \tag{4.3.11}$$

设 $\lambda \neq 0$, 作变换 $\xi_{ij} = \lambda^{\frac{i+j}{2}}V_{ij}$ 得

$$\lambda^{1+\frac{i+j}{2}}V_{ij} = \frac{1}{4}\big(\lambda^{1+\frac{i+j-1}{2}}V_{i-1,j} + \lambda^{1+\frac{i+j-1}{2}}V_{i,j-1}$$

$$+ \lambda^{\frac{i+j+1}{2}}V_{i+1,j} + \lambda^{\frac{i+j+1}{2}}V_{i,j+1}\big)$$

$$= \frac{1}{4} \lambda^{\frac{i+j+1}{2}} (V_{i-1,j} + V_{i,j-1} + V_{i+1,j} + V_{i,j+1}),$$

即

$$\lambda^{\frac{1}{2}} V_{ij} = \frac{1}{4} (V_{i-1,j} + V_{i,j-1} + V_{i+1,j} + V_{i,j+1}).$$

由边值为零, 并对照特征值问题 (4.3.10), 可以看出 λ 是 L_1 的非零特征值当且仅当 $\lambda^{1/2}$ 是 B 的非零特征值. 于是, 用 G-S 迭代法计算模型问题时的渐收敛速度为

$$R_\infty(L_1) = -\ln \rho(L_1) = -2 \ln \rho(B) \sim \pi^2 h^2, \quad h \to 0.$$

这说明 G-S 迭代法的渐近收敛速度比 Jacobi 迭代法的渐近收敛速度快一倍.

此外, 需注意的是运算量也是作为比较各种迭代法以及直接法的优劣的重要标志.

§4.4   超松弛迭代法

本节介绍一种新的迭代法 —— 超松弛迭代法, 它是 G-S 迭代法的引申和推广, 也可看做 G-S 迭代法的加速.

4.4.1   迭代格式

大家知道, G-S 迭代法的迭代格式为

$$x_{k+1} = D^{-1} L x_{k+1} + D^{-1} U x_k + D^{-1} b.$$

现在令 $\Delta x = x_{k+1} - x_k$, 则有

$$x_{k+1} = x_k + \Delta x. \tag{4.4.1}$$

这就是说, 对 G-S 迭代法来说, x_{k+1} 可以看做在向量 x_k 上加上修正项 Δx 而得到的. 若修正项的前面加上一个参数 ω, 便得到**松弛迭代法**的迭代格式

$$x_{k+1} = x_k + \omega \Delta x$$
$$= (1 - \omega)x_k + \omega(D^{-1}Lx_{k+1} + D^{-1}Ux_k + D^{-1}b), \quad (4.4.2)$$

用分量形式表示即为

$$x_i^{(k+1)} = (1 - \omega)x_i^{(k)} + \omega\left(\sum_{j=1}^{i-1} b_{ij}x_j^{(k+1)} + \sum_{j=i+1}^{n} b_{ij}x_j^{(k)} + g_i\right), \quad (4.4.3)$$

其中 ω 叫做**松弛因子**. 当 $\omega > 1$ 时, 相应的迭代法叫做**超松弛迭代法**; 当 $\omega < 1$ 时, 叫做**低松弛迭代法**; 当 $\omega = 1$ 时, 就是 G-S 迭代法. 我们把超松弛迭代法简称为 **SOR 迭代法**.

因为 $(I - \omega D^{-1}L)^{-1}$ 存在, 所以 (4.4.2) 式可以改写为

$$x_{k+1} = L_\omega x_k + \omega(D - \omega L)^{-1}b,$$

其中

$$L_\omega = (D - \omega L)^{-1}[(1 - \omega)D + \omega U]$$

叫做**松弛迭代法的迭代矩阵**.

下面我们来研究 SOR 迭代法的收敛性判别和松弛因子 ω 的选取范围.

4.4.2 收敛性分析

首先应用定理 4.2.1 到 SOR 迭代法, 便有下面的定理.

定理 4.4.1 SOR 迭代法收敛的充分必要条件是 $\rho(L_\omega) < 1$.

此外, 我们还有如下结论:

定理 4.4.2 SOR 迭代法收敛的必要条件是 $0 < \omega < 2$.

证明 因为 SOR 迭代法收敛, 所以 $\rho(L_\omega) < 1$, 从而

$$|\det(L_\omega)| = |\lambda_1\lambda_2\cdots\lambda_n| < 1,$$

其中 $\lambda_1, \lambda_2, \cdots, \lambda_n$ 是 L_ω 的 n 个特征值. 再由

$$L_\omega = (I - \omega D^{-1}L)^{-1}[(1 - \omega)I + \omega D^{-1}U],$$
$$\det[(1 - \omega)I + \omega D^{-1}U] = (1 - \omega)^n,$$

$$\det(I - \omega D^{-1}L)^{-1} = 1,$$

易知

$$| \det(L_\omega)| = | \det(I - \omega D^{-1}L)^{-1}| | \det[(1-\omega)I + \omega D^{-1}U]|$$
$$= |(1-\omega)^n| = \left|\lambda_1\,\lambda_2\cdots\lambda_n\right| < 1,$$

从而有 $|1-\omega| < 1$, 即 $0 < \omega < 2$. 定理得证.   □

这个定理说明, 对任何系数矩阵, 若要 SOR 迭代法收敛, 则必须选取松弛因子 $\omega \in (0, 2)$. 下面再给出一个充分条件.

定理 4.4.3   若系数矩阵 A 是严格对角占优的或不可约对角占优的, 且松弛因子 $\omega \in (0, 1)$, 则 SOR 迭代法收敛.

证明   与定理 4.2.9 的证明类似, 请读者自己补出.   □

对正定矩阵也有很好的结果.

定理 4.4.4   若系数矩阵 A 是实对称的正定矩阵, 则当 $0 < \omega < 2$ 时, SOR 迭代法收敛.

证明   设 λ 是 L_ω 的任一特征值, x 为对应的特征向量, 则有

$$(D - \omega L)^{-1}[(1-\omega)D + \omega U]x = \lambda x$$

或

$$[(1-\omega)D + \omega L^{\mathrm{T}}]x = \lambda(D - \omega L)x.$$

用 x^* 左乘上式两边, 得

$$x^*[(1-\omega)D + \omega L^{\mathrm{T}}]x = \lambda x^*(D - \omega L)x.$$

现在令 $x^*Dx = \delta$, $x^*Lx = \alpha + \mathrm{i}\beta$, 则有 $x^*L^{\mathrm{T}}x = \alpha - \mathrm{i}\beta$. 因此可推出

$$(1-\omega)\delta + \omega(\alpha - \mathrm{i}\beta) = \lambda[\delta - \omega(\alpha + \mathrm{i}\beta)].$$

上式两边取模得

$$|\lambda|^2 = \frac{[(1-\omega)\delta + \omega\alpha]^2 + \omega^2\beta^2}{(\delta - \omega\alpha)^2 + \omega^2\beta^2}.$$

因为

$$[(1-\omega)\delta + \omega\alpha]^2 + \omega^2\beta^2 - (\delta - \omega\alpha)^2 - \omega^2\beta^2$$
$$= [\delta - \omega(\delta - \alpha)]^2 - (\delta - \omega\alpha)^2$$
$$= \omega\delta(\delta - 2\alpha)(\omega - 2),$$

并注意到当 A 正定时有 δ 和 $\delta - 2\alpha$ 都大于零, 所以, 当 $0 < \omega < 2$ 时, 就有 $|\lambda|^2 < 1$, 也就是说 SOR 迭代法收敛. □

4.4.3 最佳松弛因子

因为 SOR 迭代法的谱半径依赖于 ω, 当然会问: 能否适当选取 ω 使收敛速度最快? 这就是选择最佳松弛因子的问题.

要研究收敛速度在 ω 选取何值时为最快, 我们考虑特征值问题

$$L_\omega x = \lambda x,$$

即

$$[(\lambda - 1 + \omega)D - \lambda\omega L - \omega U]x = 0. \tag{4.4.4}$$

此外, 由于 L_ω 的特征值 $\lambda_1, \lambda_2, \cdots, \lambda_n$ 满足

$$\lambda_1\lambda_2\cdots\lambda_n = (1 - \omega)^n,$$

故当 $\omega \neq 1$ 时, L_ω 无零特征值.

对于模型问题, 在自然次序排列下, (4.4.4) 式可写成

$$\begin{cases} (\lambda + \omega - 1)u_{ij} - \dfrac{\omega}{4}(\lambda u_{i-1,j} + \lambda u_{i,j-1} + u_{i+1,j} + u_{i,j+1}) = 0, \\ u_{i0} = u_{in} = u_{0j} = u_{nj} = 0, \quad 0 < i, j < n. \end{cases}$$

下面分两步来讨论:

(1) 找出 Jacobi 迭代矩阵 B 的特征值与 L_ω 的特征值之间的关系. 对 $\lambda \neq 0$ 作变换

$$u_{ij} = (\pm\lambda^{\frac{1}{2}})^{i+j}V_{ij},$$

则得

$$\mu V_{ij} - \frac{1}{4}(V_{i-1,j} + V_{i,j-1} + V_{i+1,j} + V_{i,j+1}) = 0,$$

其中

$$\mu = \pm \frac{\lambda + \omega - 1}{\omega \lambda^{\frac{1}{2}}}.$$

由此可知, 当 $\omega \neq 1$ 时, 若 λ 是 L_ω 的特征值, 则由

$$(\lambda + \omega - 1)^2 = \mu^2 \omega^2 \lambda \tag{4.4.5}$$

或

$$(\lambda + \omega - 1) = \pm \mu \omega \lambda^{\frac{1}{2}}$$

所确定的两个 μ 都是矩阵 B 的特征值. 反过来, 当 $\omega \neq 1$ 时, 若 μ 是 B 的特征值, 将上述过程逆推, 不难得知, 由 (4.4.5) 式确定的两个非零 λ 必是 L_ω 的特征值.

前面关于 $\omega \neq 1$ 的限制是可以去掉的. 事实上, $\omega = 1$ 时 (4.4.5) 式退化为

$$\lambda^2 = \mu^2 \lambda,$$

可以看成 $\omega \to 1$ 时的极限情况, B 的特征值为 $\pm \mu_i$, 对应的 L_1 的特征值为 $0, \mu_i^2$.

因此, 我们可以归纳出: L_ω 的特征值 λ 和 B 的特征值 μ 之间有关系式 (4.4.5), 即若 λ 是 L_ω 的特征值, 则由 (4.4.5) 式确定的 μ 是 B 的特征值; 反之, 若 μ 是 B 的特征值, 则由 (4.4.5) 式确定的 λ 是 L_ω 的特征值. 而且, 若 μ 是 B 的特征值, 则 $-\mu$ 也是 B 的特征值.

(2) 确定 $\rho(L_\omega)$ 随 ω 变化的情况.

从前面的讨论已经知道, L_ω 的特征值完全由松弛因子 ω 和 Jacobi 迭代矩阵 B 的特征值 μ 确定. 设 $0 \leqslant \mu < 1$ 是 B 的一个特征值, $0 < \omega < 2$, 则由方程

$$\lambda + \omega - 1 = \pm \mu \omega \lambda^{\frac{1}{2}} \tag{4.4.6}$$

可得 L_ω 的两个特征值分别为

$$\lambda_+(\omega, \mu) = \left[\frac{\mu\omega}{2} + \sqrt{\left(\frac{\mu\omega}{2}\right)^2 - (\omega - 1)} \right]^2,$$

$$\lambda_-(\omega, \mu) = \left[\frac{\mu\omega}{2} - \sqrt{\left(\frac{\mu\omega}{2}\right)^2 - (\omega - 1)} \right]^2.$$

由于我们关心的是 L_ω 的谱半径随 ω 变化的情况, 因此我们感兴趣的是

$$M(\omega, \mu) = \max\{|\lambda_+(\omega, \mu)|, |\lambda_-(\omega, \mu)|\}. \tag{4.4.7}$$

由二次方程 (4.4.6) 的判别式为零, 即

$$\Delta = (\mu\omega)^2 - 4(\omega - 1) = 0, \tag{4.4.8}$$

得位于 $(0, 2)$ 之内的唯一根为

$$\omega_\mu = \frac{2}{1 + \sqrt{1 - \mu^2}}, \quad 0 < \omega_\mu < 2. \tag{4.4.9}$$

这样, 当 $0 < \omega < \omega_\mu$ 时, $\Delta > 0$, 从而有

$$\lambda_+(\omega, \mu) > \lambda_-(\omega, \mu) > 0;$$

而当 $\omega_\mu < \omega < 2$ 时, $\Delta < 0$, 故 $\lambda_+(\omega, \mu)$ 与 $\lambda_-(\omega, \mu)$ 互为共轭复数, 而且有 $|\lambda_+(\omega, \mu)| = |\lambda_-(\omega, \mu)| = \omega - 1$. 综合上面的讨论即有

$$M(\omega, \mu) = \begin{cases} \lambda_+(\omega, \mu), & 0 < \omega \leqslant \omega_\mu, \\ \omega - 1, & \omega_\mu < \omega < 2. \end{cases}$$

先固定 μ, 令 ω 从 0 变到 2, 看 $M(\omega, \mu)$ 的变化情况. 首先, 易证

$$M(\omega, \mu) < 1. \tag{4.4.10}$$

事实上, 当 $\omega_\mu < \omega < 2$ 时, 上式显然成立; 而当 $0 < \omega \leqslant \omega_\mu$ 时, 有

$$M(\omega, \mu) = \lambda_+(\omega, \mu) < \left[\frac{\mu\omega}{2} + \left(1 - \frac{\mu\omega}{2}\right) \right]^2 = 1.$$

其次, 当 $0 < \omega \leqslant \omega_\mu$ 时, 我们有

$$\frac{\mathrm{d}M(\omega, \mu)}{\mathrm{d}\omega} = 2M(\omega, \mu)^{\frac{1}{2}} \left[\frac{\mu}{2} + \frac{\frac{1}{2}\omega\mu^2 - 1}{2\sqrt{\left(\frac{\mu\omega}{2}\right)^2 - (\omega - 1)}} \right]$$

$$= M(\omega,\mu)^{\frac{1}{2}} \frac{\mu M(\omega,\mu)^{\frac{1}{2}} - 1}{\sqrt{\left(\dfrac{\mu\omega}{2}\right)^2 - (\omega-1)}} < 0. \qquad (4.4.11)$$

于是, 当 $\omega \to \omega_\mu - 0$ 时, 有

$$\frac{\mathrm{d}M(\omega,\mu)}{\mathrm{d}\omega} \to -\infty, \quad M(\omega,\mu) \to \frac{1 - \sqrt{1-\mu^2}}{1 + \sqrt{1-\mu^2}} = \omega_\mu - 1. \qquad (4.4.12)$$

综合上面的讨论可知, 对固定的 μ, $M(\omega,\mu)$ 在 $0 < \omega < \omega_\mu$ 内是严格单调减少的, 而且在 ω_μ 处达到极小, 在极小点的左侧导数为 $-\infty$.

再固定 ω, 考虑 $M(\omega,\mu)$ 随 μ 的变化情况. 若 $\mu_1, \mu_2 \ (0 < \mu_1 < \mu_2 < 1)$ 是 B 的两个特征值, 则有

$$M(\omega,\mu_1) \leqslant M(\omega,\mu_2),$$

即 $M(\omega,\mu)$ 是 μ 的增函数. 事实上, 当 $\omega_{\mu_2} \leqslant \omega < 2$ 时, 上式显然成立; 当 $0 < \omega \leqslant \omega_{\mu_1}$ 时, 有

$$\begin{aligned}
&M(\omega,\mu_2) - M(\omega,\mu_1) \\
&= \left[M(\omega,\mu_2)^{\frac{1}{2}} + M(\omega,\mu_1)^{\frac{1}{2}} \right] \\
&\quad \cdot \left[\frac{\omega(\mu_2 - \mu_1)}{2} + \frac{\dfrac{\omega^2}{4}(\mu_2^2 - \mu_1^2)}{\sqrt{\left(\dfrac{\mu_1\omega}{2}\right)^2 - (\omega-1)} + \sqrt{\left(\dfrac{\mu_2\omega}{2}\right)^2 - (\omega-1)}} \right] \\
&> 0;
\end{aligned}$$

而当 $\omega_{\mu_1} < \omega \leqslant \omega_{\mu_2}$ 时, 有

$$M(\omega,\mu_2) \geqslant \omega_{\mu_2} - 1 \geqslant \omega - 1 = M(\omega,\mu_1).$$

这样, 对 B 的每一个给定的特征值 μ, 我们都可以画出一条表明 $M(\omega,\mu)$ 随 ω 变化的曲线. 因为对确定的 ω, $M(\omega,\mu)$ 又是 μ 的增函数, 也就是说, 对 B 的较大的特征值所画出的曲线应在 B 的较小特征值画出的曲线的上边, 而 $\rho(B)$ 所对应的则是 $\rho(L_\omega)$, 在最上边. 参见图 4.3.

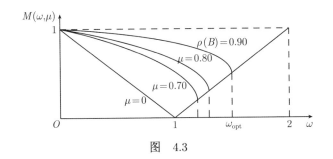

图 4.3

综合上面的讨论, 最后得到结论: 随着 ω 从 0 增加, $\rho(L_\omega)$ 减少, 直至

$$\omega = \omega_{\mathrm{opt}} = \frac{2}{1 + \sqrt{1 - \rho(B)^2}} \tag{4.4.13}$$

时, $\rho(L_\omega)$ 达到极小

$$\rho(L_{\omega_{\mathrm{opt}}}) = \frac{1 - \sqrt{1 - \rho(B)^2}}{1 + \sqrt{1 - \rho(B)^2}}; \tag{4.4.14}$$

ω 再增加时, $\rho(L_\omega)$ 开始增加. 因此, ω_{opt} 称为**最佳松弛因子**.

4.4.4 渐近收敛速度

由 (4.4.14) 式可得

$$\begin{aligned} R_\infty(L_{\omega_{\mathrm{opt}}}) &= -\ln \rho(L_{\omega_{\mathrm{opt}}}) = -\ln \frac{1 - \sqrt{1 - \rho(B)^2}}{1 + \sqrt{1 - \rho(B)^2}} \\ &= -\ln \frac{1 - \sin(h\pi)}{1 + \sin(h\pi)} \sim 2h\pi, \quad h \to 0. \end{aligned} \tag{4.4.15}$$

从上面的结果看出, SOR 迭代法的收敛速度要比 Jacobi 迭代法和 G-S 迭代法的收敛速度快得多.

为了对 Jacobi 迭代法, G-S 迭代法和 SOR 迭代法的收敛速度有一个更清晰的了解, 我们来看一个具体的例子. 现假定模型问题中 $f(x,y) \equiv 0$, 于是其真解为 $u(x,y) \equiv 0$. 取 $h = 0.05$, 初始向量 x_0 的分量都取为 1, 精度要求为 $\|x_k - x_*\|_\infty \leqslant 10^{-6}$, 则 Jacobi 迭代法需迭代 1154 次, G-S 迭代法需迭代 578 次, 而用 $\omega = 1.737$ 作为松弛因子

的 SOR 迭代法仅需迭代 54 次. 由此可见, 对一些特殊的问题, 用带最佳松弛因子的 SOR 迭代法是很有效的.

4.4.5   超松弛理论的推广

前面的讨论中, 我们是对模型问题来分析 SOR 迭代矩阵的谱半径与 Jacobi 迭代矩阵谱半径之间的关系. 事实上, 我们可以把这些理论推广到更广泛的情形.

定理 4.4.5   设方程组 $Ax = b$ 的系数矩阵 A 有如下形式:

$$A = \begin{bmatrix} D_1 & K_1 & & & \\ H_1 & D_2 & K_2 & & \\ & H_2 & D_3 & \ddots & \\ & & \ddots & \ddots & K_{t-1} \\ & & & H_{t-1} & D_t \end{bmatrix}, \tag{4.4.16}$$

其中 $D_i\ (i = 1, \cdots, t)$ 是非奇异的对角阵. 设 B, L_1 和 L_ω 分别是 Jacobi 迭代法, G-S 迭代法和 SOR 迭代法的迭代矩阵, 并假定 B 的特征值均为实数, 那么

(1) 若 $\mu \neq 0$ 是矩阵 B 的一个特征值, 则由

$$(\lambda + \omega - 1)^2 = \omega^2 \mu^2 \lambda$$

或

$$(\lambda + \omega - 1) = \pm \omega \mu \lambda^{\frac{1}{2}}$$

所确定的两个 λ 是 L_ω 的特征值; 反之, 若 $\lambda \neq 0$ 是 L_ω 的特征值, 则由上式确定的两个 μ 都是 B 的特征值.

(2) $\rho(L_1) = (\rho(B))^2$, $R_\infty(L_1) = 2R_\infty(B)$.

(3) 若 $\rho(B) < 1, 0 < \omega < 2$, 则 SOR 迭代法收敛, 且最佳松弛因子为

$$\omega_{\text{opt}} = \frac{2}{1 + \sqrt{1 - \rho(B)^2}},$$

相应的谱半径为

$$\rho(L_{\omega_{\text{opt}}}) = \frac{1 - \sqrt{1 - \rho(B)^2}}{1 + \sqrt{1 - \rho(B)^2}}.$$

(4) $R_\infty(L_{\omega_{\text{opt}}}) \sim 2\sqrt{2R_\infty(B)}$, $\rho(B) \to 1 - 0$.

证明 我们只需指出系数矩阵形如 (4.4.16) 式的 Jacobi 迭代矩阵 B 的特征值和 SOR 迭代矩阵 L_ω 的特征值具有和模型问题相同的关系即可. 此时 B 的特征值问题是求复数 μ 和非零向量 $\{V_i\}$, 满足 (假定 $H_0 = 0$, $K_t = 0$)

$$\begin{cases} H_{i-1}V_{i-1} + \mu D_i V_i + K_i V_{i+1} = 0, \\ V_0 = 0, \ V_{t+1} = 0; \end{cases} \tag{4.4.17}$$

而 L_ω 的特征值问题则是计算复数 λ 和非零向量 $\{u_i\}$, 满足

$$\begin{cases} \lambda \omega H_{i-1} u_{i-1} + (\lambda + \omega - 1) D_i u_i + \omega K_i u_{i+1} = 0, \\ u_0 = 0, \ u_{t+1} = 0. \end{cases} \tag{4.4.18}$$

设 $\lambda \neq 0$, 作变换 $u_i = \lambda^{\frac{i}{2}} V_i$, 则有

$$\begin{cases} \lambda^{\frac{i+1}{2}} \omega H_{i-1} V_{i-1} + (\lambda + \omega - 1) D_i \lambda^{\frac{i}{2}} V_i + \lambda^{\frac{i+1}{2}} \omega K_i V_{i+1} = 0, \\ V_0 = 0, \ V_{t+1} = 0. \end{cases}$$

上式两边消去 $\lambda^{\frac{i+1}{2}}$ 后再除以 ω, 得

$$\begin{cases} H_{i-1} V_{i-1} + \dfrac{\lambda + \omega - 1}{\omega \lambda^{1/2}} D_i V_i + K_i V_{i+1} = 0, \\ V_0 = 0, \ V_{t+1} = 0. \end{cases} \tag{4.4.19}$$

把 (4.4.19) 与 (4.4.17) 两式相比较, 就可以得到 B 的特征值 μ 与 L_ω 的特征值 λ 之间与 (4.4.5) 完全一样的关系式. 这样, 只需把前面的证明平移过来即可证明结论 (1), (2) 和 (3) 成立.

至于 (4) 的证明, 可以假设

$$\rho = \rho(B) = 1 - \alpha, \quad \alpha \to 0 + 0,$$

则有

$$R_\infty(L_{\omega_{\text{opt}}}) = -\ln \frac{1 - \sqrt{1 - \rho^2}}{1 + \sqrt{1 - \rho^2}} \sim 2\sqrt{2\alpha}, \quad \alpha \to 0 + 0.$$

再注意到

$$R_\infty(B) = -\ln \rho \sim \alpha, \quad \alpha \to 0 + 0,$$

便得到结论 (4). □

上述定理要求线性方程组的系数矩阵是块三对角阵, 而且其对角块为对角阵. 对角块是对角阵这一要求太苛刻了些. 我们上面介绍的模型问题, 按自然顺序排列, 它的系数矩阵虽是块三对角阵, 但其对角块并不是对角阵. 然而我们却已经对它建立了超松弛理论. 实际上超松弛理论可以适用于一大类更为广泛的矩阵. 为此, 我们引进相容性概念.

定义 4.4.1 设 A 是 n 阶方阵, 记 $\mathcal{W} = \{1, \cdots, n\}$. 称 A 是**具有相容次序的矩阵**, 如果对某个 t, 存在 $\mathcal{W}$ 的 t 个互不相交的子集 $\mathcal{S}_1, \mathcal{S}_2, \cdots, \mathcal{S}_t$ 满足 $\bigcup\limits_{i-1}^{t} \mathcal{S}_i = \mathcal{W}$, 使得每个非零的非对角线元素 $a_{ij} \neq 0 \, (i \neq j)$ 的两个下标 i, j 满足: 若 $i \in \mathcal{S}_r$, 则当 $j < i$ 时, $j \in \mathcal{S}_{r-1}$; 而当 $j > i$ 时, $j \in \mathcal{S}_{r+1}$.

作为一个例子, 考虑模型问题的系数矩阵 $A_{9 \times 9}$. 若我们取

$$\mathcal{S}_1 = \{1\}, \quad \mathcal{S}_2 = \{2, 4\}, \quad \mathcal{S}_3 = \{3, 5, 7\},$$
$$\mathcal{S}_4 = \{6, 8\}, \quad \mathcal{S}_5 = \{9\},$$

可以验证这些子集是满足定义的, 也就是说 $A_{9 \times 9}$ 是具有相容性次序的矩阵.

对具有相容性次序的矩阵, 亦可建立矩阵 L_ω 和 ω 之间特征值的关系.

定理 4.4.6 设矩阵 A 具有相容次序, 且对角元全不为零, 并假定 Jacobi 迭代矩阵 $B = I - D^{-1}A$ 的特征值均为实数, 那么

(1) 若 $\mu \neq 0$ 是 B 的特征值, 则 $-\mu$ 也是 B 的特征值.

(2) 若 $\mu \neq 0$ 是 B 的特征值, 则由 (4.4.5) 式所确定的两个 λ 是 L_ω 的特征值; 反之, 若 $\lambda \neq 0$ 是 L_ω 的特征值, 则由 (4.4.5) 式确定的两个 μ 都是 B 的特征值.

(3) $\rho(L_1) = (\rho(B))^2$; $R_\infty(L_1) = 2R_\infty(B)$.

(4) 若 $\rho(B) < 1, 0 < \omega < 2$, 则 SOR 迭代法收敛, 且最佳松弛因子 ω_{opt} 由 (4.4.13) 式确定, 相应的谱半径 $\rho(L_{\omega_{\mathrm{opt}}})$ 由 (4.4.14) 式确定.

(5) $R_\infty(L_{\omega_{\mathrm{opt}}}) \sim 2\sqrt{2R_\infty(B)}, \rho(B) \to 1 - 0$.

因为对角元非零, 且具有相容次序的矩阵, 按照 $\mathcal{S}_1, \mathcal{S}_2, \cdots, \mathcal{S}_t$ 重排次序就得到一个形如 (4.4.16) 式的矩阵, 并且将 SOR 迭代法应用于它们二者所得到的用分量表示的迭代公式是完全一样的, 相应的迭代矩阵相似, 因此 SOR 迭代法的这些结论自然成立.

最后我们再给出如下定理:

定理 4.4.7 如果矩阵 A 对称正定, 并且具有相容次序, $B = I - D^{-1}A$, 则 B 的特征值全是实数, 并且 $\rho(B) < 1$.

证明 因为 $D = \mathrm{diag}\,(a_{ii})$ 为正定对角阵, 故有

$$B = I - D^{-1}A = D^{-\frac{1}{2}}(I - D^{-\frac{1}{2}}AD^{-\frac{1}{2}})D^{\frac{1}{2}},$$

即 B 与对称矩阵 $I - D^{-\frac{1}{2}}AD^{-\frac{1}{2}}$ 相似, 因而 B 的特征值全为实数.

因为对正定对称矩阵来说, G-S 迭代法是收敛的, 所以由定理 4.4.6 即可推出 $\rho(B) < 1$. □

SOR 迭代法收敛的速度比 G-S 迭代法和 Jacobi 迭代法在量级上有改进, 是一个很有效的方法. 还以模型问题为例, 若取 $h = 0.1$, 这时 $R_\infty(B) \approx 0.05$, 而 $R_\infty(L_{\omega_{\mathrm{opt}}}) \approx 0.63$.

松弛因子的选择对计算也是很有影响的. 在实际计算中, 因为 $\rho(B)$ 不一定知道, 所以 ω_{opt} 也不知道. 如何求近似的 ω_{opt} 呢? 通常是选用不同的 ω 值, 然后用相同的初始向量进行试算, 迭代相同次数, 比较它们的残向量, 选择使残向量最小的 ω 作为松弛因子. 另外, 根据 $\rho(L_\omega)$ 随 ω 变化的曲线看, 我们在不能得到准确的最佳松弛因子时, 宁可取得稍大一些.

习 题

1. 设方程组 $Ax = b$ 的系数矩阵为

$$A_1 = \begin{bmatrix} 2 & -1 & 1 \\ 1 & 1 & 1 \\ 1 & 1 & -2 \end{bmatrix}, \quad A_2 = \begin{bmatrix} 1 & 2 & -2 \\ 1 & 1 & 1 \\ 2 & 2 & 1 \end{bmatrix}.$$

证明: 对 A_1 来说, Jacobi 迭代法不收敛, 而 G-S 迭代法收敛; 对 A_2 来说, Jacobi 迭代法收敛, 而 G-S 迭代法不收敛.

2. 设 $B \in \mathbf{R}^{n \times n}$ 满足 $\rho(B) = 0$. 证明: 对任意的 $g, x_0 \in \mathbf{R}^n$, 迭代格式

$$x_{k+1} = Bx_k + g, \quad k = 0, 1, \cdots$$

最多迭代 n 次就可得到方程组 $x = Bx + g$ 的精确解.

3. 考虑线性方程组

$$Ax = b,$$

这里

$$A = \begin{bmatrix} 1 & 0 & a \\ 0 & 1 & 0 \\ a & 0 & 1 \end{bmatrix}.$$

(1) a 为何值时, A 是正定的?

(2) a 为何值时, Jacobi 迭代法收敛?

(3) a 为何值时, G-S 迭代法收敛?

4. 证明: 若 $A \in \mathbf{R}^{n \times n}$ 非奇异, 则必可找到一个排列方阵 P, 使得 PA 的对角元均不为零.

5. 若 A 是严格对角占优的或不可约对角占优的, 则 G-S 迭代法收敛.

6. 设 $A = [a_{ij}] \in \mathbf{R}^{n \times n}$ 是严格对角占优的. 试证:

$$|\det(A)| \geqslant \prod_{i=1}^{n} \Big(|a_{ii}| - \sum_{j \neq i} |a_{ij}| \Big).$$

7. 设 A 是具有正对角元的非奇异对称矩阵. 证明: 若求解方程组 $Ax = b$ 的 G-S 迭代法对任意初始近似 $x^{(0)}$ 皆收敛, 则 A 必是正定的.

8. 若存在对称正定矩阵 P, 使得

$$B = P - H^{\mathrm{T}} PH$$

为对称正定矩阵, 试证: 迭代法

$$x_{k+1} = Hx_k + b, \quad k = 0, 1, \cdots$$

收敛.

9. 对 Jacobi 迭代法引进迭代参数 $\omega > 0$, 即

$$x_{k+1} = x_k - \omega D^{-1}(Ax_k - b),$$

或者

$$x_{k+1} = (I - \omega D^{-1}A)x_k + \omega D^{-1}b,$$

称之为 **Jacobi 松弛法**(简称 **JOR 方法**). 证明: 当 $Ax = b$ 的 Jacobi 迭代法收敛时, JOR 方法对 $0 < \omega \leqslant 1$ 收敛.

10. 证明: 若 A 为具有正对角元的实对称矩阵, 则 JOR 方法收敛的充分必要条件是 A 及 $2\omega^{-1}D - A$ 均为正定对称矩阵.

11. 证明: 若系数矩阵 A 是严格对角占优的或不可约对角占优的, 且松弛因子 $\omega \in (0,1)$, 则 SOR 迭代法收敛.

12. 证明: 矩阵

$$A = \begin{bmatrix} 4 & -1 & -1 & 0 \\ -1 & 4 & 0 & -1 \\ -1 & 0 & 4 & -1 \\ 0 & -1 & -1 & 4 \end{bmatrix}$$

是具有相容次序的.

13. 设 $T_n \in \mathbf{R}^{n \times n}$ 是 (4.3.6) 式中的对称三对角阵.

(1) 给出 T_n 的 Cholesky 分解;

(2) 给出 T_n 的列主元的三角分解;

(3) 利用 T_n 的特征值和特征向量设计一种求解线性矩阵方程 (4.3.6) 的算法, 并计算出你所设计算法的运算量.

14. 设 A 为如下的块三对角阵:

$$A = \begin{bmatrix} D_1 & C_2 & & & \\ B_2 & D_2 & C_3 & & \\ & B_3 & D_3 & \ddots & \\ & & \ddots & \ddots & C_s \\ & & & B_s & D_s \end{bmatrix},$$

其中 $D_i \in \mathbf{R}^{n_i \times n_i}$ 非奇异, $n_1 + \cdots + n_s = n$. 试证: 对任意的 $\mu \in \mathbf{C} \setminus \{0\}$, 有

$$\det\Big(D - \mu C_L - \frac{1}{\mu} C_U\Big) = \det(D - C_L - C_U),$$

其中

$$D = \operatorname{diag}(D_1, \cdots, D_s),$$

$$C_L = -\begin{bmatrix} 0 & & & \\ B_2 & \ddots & & \\ & \ddots & \ddots & \\ & & B_s & 0 \end{bmatrix}, \quad C_U = -\begin{bmatrix} 0 & C_2 & & \\ & \ddots & \ddots & \\ & & \ddots & C_s \\ & & & 0 \end{bmatrix}.$$

15. 对于第 14 题所述的矩阵 A, 证明: 当 $\omega \neq 1$ 时, $\lambda \in \lambda(L_\omega)$ 的充分必要条件是存在 $\mu \in \lambda(B)$, 使得

$$\lambda = \frac{1}{4}[\omega\mu + (\omega^2\mu^2 - 4\omega + 4)^{\frac{1}{2}}]^2,$$

其中

$$B = D^{-1}(C_L + C_U), \quad L_\omega = (D - \omega C_L)^{-1}[(1-\omega)D + \omega C_U].$$

16. 设形如第 14 题所述的矩阵 A 使对应的 Jacobi 迭代矩阵 B 的特征值均为实数, 并假定 $\rho(B) < 1$. 试证:

(1) $R_\infty(L_1) = 2R_\infty(B)$;

(2) $\rho(L_{\omega_b}) = \min\limits_{0 < \omega < 2} \rho(L_\omega) = \omega_b - 1$, 其中

$$\omega_b = \frac{2}{1 + \sqrt{1 - \rho(B)^2}};$$

(3) $2\rho(B)[R_\infty(L_1)]^{\frac{1}{2}} \leqslant R_\infty(L_{\omega_b}) \leqslant R_\infty(L_1) + 2[R_\infty(L_1)]^{\frac{1}{2}}$.

上 机 习 题

1. 考虑两点边值问题

$$\begin{cases} \varepsilon\dfrac{\mathrm{d}^2 y}{\mathrm{d}x^2} + \dfrac{\mathrm{d}y}{\mathrm{d}x} = a, & 0 < a < 1, \\ y(0) = 0, \ y(1) = 1. \end{cases}$$

容易知道它的精确解为

$$y = \frac{1-a}{1-e^{-\frac{1}{\varepsilon}}}(1 - e^{-\frac{x}{\varepsilon}}) + ax.$$

为了把微分方程离散化, 把 $[0,1]$ 区间 n 等分, 令 $h = 1/n$,

$$x_i = ih, \quad i = 1, \cdots, n-1,$$

得到差分方程

$$\varepsilon \frac{y_{i-1} - 2y_i + y_{i+1}}{h^2} + \frac{y_{i+1} - y_i}{h} = a,$$

简化为

$$(\varepsilon + h)y_{i+1} - (2\varepsilon + h)y_i + \varepsilon y_{i-1} = ah^2,$$

从而离散化后得到的线性方程组的系数矩阵为

$$A = \begin{bmatrix} -(2\varepsilon + h) & \varepsilon + h & & & \\ \varepsilon & -(2\varepsilon + h) & \varepsilon + h & & \\ & \varepsilon & -(2\varepsilon + h) & \ddots & \\ & & \ddots & \ddots & \varepsilon + h \\ & & & \varepsilon & -(2\varepsilon + h) \end{bmatrix}.$$

对 $\varepsilon = 1, a = 1/2, n = 100$, 分别用 Jacobi 迭代法, G-S 迭代法和 SOR 迭代法求线性方程组的解, 要求有 4 位有效数字, 然后比较与精确解的误差.

对 $\varepsilon = 0.1$, $\varepsilon = 0.01$, $\varepsilon = 0.0001$, 考虑同样的问题.

2. 考虑偏微分方程

$$-\Delta u + g(x,y)u = f(x,y), \quad (x,y) \in [0,1] \times [0,1],$$

其中边界条件为 $u = 1$. 沿 x 方向和 y 方向均匀剖分 N 等份, 令 $h = 1/N$, 并设应用中心差分离散化后得到差分方程的代数方程组为

$$-u_{i-1,j} + u_{i,j-1} + \left(4 + h^2 g(ih, jh)\right)u_{i,j} - u_{i+1,j} - u_{i,j+1} = h^2 f(ih, jh).$$

取 $g(x,y)$ 和 $f(x,y)$ 分别为 $\exp(xy)$ 和 $x + y$, 用 G-S 迭代法求解上述代数方程组, 并请列表比较 $N = 20, 40, 80$ 时收敛所需的迭代次数和所用的 CPU 时间. 迭代终止条件为 $\|x_{k+1} - x_k\|_2 < 10^{-7}$.

第五章　共轭梯度法

大家已经看到, 在使用 SOR 迭代法求解线性方程组时, 需要确定松弛因子 ω, 而只有系数矩阵具有较好的性质时, 才有可能找到最佳松弛因子 ω_{opt}, 且计算 ω_{opt} 时还需要求得对应的 Jacobi 迭代矩阵 B 的谱半径, 这常常是非常困难的.

这一章, 我们介绍一种不需要确定任何参数的求解对称正定线性方程组的方法 —— 共轭梯度法 (或简称 CG 法). 它是 20 世纪 50 年代初期由 Hestenes 和 Stiefel 首先提出的. 近 30 年来有关的研究得到了前所未有的发展, 目前有关的方法和理论已经相当成熟, 并且已经成为求解大型稀疏线性方程组最受欢迎的一类方法.

共轭梯度法可由多种途径引入, 这里我们将采用较为直观的最优化问题来引入. 为此, 我们先来介绍最速下降法.

§5.1　最速下降法

考虑线性方程组

$$Ax = b \tag{5.1.1}$$

的求解问题, 其中 A 是给定的 n 阶对称正定矩阵, b 是给定的 n 维向量, x 是待求的 n 维向量. 为此, 我们定义二次泛函

$$\varphi(x) = x^{\mathrm{T}} A x - 2 b^{\mathrm{T}} x. \tag{5.1.2}$$

定理 5.1.1　设 A 对称正定, 求方程组 $Ax = b$ 的解等价于求二次泛函 $\varphi(x)$ 的极小值点.

证明　直接计算可得

$$\frac{\partial \varphi}{\partial x_i} = 2(a_{i1} x_1 + \cdots + a_{in} x_n) - 2 b_i, \quad i = 1, \cdots, n.$$

令 $r = b - Ax$, 则有

$$\operatorname{grad} \varphi(x) = 2(Ax - b) = -2r.$$

若 $\varphi(x)$ 在某点 x_* 处达到极小, 则必有 $\operatorname{grad} \varphi(x_*) = 0$, 从而有 $Ax_* = b$, 即 x_* 是方程组 (5.1.1) 的解.

反之, 若 x_* 是方程组 (5.1.1) 的解, 则对任一向量 y, 有

$$
\begin{aligned}
\varphi(x_* + y) &= (x_* + y)^{\mathrm{T}} A (x_* + y) - 2b^{\mathrm{T}} (x_* + y) \\
&= x_*^{\mathrm{T}} A x_* - 2b^{\mathrm{T}} x_* + y^{\mathrm{T}} A y = \varphi(x_*) + y^{\mathrm{T}} A y.
\end{aligned}
$$

当 A 正定时, 有 $y^{\mathrm{T}} A y \geqslant 0$, 因此 $\varphi(x_* + y) \geqslant \varphi(x_*)$, 即 x_* 使得 $\varphi(x)$ 达到极小.　　　　　　　　　　　　　　　　　　　□

这样, 求解线性方程组的问题就转化为求二次泛函 $\varphi(x)$ 的极小值点的问题. 求二次函数的极小值问题, 通常的做法就好像盲人下山那样, 先任意给定一个初始向量 x_0, 确定一个下山的方向 p_0, 沿着经过点 x_0 而方向为 p_0 的直线 $x = x_0 + \alpha p_0$ 找一个点

$$x_1 = x_0 + \alpha_0 p_0,$$

使得对所有实数 α, 有

$$\varphi(x_0 + \alpha_0 p_0) \leqslant \varphi(x_0 + \alpha p_0).$$

也就是说, 在这条直线上, x_1 使 $\varphi(x)$ 达到极小. 然后从 x_1 出发, 再确定一个下山的方向 p_1, 沿直线

$$x = x_1 + \alpha p_1$$

再跨出一步, 即找一个 α_1, 使得 $\varphi(x)$ 在 $x_2 = x_1 + \alpha_1 p_1$ 达到极小:

$$\varphi(x_1 + \alpha_1 p_1) \leqslant \varphi(x_1 + \alpha p_1).$$

如此下去, 于是得到一串

$$\alpha_0,\ \alpha_1,\ \alpha_2, \cdots \quad \text{和} \quad p_0,\ p_1,\ p_2, \cdots.$$

我们称 p_k 为搜索方向, α_k 为步长. 一般情况是, 先在 x_k 点找下山方向 p_k, 再在直线 $x = x_k + \alpha p_k$ 上确定步长 α_k, 使得

$$\varphi(x_k + \alpha_k p_k) \leqslant \varphi(x_k + \alpha p_k),$$

最后求出 $x_{k+1} = x_k + \alpha_k p_k$. 对不同的确定搜索方向和步长的方法, 就给出各种不同的算法.

我们先考虑如何确定步长 α_k. 设从 x_k 出发, 已经选定下山方向 p_k. 我们现在的任务是, 在直线 $x = x_k + \alpha p_k$ 上确定 α_k, 使得 $\varphi(x)$ 在 $x_{k+1} = x_k + \alpha_k p_k$ 达到极小. 为此, 令

$$\begin{aligned}
f(\alpha) &= \varphi(x_k + \alpha p_k) \\
&= (x_k + \alpha p_k)^{\mathrm{T}} A(x_k + \alpha p_k) - 2b^{\mathrm{T}}(x_k + \alpha p_k) \\
&= \alpha^2 p_k^{\mathrm{T}} A p_k - 2\alpha r_k^{\mathrm{T}} p_k + \varphi(x_k),
\end{aligned}$$

其中 $r_k = b - Ax_k$. 由初等微分学的理论知, 由方程

$$f'(\alpha) = 2\alpha p_k^{\mathrm{T}} A p_k - 2 r_k^{\mathrm{T}} p_k = 0$$

所确定的 α 即为所求的步长 α_k, 即

$$\alpha_k = \frac{r_k^{\mathrm{T}} p_k}{p_k^{\mathrm{T}} A p_k}. \tag{5.1.3}$$

步长确定以后, 即可算出

$$x_{k+1} = x_k + \alpha_k p_k.$$

那么 $\varphi(x_{k+1})$ 是否小于 $\varphi(x_k)$ 呢? 因为

$$\begin{aligned}
\varphi(x_{k+1}) - \varphi(x_k) &= \varphi(x_k + \alpha_k p_k) - \varphi(x_k) \\
&= \alpha_k^2 p_k^{\mathrm{T}} A p_k - 2\alpha_k r_k^{\mathrm{T}} p_k \\
&= -\frac{(r_k^{\mathrm{T}} p_k)^2}{p_k^{\mathrm{T}} A p_k},
\end{aligned}$$

因此, 只要 $r_k^{\mathrm{T}} p_k \neq 0$, 就有 $\varphi(x_{k+1}) < \varphi(x_k)$.

再考虑如何确定下山方向 p_k. 我们知道 $\varphi(x)$ 增加最快的方向是梯度方向, 因此, 负梯度方向应该是 $\varphi(x)$ 减小最快的方向. 于是, 最简单而直观的做法是选取 p_k 为负梯度方向, 即 $p_k = r_k$. 这样便得到了如下的算法:

算法 5.1.1 (解对称正定方程组: **最速下降法**)

$x_0 = $ 初值

$r_0 = b - Ax_0;\ k = 0$

while $r_k \neq 0$

$\qquad k = k + 1$

$\qquad \alpha_{k-1} = r_{k-1}^{\mathrm{T}} r_{k-1} / r_{k-1}^{\mathrm{T}} A r_{k-1}$

$\qquad x_k = x_{k-1} + \alpha_{k-1} r_{k-1}$

$\qquad r_k = b - Ax_k$

end

对于最速下降法有如下的收敛性定理:

定理 5.1.2 设 A 的特征值为 $0 < \lambda_1 \leqslant \cdots \leqslant \lambda_n$, 则由上述算法产生的序列 $\{x_k\}$ 满足

$$\|x_k - x_*\|_A \leqslant \left(\frac{\lambda_n - \lambda_1}{\lambda_n + \lambda_1}\right)^k \|x_0 - x_*\|_A,$$

其中 $x_* = A^{-1}b$, $\|x\|_A = \sqrt{x^{\mathrm{T}} A x}$.

为了给出这一定理的证明, 我们先证一个引理.

引理 5.1.1 设 A 的特征值为 $0 < \lambda_1 \leqslant \cdots \leqslant \lambda_n$, $P(t)$ 是一个 t 的多项式, 则

$$\|P(A)x\|_A \leqslant \max_{1 \leqslant i \leqslant n} |P(\lambda_i)|\, \|x\|_A, \quad x \in \mathbf{R}^n.$$

证明 设 $y_1, y_2, \cdots, y_n$ 是 A 的对应于 $\lambda_1, \lambda_2, \cdots, \lambda_n$ 的特征向量所构成的 $\mathbf{R}^n$ 的一组标准正交基, 则对任意的 $x \in \mathbf{R}^n$, 有 $x = \sum\limits_{i=1}^{n} \beta_i y_i$, 从而有

$$x^{\mathrm{T}} P(A) A P(A) x = \left(\sum_{i=1}^{n} \beta_i P(\lambda_i) y_i\right)^{\mathrm{T}} A \left(\sum_{i=1}^{n} \beta_i P(\lambda_i) y_i\right)$$

$$\begin{aligned}
&= \sum_{i=1}^{n} \lambda_i \beta_i^2 P^2(\lambda_i) \leqslant \max_{1 \leqslant i \leqslant n} P^2(\lambda_i) \sum_{i=1}^{n} \lambda_i \beta_i^2 \\
&= \max_{1 \leqslant i \leqslant n} P^2(\lambda_i) x^{\mathrm{T}} A x.
\end{aligned}$$

于是

$$\|P(A)x\|_A \leqslant \max_{1 \leqslant i \leqslant n} |P(\lambda_i)|\, \|x\|_A,$$

即引理得证.   □

定理 5.1.2 的证明   由 x_k 满足

$$\varphi(x_k) \leqslant \varphi(x_{k-1} + \alpha r_{k-1}), \quad \alpha \in \mathbf{R},$$

并注意到

$$\varphi(x) + x_*^{\mathrm{T}} A x_* = (x - x_*)^{\mathrm{T}} A (x - x_*), \tag{5.1.4}$$

就有

$$\begin{aligned}
(x_k - &x_*)^{\mathrm{T}} A (x_k - x_*) \\
&\leqslant (x_{k-1} + \alpha r_{k-1} - x_*)^{\mathrm{T}} A (x_{k-1} + \alpha r_{k-1} - x_*) \\
&= [(I - \alpha A)(x_{k-1} - x_*)]^{\mathrm{T}} A [(I - \alpha A)(x_{k-1} - x_*)] \tag{5.1.5}
\end{aligned}$$

对任意的 $\alpha \in \mathbf{R}$ 成立. 记 $P_\alpha(t) = 1 - \alpha t$, 应用引理 5.1.1, 由 (5.1.5) 式可得

$$\begin{aligned}
\|x_k - x_*\|_A &\leqslant \|P_\alpha(A)(x_{k-1} - x_*)\|_A \\
&\leqslant \max_{1 \leqslant i \leqslant n} |P_\alpha(\lambda_i)|\, \|x_{k-1} - x_*\|_A \tag{5.1.6}
\end{aligned}$$

对一切 $\alpha \in \mathbf{R}$ 成立, 再利用 Chebyshev 多项式的性质, 可得

$$\min_\alpha \max_{\lambda_1 \leqslant t \leqslant \lambda_n} |1 - \alpha t| = \frac{\lambda_n - \lambda_1}{\lambda_n + \lambda_1}. \tag{5.1.7}$$

将 (5.1.7) 式代入 (5.1.6) 式即得

$$\|x_k - x_*\|_A \leqslant \frac{\lambda_n - \lambda_1}{\lambda_n + \lambda_1} \|x_{k-1} - x_*\|_A,$$

从而定理得证.   □

定理 5.1.2 表明, 从任一初始向量 x_0 出发, 由最速下降法产生的点列 $\{x_k\}$ 总是收敛到方程组 (5.1.1) 的解, 其收敛速度的快慢由 $(\lambda_n - \lambda_1)/(\lambda_n + \lambda_1)$ 的大小来决定.

虽然最速下降法简单易用, 又可充分利用 A 的稀疏性, 但是由于当 $\lambda_1 \ll \lambda_n$ 时收敛速度变得非常之慢, 因此很少用于实际计算. 然而它揭示了一种重要的思想, 开辟了一条全新的求解线性方程组的途径. 例如, 把上述方法稍加改进, 就可得到著名的共轭梯度法.

§5.2 共轭梯度法及其基本性质

5.2.1 共轭梯度法

对最速下降法做一简单的分析就会发现, 负梯度方向虽从局部来看是最佳的下山方向, 但从整体来看并非最佳. 这就促使人们去寻求更好的下山方向. 当然, 我们自然希望每步确定新的下山方向所付出的代价不要太大. **共轭梯度法**就是根据这一思想设计的, 其具体计算过程如下:

给定初始向量 x_0, 第一步仍选负梯度方向为下山方向, 即 $p_0 = r_0$, 于是有

$$\alpha_0 = \frac{r_0^{\mathrm{T}} r_0}{p_0^{\mathrm{T}} A p_0}, \quad x_1 = x_0 + \alpha_0 p_0, \quad r_1 = b - A x_1.$$

对以后各步, 例如, 第 $k + 1$ $(k \geqslant 1)$ 步, 下山方向就不再取 r_k, 而是在过点 x_k 由向量 r_k 和 p_{k-1} 所张成的二维平面

$$\pi_2 = \{x = x_k + \xi r_k + \eta p_{k-1} : \xi, \eta \in \mathbf{R}\}$$

内找出使函数 φ 下降最快的方向作为新的下山方向 p_k. 考虑 φ 在 π_2 上的限制:

$$\begin{aligned}
\psi(\xi, \eta) &= \varphi(x_k + \xi r_k + \eta p_{k-1}) \\
&= (x_k + \xi r_k + \eta p_{k-1})^{\mathrm{T}} A (x_k + \xi r_k + \eta p_{k-1}) \\
&\quad - 2 b^{\mathrm{T}} (x_k + \xi r_k + \eta p_{k-1}).
\end{aligned}$$

直接计算可得

$$\frac{\partial \psi}{\partial \xi} = 2(\xi r_k^{\mathrm{T}} A r_k + \eta r_k^{\mathrm{T}} A p_{k-1} - r_k^{\mathrm{T}} r_k),$$

$$\frac{\partial \psi}{\partial \eta} = 2(\xi r_k^{\mathrm{T}} A p_{k-1} + \eta p_{k-1}^{\mathrm{T}} A p_{k-1}),$$

其中最后一式用到了 $r_k^{\mathrm{T}} p_{k-1} = 0$. 这可由 r_k 的定义直接验证. 令

$$\frac{\partial \psi}{\partial \xi} = \frac{\partial \psi}{\partial \eta} = 0,$$

即知 φ 在 π_2 内有唯一的极小值点

$$\widetilde{x} = x_k + \xi_0 r_k + \eta_0 p_{k-1},$$

其中 ξ_0 和 η_0 满足

$$\begin{cases} \xi_0 r_k^{\mathrm{T}} A r_k + \eta_0 r_k^{\mathrm{T}} A p_{k-1} = r_k^{\mathrm{T}} r_k, \\ \xi_0 r_k^{\mathrm{T}} A p_{k-1} + \eta_0 p_{k-1}^{\mathrm{T}} A p_{k-1} = 0. \end{cases} \tag{5.2.1}$$

注意, 上式蕴涵着 $r_k \neq 0$ 必有 $\xi_0 \neq 0$, 因此我们可取

$$p_k = \frac{1}{\xi_0}(\widetilde{x} - x_k) = r_k + \frac{\eta_0}{\xi_0} p_{k-1}$$

作为新的下山方向. 显然, 这是在平面 π_2 内可得到的最佳下山方向.
令 $\beta_{k-1} = \dfrac{\eta_0}{\xi_0}$, 则由 (5.2.1) 式的第二个方程得

$$\beta_{k-1} = -\frac{r_k^{\mathrm{T}} A p_{k-1}}{p_{k-1}^{\mathrm{T}} A p_{k-1}}.$$

注意这样确定的 p_k 满足 $p_k^{\mathrm{T}} A p_{k-1} = 0$, 即所谓的 p_k 与 p_{k-1} 是相互共轭的. p_k, p_{k-1} 和 r_k 的几何意义如图 5.1 所示.

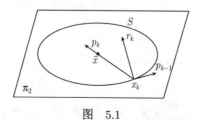

图   5.1

p_k 确定以后, α_k 的确定仍用前面的公式 (5.1.3), 然后计算 $x_{k+1} = x_k + \alpha_k p_k$. 总结上面的讨论, 可得如下的计算公式:

$$\alpha_k = \frac{r_k^{\mathrm{T}} p_k}{p_k^{\mathrm{T}} A p_k}, \qquad x_{k+1} = x_k + \alpha_k p_k,$$
$$r_{k+1} = b - A x_{k+1}, \qquad (5.2.2)$$
$$\beta_k = -\frac{r_{k+1}^{\mathrm{T}} A p_k}{p_k^{\mathrm{T}} A p_k}, \quad p_{k+1} = r_{k+1} + \beta_k p_k.$$

在实际计算中, 常将上述公式进一步简化, 从而得到一个形式上更为简单而且对称的计算公式. 首先来简化 r_{k+1} 的计算公式:

$$r_{k+1} = b - A x_{k+1} = b - A(x_k + \alpha_k p_k)$$
$$= r_k - \alpha_k A p_k. \qquad (5.2.3)$$

因为 $A p_k$ 在计算 α_k 时已经求出, 所以计算 r_{k+1} 时可以不必将 x_{k+1} 代入方程去计算, 而是从递推关系 (5.2.3) 得到.

再来简化 α_k 和 β_k 的计算公式. 我们需要用到下面的关系式:

$$r_k^{\mathrm{T}} r_{k+1} = r_k^{\mathrm{T}} p_{k-1} = r_{k+1}^{\mathrm{T}} p_k = 0, \quad k = 1, 2, \cdots. \qquad (5.2.4)$$

这些关系式的证明包含在定理 5.2.1 的证明中. 从 (5.2.4) 式和 (5.2.3) 式可导出

$$r_{k+1}^{\mathrm{T}} A p_k = \frac{1}{\alpha_k} r_{k+1}^{\mathrm{T}} (r_k - r_{k+1}) = -\frac{1}{\alpha_k} r_{k+1}^{\mathrm{T}} r_{k+1},$$
$$p_k^{\mathrm{T}} A p_k = \frac{1}{\alpha_k} p_k^{\mathrm{T}} (r_k - r_{k+1}) = \frac{1}{\alpha_k} p_k^{\mathrm{T}} r_k$$
$$= \frac{1}{\alpha_k} r_k^{\mathrm{T}} (r_k + \beta_{k-1} p_{k-1}) = \frac{1}{\alpha_k} r_k^{\mathrm{T}} r_k.$$

由此可得

$$\alpha_k = \frac{r_k^{\mathrm{T}} r_k}{p_k^{\mathrm{T}} A p_k}, \quad \beta_k = \frac{r_{k+1}^{\mathrm{T}} r_{k+1}}{r_k^{\mathrm{T}} r_k}. \qquad (5.2.5)$$

综合上面的讨论, 可得下面的算法:

算法 5.2.1 (解对称正定方程组: 共轭梯度法)

$x_0 = $ 初值

$r_0 = b - Ax_0; \ k = 0$

while $r_k \neq 0$

    $k = k + 1$

    if $k = 1$

        $p_0 = r_0$

    else

        $\beta_{k-2} = r_{k-1}^{\mathrm{T}} r_{k-1} / r_{k-2}^{\mathrm{T}} r_{k-2}$

        $p_{k-1} = r_{k-1} + \beta_{k-2} p_{k-2}$

    end

    $\alpha_{k-1} = r_{k-1}^{\mathrm{T}} r_{k-1} / p_{k-1}^{\mathrm{T}} A p_{k-1}$

    $x_k = x_{k-1} + \alpha_{k-1} p_{k-1}$

    $r_k = r_{k-1} - \alpha_{k-1} A p_{k-1}$

end

$x = x_k$

注意, 该算法每迭代一次仅需使用系数矩阵 A 做一次矩阵 – 向量运算.

5.2.2 基本性质

定理 5.2.1   由共轭梯度法得到的向量组 $\{r_i\}$ 和 $\{p_i\}$ 具有下面的性质:

(1) $p_i^{\mathrm{T}} r_j = 0, \ 0 \leqslant i < j \leqslant k$;

(2) $r_i^{\mathrm{T}} r_j = 0, \ i \neq j, \ 0 \leqslant i, j \leqslant k$;

(3) $p_i^{\mathrm{T}} A p_j = 0, \ i \neq j, \ 0 \leqslant i, j \leqslant k$;

(4) $\mathrm{span}\{r_0, \cdots, r_k\} = \mathrm{span}\{p_0, \cdots, p_k\} = \mathcal{K}(A, r_0, k+1)$, 其中

$$\mathcal{K}(A, r_0, k+1) = \mathrm{span}\{r_0, Ar_0, \cdots, A^k r_0\}, \tag{5.2.6}$$

通常称之为 **Krylov** 子空间.

证明   用数学归纳法. 当 $k = 1$ 时, 因为

$$p_0 = r_0, \quad r_1 = r_0 - \alpha_o A p_0, \quad p_1 = r_1 + \beta_0 p_0,$$

$$r_1^{\mathrm{T}} r_0 = r_0^{\mathrm{T}}(r_0 - \alpha_0 A r_0) = r_0^{\mathrm{T}} r_0 - \alpha_0 r_0^{\mathrm{T}} A r_0 = 0,$$

$$p_1^{\mathrm{T}} A p_0 = (r_1 + \beta_0 r_0)^{\mathrm{T}} A r_0 = r_1^{\mathrm{T}} A r_0 - \frac{r_1^{\mathrm{T}} A r_0}{r_0^{\mathrm{T}} A r_0} r_0^{\mathrm{T}} A r_0 = 0,$$

所以定理的结论成立. 现在假设定理的结论对 k 成立, 我们来证明其对 $k+1$ 也成立.

(1) 利用等式 $r_{k+1} = r_k - \alpha_k A p_k$ 及归纳法假设, 有

$$p_i^{\mathrm{T}} r_{k+1} = p_i^{\mathrm{T}} r_k - \alpha_k p_i^{\mathrm{T}} A p_k = 0, \quad 0 \leqslant i \leqslant k-1.$$

又由于

$$p_k^{\mathrm{T}} r_{k+1} = p_k^{\mathrm{T}} r_k - \frac{p_k^{\mathrm{T}} r_k}{p_k^{\mathrm{T}} A p_k} p_k^{\mathrm{T}} A p_k = 0,$$

故定理的结论 (1) 对 $k+1$ 亦成立.

(2) 利用归纳法假设有

$$\mathrm{span}\{r_0, \cdots, r_k\} = \mathrm{span}\{p_0, \cdots, p_k\},$$

而由 (1) 所证知, r_{k+1} 与上述子空间正交, 从而定理的结论 (2) 对 $k+1$ 也成立.

(3) 利用等式

$$p_{k+1} = r_{k+1} + \beta_k p_k \quad \text{和} \quad r_{i+1} = r_i - \alpha_i A p_i,$$

并利用归纳法假设和 (2) 所证的结论, 就有

$$p_i^{\mathrm{T}} A p_{k+1} = \frac{1}{\alpha_i} r_{k+1}^{\mathrm{T}} (r_i - r_{i+1}) + \beta_k p_i^{\mathrm{T}} A p_k = 0$$

对 $i = 0, 1, \cdots, k-1$ 成立, 而由 β_k 的定义得

$$p_{k+1}^{\mathrm{T}} A p_k = (r_{k+1} + \beta_k p_k)^{\mathrm{T}} A p_k$$

$$= r_{k+1}^{\mathrm{T}} A p_k - \frac{r_{k+1}^{\mathrm{T}} A p_k}{p_k^{\mathrm{T}} A p_k} p_k^{\mathrm{T}} A p_k = 0.$$

这样, 定理的结论 (3) 对 $k+1$ 也成立.

(4) 由归纳法假设知

$$r_k,\ p_k \in \mathcal{K}(A, r_0, k+1) = \mathrm{span}\,\{r_0, Ar_0, \cdots, A^k r_0\},$$

于是

$$r_{k+1} = r_k - \alpha_k A p_k \in \mathcal{K}(A, r_0, k+2) = \mathrm{span}\,\{r_0, Ar_0, \cdots, A^{k+1} r_0\},$$

$$p_{k+1} = r_{k+1} + \beta_k p_k \in \mathcal{K}(A, r_0, k+2) = \mathrm{span}\,\{r_0, Ar_0, \cdots, A^{k+1} r_0\}.$$

再注意到 (2) 和 (3) 所证的结论表明, 向量组 $r_0, \cdots, r_{k+1}$ 和 $p_0, \cdots,$
p_{k+1} 都是线性无关的, 因此定理的结论 (4) 对 $k+1$ 同样成立.

综上所述, 由归纳法原理知定理得证.   □

定理 5.2.1 表明, 向量组 $r_0, \cdots, r_k$ 和 $p_0, \cdots, p_k$ 分别是 Krylov 子
空间 $\mathcal{K}(A, r_0, k+1)$ 的正交基和共轭正交基. 由此可知, 利用共轭梯度
法最多 n 步便可得到方程组的解 x_*. 因此, 理论上来讲, 共轭梯度法
是直接法.

定理 5.2.2   用共轭梯度法计算得到的近似解 x_k 满足

$$\varphi(x_k) = \min\{\varphi(x)\colon\ x \in x_0 + \mathcal{K}(A, r_0, k)\} \tag{5.2.7}$$

或

$$\|x_k - x_*\|_A = \min\{\|x - x_*\|_A\colon\ x \in x_0 + \mathcal{K}(A, r_0, k)\}, \tag{5.2.8}$$

其中 $\|x\|_A = \sqrt{x^{\mathrm{T}} A x}$, x_* 是方程组 $Ax = b$ 的解, $\mathcal{K}(A, r_0, k)$ 是由 (5.2.6)
式所定义的 Krylov 子空间.

证明   利用 (5.1.4) 式立即知道 (5.2.7) 式和 (5.2.8) 式是等价的,
因此我们下面只证明 (5.2.8) 式成立.

假设共轭梯度法计算到 l 步出现 $r_l = 0$, 那么有

$$\begin{aligned}
x_* = x_l &= x_{l-1} + \alpha_{l-1} p_{l-1} \\
&= x_{l-2} + \alpha_{l-2} p_{l-2} + \alpha_{l-1} p_{l-1} \\
&= \cdots \\
&= x_0 + \alpha_0 p_0 + \alpha_1 p_1 + \cdots + \alpha_{l-1} p_{l-1}.
\end{aligned}$$

此外, 对计算过程中的任一步 $k < l$, 有

$$x_k = x_0 + \alpha_0 p_0 + \alpha_1 p_1 + \cdots + \alpha_{k-1} p_{k-1} \in x_0 + \mathcal{K}(A, r_0, k).$$

设 x 是属于 $x_0 + \mathcal{K}(A, r_0, k)$ 的任一向量, 则由定理 5.2.1 的 (4) 知, x 可以表示为

$$x = x_0 + \gamma_0 p_0 + \gamma_1 p_1 + \cdots + \gamma_{k-1} p_{k-1}.$$

于是

$$\begin{aligned}
x_* - x =& (\alpha_0 - \gamma_0) p_0 + \cdots + (\alpha_{k-1} - \gamma_{k-1}) p_{k-1} \\
& + \alpha_k p_k + \cdots + \alpha_{l-1} p_{l-1},
\end{aligned}$$

而 $x_* - x_k = \alpha_k p_k + \cdots + \alpha_{l-1} p_{l-1}$, 再利用定理 5.2.1 的 (3) 就可以推出

$$\begin{aligned}
\|x_* - x\|_A^2 =& \|(\alpha_0 - \gamma_0) p_0 + \cdots + (\alpha_{k-1} - \gamma_{k-1}) p_{k-1}\|_A^2 \\
& + \|\alpha_k p_k + \cdots + \alpha_{l-1} p_{l-1}\|_A^2 \\
\geqslant& \|\alpha_k p_k + \cdots + \alpha_{l-1} p_{l-1}\|_A^2 = \|x_* - x_k\|_A^2,
\end{aligned}$$

从而定理得证. □

§5.3 实用共轭梯度法及其收敛性

5.3.1 实用共轭梯度法

上一节导出的共轭梯度法, 虽说在理论上已经证明了至多 n 步就能得到方程组 (5.1.1) 的精确解, 然而实际使用时, 由于误差的出现, 使得 r_k 之间的正交性很快损失, 以致其有限步终止性已不再成立. 此外, 在实际应用共轭梯度法时, 由于一般 n 很大, 以致迭代 n 次所耗费的计算时间就已经使用户无法接受了. 因此, 实际上我们是将共轭梯度法作为一种迭代法使用, 而且通常是用 $\|r_k\|$ 是否已经很小以及迭代次数是否已经达到最大容许的迭代次数 $k_{\max}$ 来终止迭代的. 这样, 就得到如下流行的实用共轭梯度法:

算法 5.3.1 (解对称正定方程组：**实用共轭梯度法**)

$x =$ 初值

$k = 0;\ r = b - Ax;\ \rho = r^{\mathrm{T}} r$

while $(\sqrt{\rho} > \varepsilon \|b\|_2)$ and $(k < k_{\max})$

    $k = k + 1$

    if $k = 1$

        $p = r$

    else

        $\beta = \rho / \widetilde{\rho};\ p = r + \beta p$

    end

    $w = Ap;\ \alpha = \rho / p^{\mathrm{T}} w;\ x = x + \alpha p$

    $r = r - \alpha w;\ \widetilde{\rho} = \rho;\ \rho = r^{\mathrm{T}} r$

end

共轭梯度法作为一种实用的迭代法, 它主要有下面的优点:

(1) 算法中, 系数矩阵 A 的作用仅仅是用来由已知向量 p 产生向量 $w = Ap$, 这不仅可充分利用 A 的稀疏性, 而且对某些提供矩阵 A 较为困难而由已知向量 p 产生向量 $w = Ap$ 又十分方便的应用问题是十分有益的;

(2) 不需要预先估计任何参数就可以计算, 这一点不像 SOR 迭代法;

(3) 每次迭代所需的计算, 主要是向量之间的运算, 因此特别便于并行化.

5.3.2   收敛性分析

将共轭梯度法作为一种迭代法, 它的收敛性怎样呢? 这是本节下面主要讨论的问题.

定理 5.3.1   如果 $A = I + B$, 而且 $\mathrm{rank}\,(B) = r$, 则共轭梯度法至多迭代 $r + 1$ 步即可得到方程组 (5.1.1) 的精确解.

证明   注意到 $\mathrm{rank}\,(B) = r$ 蕴涵着子空间

$$\mathrm{span}\,\{r_0, Ar_0, \cdots, A^k r_0\} = \mathrm{span}\,\{r_0, Br_0, \cdots, B^k r_0\}$$

的维数不会超过 $r+1$, 由定理 5.2.1 即知定理的结论成立. □

定理 5.3.1 表明, 若线性方程组 (5.1.1) 的系数矩阵与单位矩阵相差一个秩为 r 的矩阵, 而且 r 又很小的话, 则共轭梯度法将会收敛得很快.

定理 5.3.2 用共轭梯度法求得的 x_k 有如下的误差估计:

$$\|x_k - x_*\|_A \leqslant 2 \left(\frac{\sqrt{\kappa_2} - 1}{\sqrt{\kappa_2} + 1} \right)^k \|x_0 - x_*\|_A, \tag{5.3.1}$$

其中 $\kappa_2 = \kappa_2(A) = \|A\|_2 \|A^{-1}\|_2$.

证明 由定理 5.2.1 可知, 对任意的 $x \in x_0 + \mathcal{K}(A, r_0, k)$, 有

$$\begin{aligned}
x_* - x &= x_* - x_0 + a_{k1}r_0 + a_{k2}Ar_0 + \cdots + a_{kk}A^{k-1}r_0 \\
&= A^{-1}(r_0 + a_{k1}Ar_0 + a_{k2}A^2r_0 + \cdots + a_{kk}A^k r_0) \\
&= A^{-1}P_k(A)r_0,
\end{aligned}$$

其中 $P_k(\lambda) = 1 + \sum_{j=1}^k a_{kj}\lambda^j$. 令 $\mathcal{P}_k$ 为所有满足 $P_k(0) = 1$ 且次数不超过 k 的实系数多项式的全体, 则由定理 5.2.2 和引理 5.1.1 得

$$\begin{aligned}
\|x_* - x_k\|_A &= \min\{\|x - x_*\|_A : x \in x_0 + \mathcal{K}(A, r_0, k)\} \\
&= \min_{P_k \in \mathcal{P}_k} \|A^{-1}P_k(A)r_0\|_A = \min_{P_k \in \mathcal{P}_k} \|P_k(A)A^{-1}r_0\|_A \\
&\leqslant \min_{P_k \in \mathcal{P}_k} \max_{1 \leqslant i \leqslant n} |P_k(\lambda_i)| \, \|A^{-1}r_0\|_A \\
&\leqslant \min_{P_k \in \mathcal{P}_k} \max_{a \leqslant \lambda \leqslant b} |P_k(\lambda)| \, \|x_* - x_0\|_A,
\end{aligned}$$

其中 $0 < a = \lambda_1 \leqslant \cdots \leqslant \lambda_n = b$ 是 A 的特征值. 由著名的 Chebyshev 多项式逼近定理知, 最优化问题

$$\min_{P_k \in \mathcal{P}_k} \max_{a \leqslant \lambda \leqslant b} |P_k(\lambda)|$$

有唯一的解

$$\widetilde{P}_k(\lambda) = \frac{T_k\left(\dfrac{b + a - 2\lambda}{b - a} \right)}{T_k\left(\dfrac{b + a}{b - a} \right)},$$

其中 $T_k(z)$ 是 k 次 Chebyshev 多项式. 由 Chebyshev 多项式的性质知

$$\max_{a \leqslant \lambda \leqslant b} |\widetilde{P}_k(\lambda)| = \frac{1}{T_k\left(\dfrac{b+a}{b-a}\right)} \leqslant 2\left(\frac{\sqrt{\kappa_2}-1}{\sqrt{\kappa_2}+1}\right)^k,$$

于是, 我们有

$$\|x_* - x_k\|_A \leqslant 2\left(\frac{\sqrt{\kappa_2}-1}{\sqrt{\kappa_2}+1}\right)^k \|x_* - x_0\|_A.$$

因此, 定理得证. □

　　虽然定理 5.3.2 所给出的估计是十分粗糙的, 而且实际计算时其收敛速度往往要比这个估计快得多, 但是它却揭示了共轭梯度法的一个重要的性质: 只要线性方程组 (5.1.1) 的系数矩阵是十分良态的 (即 $\kappa_2 \approx 1$), 则共轭梯度法就会收敛得很快.

§5.4　预优共轭梯度法

　　上一节已经证明, 当线性方程组 (5.1.1) 的系数矩阵仅有少数几个互不相同的特征值或者非常良态时, 共轭梯度法就会收敛得非常之快. 这就促使我们在应用共轭梯度法时, 首先应设法将方程组 (5.1.1) 转化为一个系数矩阵仅有少数几个互不相同的特征值或者非常良态的等价方程组, 然后再应用共轭梯度法于转化后的方程组. **预优共轭梯度法**正是基于这一基本思想而产生的. 它是先将方程组 (5.1.1) 转化为

$$\widetilde{A}\widetilde{x} = \widetilde{b}, \tag{5.4.1}$$

其中 $\widetilde{A} = C^{-1}AC^{-1}$, $\widetilde{x} = Cx$, $\widetilde{b} = C^{-1}b$, 这里要求 C 是对称正定的, 目的是通过 C 的选择, 使 $\widetilde{A}$ 具有我们所希望的良好性质; 然后应用算法 5.2.1 于方程组 (5.4.1), 可得

$$
\begin{aligned}
\alpha_k &= \frac{\widetilde{r}_k^{\mathrm{T}}\widetilde{r}_k}{\widetilde{p}_k^{\mathrm{T}}\widetilde{A}\widetilde{p}_k}, & \widetilde{x}_{k+1} &= \widetilde{x}_k + \alpha_k\widetilde{p}_k, \\
& & \widetilde{r}_{k+1} &= \widetilde{r}_k - \alpha_k\widetilde{A}\widetilde{p}_k, \\
\beta_k &= \frac{\widetilde{r}_{k+1}^{\mathrm{T}}\widetilde{r}_{k+1}}{\widetilde{r}_k^{\mathrm{T}}\widetilde{r}_k}, & \widetilde{p}_{k+1} &= \widetilde{r}_{k+1} + \beta_k\widetilde{p}_k,
\end{aligned}
\tag{5.4.2}
$$

其中 $\widetilde{x}_0$ 是任意给定的初始向量, $\widetilde{r}_0 = \widetilde{b} - \widetilde{A}\widetilde{x}_0$, $\widetilde{p}_0 = \widetilde{r}_0$.

按照上述公式直接迭代, 需要事先计算 $\widetilde{A} = C^{-1}AC^{-1}$ 和 $\widetilde{b} = C^{-1}b$, 而且还需将迭代得到的近似解 $\widetilde{x}_k$ 通过变换 $x_k = C^{-1}\widetilde{x}_k$ 变成方程组 (5.1.1) 的近似解. 实际上这些都是不必要的, 令

$$\widetilde{x}_k = Cx_k, \quad \widetilde{r}_k = C^{-1}r_k, \quad \widetilde{p}_k = Cp_k,$$

并记 $M = C^2$, 代入 (5.4.2) 中的各式, 整理后即得

$$w_k = Ap_k \qquad\qquad \alpha_k = \rho_k/(p_k^{\mathrm{T}}w_k),$$
$$x_{k+1} = x_k + \alpha_k p_k, \qquad r_{k+1} = r_k - \alpha_k w_k,$$
$$z_{k+1} = M^{-1}r_{k+1}, \qquad \rho_{k+1} = r_{k+1}^{\mathrm{T}}z_{k+1},$$
$$\beta_k = \rho_{k+1}/\rho_k, \qquad p_{k+1} = z_{k+1} + \beta_k p_k,$$

其中 x_0 是任意给定的初始向量, $r_0 = b - Ax_0$, $z_0 = M^{-1}r_0$, $\rho_0 = r_0^{\mathrm{T}}z_0$, $p_0 = z_0$.

这样, 就得到了如下算法:

算法 5.4.1 (解对称正定方程组: 预优共轭梯度法)

$x =$ 初值

$k = 0;\ r = b - Ax$

while $(\sqrt{r^{\mathrm{T}}r} > \varepsilon\|b\|_2)$ and $(k < k_{\max})$

    求解 $Mz = r$ 得 z

    $k = k + 1$

    if $k = 1$

        $p = z;\ \rho = r^{\mathrm{T}}z$

    else

        $\widetilde{\rho} = \rho;\ \rho = r^{\mathrm{T}}z$

        $\beta = \rho/\widetilde{\rho};\ p = z + \beta p$

    end

    $w = Ap;\ \alpha = \rho/p^{\mathrm{T}}w$

    $x = x + \alpha p;\ r = r - \alpha w$

end

这一算法也叫做**预条件共轭梯度法**, 简称 **PCG 法**, 其中的矩阵 M 称做**预优矩阵**.

利用共轭梯度法的性质容易导出预优共轭梯度法具有如下性质:

(1) 残向量 r_k 是相互 M^{-1} 正交的, 即 $r_i^{\mathrm{T}} M^{-1} r_j = 0, i \neq j$;

(2) 方向向量 p_k 是相互 A 正交的, 即 $p_i^{\mathrm{T}} A p_j = 0, i \neq j$;

(3) 近似解向量 x_k 满足

$$\|x_k - x_*\|_A \leqslant 2 \left(\frac{\sqrt{\kappa} - 1}{\sqrt{\kappa} + 1} \right)^k \|x_0 - x_*\|_A,$$

其中 $\kappa = \lambda_n / \lambda_1$, λ_n 和 λ_1 分别是 $M^{-1} A$ 的最大和最小特征值.

预优共轭梯度法成功与否, 关键在于预优矩阵 M 是否选得合适. 一个好的预优矩阵自然应该具有如下的特征:

(1) M 是对称正定的;

(2) M 是稀疏的;

(3) $M^{-1} A$ 仅有少数几个互不相同的特征值或者其大部分特征值都集中在某点附近;

(4) 形如 $Mz = r$ 的方程组易于求解.

当然, 对于一般的线性方程组要选择一个同时满足上述四个条件的预优矩阵 M 往往是十分困难的, 然而对于具体的实际应用问题经常可以获得巨大的成功. 下面我们简要地介绍几种常用的预优矩阵的选取技巧:

(1) 对角预优矩阵. 如果线性方程组的系数矩阵 A 的对角元相差较大, 则可取

$$M = \mathrm{diag}\,(a_{11}, \cdots, a_{nn})$$

作为预优矩阵. 这样常常会使收敛速度大大提高. 推而广之, 若

$$A = \begin{bmatrix} A_{11} & \cdots & A_{1k} \\ \vdots & & \vdots \\ A_{k1} & \cdots & A_{kk} \end{bmatrix},$$

其中 A_{ii} 是易于求逆的方阵, 则可取

$$M = \mathrm{diag}\,(A_{11}, \cdots, A_{kk}).$$

(2) 不完全 Cholesky 因子预优矩阵. 这是一种非常重要的预优技巧, 它是先求系数矩阵 A 的不完全 Cholesky 分解:

$$A = LL^{\mathrm{T}} + R,$$

其中 L 是单位下三角阵, 然后用 $M = LL^{\mathrm{T}}$ 作为预优矩阵. 由于分解中有一个剩余矩阵 R 可供选择, 所以我们就可要求 L 具有某种需要的稀疏性, 例如 L 与 A 具有相同的稀疏性. 当然, 要使得到的预优矩阵有效, 还需使 LL^{T} 尽可能地接近 A. 这样得到的预优矩阵的缺点是, 在求解 $Mz = r$ 时需要解两个三角形方程组, 不利于并行化 (因解三角形方程组的并行效率是很低的).

(3) 多项式预优矩阵. 由于预优矩阵 M 实质上是系数矩阵 A 的某种近似, 因此我们可将方程组 $Mz = r$ 的解 z 看做方程组 $Az = r$ 的解的近似. 求 $Az = r$ 近似解的一种最自然的方法就是利用上一章所介绍的古典迭代法:

$$M_1 z_{k+1} = N_1 z_k + r, \quad z_0 = 0, \tag{5.4.3}$$

其中假定 $A = M_1 - N_1$ 是 A 的一种较好的分裂. 记 $G = M_1^{-1} N_1$, 那么我们可取

$$z = z_p = (I + G + \cdots + G^{p-1}) M_1^{-1} r$$

作为其近似解, 从而就可取

$$M^{-1} = (I + G + \cdots + G^{p-1}) M_1^{-1}$$

作为预优矩阵. 因为它是矩阵 G 的多项式, 所以称之为多项式预优矩阵. 实际计算时, 并不需要将 M 真的计算出来, 只需由迭代格式 (5.4.3) 产生 $z = z_p$ 即可. 因此, 这一方法特别有利于并行化.

作为本节的结束, 我们再给一个具体的算例来说明预优化的功效.

例 5.4.1 设线性方程组 $Ax = b$ 是用五点差分格式离散如下的变系数 Poisson 方程第一边值问题而得到的:

$$\begin{cases} \nabla \cdot \big(a(x,y)\nabla u\big) = -f(x,y), & 0 < x, y < 1, \\ u\big|_{\Gamma} = 0, \end{cases}$$

其中 Γ 为正方形区域的边界,

$$a(x,y) = \begin{cases} 0.2, & 0 < x < 1,\ 0 < y \leqslant 0.5, \\ 1.0, & \text{其他点}, \end{cases}$$

$$f(x,y) = 4\pi^2 a(x,y) \sin(2\pi x) \sin(2\pi y).$$

现在我们分别用最速下降法, 共轭梯度法和预优共轭梯度法来求解该线性方程组. 在计算中, 我们取系数矩阵 A 的对角元所构成的对角阵作为预优矩阵, 并且使用 $\|r_k\|_\infty < \varepsilon$ 来终止迭代.

取 $\varepsilon = 10^{-15}$, 表 5.1 给出了三种算法对不同的剖分数 n 所需的迭代次数.

表 5.1

n	4	8	16	32	48
最速下降法	134	1175	4504	14845	30044
共轭梯度法	3	53	136	265	376
预优共轭梯度法	3	37	77	146	213

固定剖分数 $n = 16$, 表 5.2 给出了三种算法达到不同精度要求 ε 所需的迭代次数.

表 5.2

ε	最速下降法	共轭梯度法	预优共轭梯度法
10^{-3}	299	37	19
10^{-6}	1165	70	40
10^{-9}	2271	93	55
10^{-12}	3377	114	67

从这两个表可以看出: 最速下降法的收敛速度是十分缓慢的, 预优化的加速效果是显著的.

§5.5 Krylov 子空间法

这一节我们简要地介绍一下如何利用共轭梯度法的基本思想去求解一般的线性方程组

$$Ax = b, \qquad (5.5.1)$$

这里仅假定 $A \in \mathbf{R}^{n \times n}$ 是非奇异的. 由于篇幅所限, 我们仅介绍其基本思想, 详情细节读者可参阅有关的文献.

5.5.1 正则化方法

类似于利用平方根法求解最小二乘问题, **正则化方法**就是应用共轭梯度法于对称正定方程组

$$A^{\mathrm{T}} A x = A^{\mathrm{T}} b$$

来求解方程组 (5.5.1). 当然要想加速收敛, 还需与预优化技术结合使用才行. 虽然这一方法简单易行, 而且对于一些没有什么特殊结构的线性方程组来说常常又是有效的, 但是当 A 病态时其收敛速度会变得非常之慢, 这是因为此时的正则化方程组通常是十分病态的 (因 $\kappa_2(A^{\mathrm{T}} A) = \kappa_2(A)^2$ 会很大).

5.5.2 残量极小化方法

为了避免正则化方法的缺点, 近年来人们一直致力于寻找其收敛速度依赖于 A 的条件数而不是其平方的有效方法, 并得到了不少各具千秋的方法. 粗略地讲, 这些方法大致可分为两类: 残量极小化方法和残量正交化方法.

大家已经知道, 用共轭梯度法求解对称正定线性方程组的第 k 次迭代实质上是求 $x_k \in x_0 + \mathcal{K}(A, r_0, k)$, 使得

$$\varphi(x_k) = \min\{\varphi(x) \colon x \in x_0 + \mathcal{K}(A, r_0, k)\}. \qquad (5.5.2)$$

当 A 并非对称正定矩阵时, φ 就不一定有极小值, 因此直接用共轭梯度法来求解一般的线性方程组是行不通的, 然而这种思想却是可以推广到一般情形的. 残量极小化方法就是求 $x_k \in x_0 + \mathcal{K}(A, r_0, k)$, 使得

$$\|b - Ax_k\|_2 = \min\{\|b - Ax\|_2 \colon x \in x_0 + \mathcal{K}(A, r_0, k)\}.$$

采用不同的方法来求解这一优化问题就会得到求解方程组 (5.5.1) 的各种不同的方法, 其中有代表性的方法主要有两种: 一种是用于求解

对称不定线性方程组的极小残量法, 即所谓的 MINRES 方法 (详见文献 [14]); 另一种是求解非对称线性方程组的广义极小残量法, 即所谓的 GMRES 方法 (详见文献 [16]).

5.5.3   残量正交化方法

容易证明, 当 A 对称正定时, (5.5.2) 式成立的充分必要条件是

$$r_k = (b - Ax_k) \perp \mathcal{K}(A, r_0, k).$$

残量正交化方法就是从这一条件出发来构造求解方程组 (5.5.1) 的迭代方法的. 这方面较为典型的方法有: 用于求解对称不定线性方程组的 SYMMLQ 方法 (详见文献 [14]) 和用于求解非对称线性方程组的 Arnoldi 方法 (详见文献 [16]).

习   题

1. 证明等式 (5.1.4).

2. 设 x_k 是由最速下降法产生的. 证明:
$$\varphi(x_k) \leqslant \left[1 - \frac{1}{\kappa_2(A)}\right] \varphi(x_{k-1}),$$
其中 $\kappa_2(A) = \|A\|_2 \|A^{-1}\|_2$.

3. 试证: 当最速下降法在有限步求得极小值时, 最后一步迭代的下降方向必是 A 的一个特征向量.

4. 证明: 线性方程组 (5.2.1) 的解存在唯一.

5. 设 $A \in \mathbf{R}^{n \times n}$ 是对称正定的, $p_1, \cdots, p_k \in \mathbf{R}^n$ 是互相共轭的, 即 $p_i^{\mathrm{T}} A p_j = 0$ $(i \neq j)$. 证明: $p_1, \cdots, p_k$ 是线性无关的.

6. 设 A 为对称正定矩阵. 从方程组的近似解 $y_0 = x_k$ 出发, 依次求 y_i, 使得
$$\varphi(y_i) = \min_t \varphi(y_{i-1} + te_i),$$
其中 e_i $(i = 1, \cdots, n)$ 是 n 阶单位矩阵的第 i 列; 然后令 $x_{k+1} = y_n$. 验证这样得到的迭代算法就是 G–S 迭代法.

7. 设 A 是一个只有 k 个互不相同特征值的 $n \times n$ 实对称矩阵, r 是任一 n 维实向量. 证明: 子空间

$$\text{span}\,\{r, Ar, \cdots, A^{n-1}r\}$$

的维数至多是 k.

8. 试证: 如果系数矩阵 A 至多有 l 个互不相同的特征值, 则共轭梯度法至多 l 步就可得到方程组 $Ax = b$ 的精确解.

9. 证明: 用共轭梯度法求得的 x_k 有如下的误差估计:

$$\|x_k - x_*\|_2 \leqslant 2\sqrt{\kappa_2}\Big(\frac{\sqrt{\kappa_2}-1}{\sqrt{\kappa_2}+1}\Big)^k\|x_0 - x_*\|_2,$$

其中 $\kappa_2 = \kappa_2(A) = \|A\|_2\|A^{-1}\|_2$.

10. 设 z_k 和 r_k 是由预优共轭梯度法产生的. 证明: 若 $r_k \neq 0$, 则必有

$$z_k^{\mathrm{T}} r_k > 0.$$

11. 设 $A \in \mathbf{R}^{n\times n}$ 是对称正定的, $\mathcal{X}$ 是 $\mathbf{R}^n$ 的一个 k 维子空间. 证明: $x_k \in \mathcal{X}$ 满足

$$\|x_k - A^{-1}b\|_A = \min_{x\in\mathcal{X}}\|x - A^{-1}b\|_A$$

的充分必要条件是 $r_k = b - Ax_k$ 垂直于子空间 $\mathcal{X}$, 其中 $b \in \mathbf{R}^n$ 是任意给定的.

12. 写出用共轭梯度法求解正则化方程组 $A^{\mathrm{T}}Ax = A^{\mathrm{T}}b$ 的详细算法, 要求算法中不出现计算 $A^{\mathrm{T}}A$ 的情形, 这里 $A \in \mathbf{R}^{n\times n}$ 是非奇异的.

上 机 习 题

1. 考虑如下的 Dirichlet 问题:

$$\begin{cases} -\Delta u + u = f, & 0 < x, y < 1, \\ u|_\Gamma = \varphi, \end{cases}$$

其中 Γ 为正方形区域的边界. 类似于模型问题, 我们得到差分方程

$$\begin{cases} \Big(1+\dfrac{h^2}{4}\Big)u_{ij} - \dfrac{1}{4}(u_{i+1,j} + u_{i-1,j} + u_{i,j+1} + u_{i,j-1}) = \dfrac{h^2}{4}f_{i,j}, \\ \qquad\qquad i, j = 1, \cdots, n-1, \\ u_{i,0} = \varphi_{i,0},\ u_{i,n} = \varphi_{i,n}, \quad i = 0, 1, \cdots, n, \\ u_{0,j} = \varphi_{0,j},\ u_{n,j} = \varphi_{n,j}, \quad j = 0, 1, \cdots, n. \end{cases}$$

按照自然顺序排列得到系数矩阵为

$$
A = \begin{bmatrix}
S' & B & & & \\
B & S' & B & & \\
& B & S' & \ddots & \\
& & \ddots & \ddots & B \\
& & & B & S'
\end{bmatrix},
$$

其中 $B = -I/4$, I 为 $n-1$ 阶单位矩阵, S' 是对角元均为 $1 + h^2/4$, 次对角元均为 $-1/4$ 的 $n-1$ 阶对称三对角阵. 对 $f = \sin(xy)$, $\varphi = x^2 + y^2$, $n = 20$, 用共轭梯度法求解差分方程, 要求有 4 位有效数字.

思考题: 若用 SOR 迭代法求解, 最佳松驰因子是多少? 比较 SOR 迭代法和共轭梯度法的优劣.

2. 用 Hilbert 矩阵测试你所编写的共轭梯度法程序:

$$
a_{ij} = (i+j+1)^{-1}, \quad b_i = \frac{1}{3}\sum_{j=1}^{n} a_{ij} \quad (1 \leqslant i, j \leqslant n).
$$

3. 分别用 Jacobi 迭代法, G-S 迭代法和共轭梯度法求解下述方程, 并解释你所观察到的结果:

$$
\begin{bmatrix}
10 & 1 & 2 & 3 & 4 \\
1 & 9 & -1 & 2 & -3 \\
2 & -1 & 7 & 3 & -5 \\
3 & 2 & 3 & 12 & -1 \\
4 & -3 & -5 & -1 & 15
\end{bmatrix}
\begin{bmatrix}
x_1 \\ x_2 \\ x_3 \\ x_4 \\ x_5
\end{bmatrix}
=
\begin{bmatrix}
12 \\ -27 \\ 14 \\ -17 \\ 12
\end{bmatrix}.
$$

第六章　非对称特征值问题的计算方法

这一章我们来介绍矩阵特征值和特征向量的计算方法. 大家知道, 求一个矩阵的特征值的问题实质上是求一个多项式的根的问题, 而数学上已经证明: 5 阶以上的多项式的根一般不能用有限次运算求得. 因此, 矩阵特征值的计算方法本质上都是迭代的. 目前, 已有不少非常成熟的数值方法用于计算矩阵的全部或部分特征值和特征向量. 而全面系统地介绍所有这些重要的数值方法, 会远远超出这门课的范围, 因而这里我们仅介绍几类最常用的基本方法.

§6.1　基本概念与性质

为了推导和分析算法方便起见, 我们先简要地介绍一些与矩阵特征值和特征向量有关的基本概念和重要结果, 作为对初等线性代数有关内容的复习和补充. 由于本书篇幅所限, 本节下面所给出的所有定理均不作证明, 有兴趣的读者可参阅有关的参考书.

设 $A \in \mathbf{C}^{n \times n}$. 大家知道, 一个复数 λ 称做 A 的一个**特征值**是指存在非零向量 $x \in \mathbf{C}^n$, 使得 $Ax = \lambda x$. 这时 x 称做 A 的属于 λ 的一个**特征向量**. 由此可知, λ 是 A 的一个特征值的充分必要条件是 $\det(\lambda I - A) = 0$, 因而称多项式

$$p_A(\lambda) = \det(\lambda I - A)$$

为 A 的**特征多项式**. 由行列式的性质易知 $p_A(\lambda)$ 是一个首项为 λ^n 的 n 次多项式, 因而由代数基本定理知 $p_A(\lambda)$ 有 n 个根, 即 A 有 n 个特征值. 记 A 的特征值的全体为 $\lambda(A)$, 通常称之为 A 的**谱集**. 现假定 $p_A(\lambda)$ 有如下的分解:

$$p_A(\lambda) = (\lambda - \lambda_1)^{n_1} (\lambda - \lambda_2)^{n_2} \cdots (\lambda - \lambda_p)^{n_p},$$

其中 $n_1 + n_2 + \cdots + n_p = n$, $\lambda_i \neq \lambda_j$ $(i \neq j)$, 则称 n_i 为 λ_i 的**代数重数** (简称**重数**), 而称数

$$m_i = n - \operatorname{rank}(\lambda_i I - A)$$

为 λ_i 的**几何重数**. 易知, $m_i \leqslant n_i\,(i = 1, \cdots, p)$. 如果 $n_i = 1$, 则称 λ_i 是 A 的一个**单特征值**; 否则, 称 λ_i 是 A 的一个**重特征值**. 对于一个特征值 λ_i, 如果 $n_i = m_i$, 则称其是 A 的一个**半单特征值**. 显然, 单特征值必是半单特征值. 如果 A 的所有特征值都是半单的, 则称 A 是**非亏损**的. 容易证明, A 是非亏损的充分必要条件是 A 有 n 个线性无关的特征向量 (即 A 是可对角化矩阵).

设 $A, B \in \mathbf{C}^{n \times n}$. 若存在非奇异阵 $X \in \mathbf{C}^{n \times n}$, 使得

$$B = XAX^{-1},$$

则称 A 与 B 是**相似的**, 而上述变换称做**相似变换**. 若 A 与 B 相似, 则 A 和 B 有相同的特征值, 而且 x 是 A 的一个特征向量的充分必要条件为 $y = Xx$ 是 B 的一个特征向量. 这样, 如果能够找到一个适当的变换矩阵 X, 使 B 的特征值和特征向量易于求得, 则我们就可立即得到 A 的特征值和相应的特征向量. 很多计算矩阵特征值和特征向量的方法正是基于这一基本思想而得到的. 从理论上来讲, 利用相似变换可以将一个矩阵约化成的最简单形式是 Jordan 标准形, 即有下面的定理.

定理 6.1.1 (Jordan 分解定理)   设 $A \in \mathbf{C}^{n \times n}$ 有 r 个互不相同的特征值 $\lambda_1, \cdots, \lambda_r$, 其重数分别为 $n(\lambda_1), \cdots, n(\lambda_r)$, 则必存在一个非奇异矩阵 $P \in \mathbf{C}^{n \times n}$, 使得

$$P^{-1}AP = \begin{bmatrix} J(\lambda_1) & & & \\ & J(\lambda_2) & & \\ & & \ddots & \\ & & & J(\lambda_r) \end{bmatrix},$$

其中

$$J(\lambda_i) = \operatorname{diag}\big(J_1(\lambda_i), \cdots, J_{k_i}(\lambda_i)\big) \in \mathbf{C}^{n(\lambda_i) \times n(\lambda_i)}, \quad i = 1, \cdots, r,$$

$$J_j(\lambda_i) = \begin{bmatrix} \lambda_i & 1 & & & \\ & \lambda_i & \ddots & & \\ & & \ddots & 1 & \\ & & & \lambda_i \end{bmatrix} \in \mathbf{C}^{n_j(\lambda_i) \times n_j(\lambda_i)}, \quad j = 1, \cdots, k_i,$$

$$n_1(\lambda_i) + \cdots + n_{k_i}(\lambda_i) = n(\lambda_i), \quad i = 1, \cdots, r;$$

并且除了 $J_j(\lambda_i)$ 的排列次序可以改变外, J 是唯一确定的.

上述定理中的矩阵 J 称做 A 的 **Jordan 标准形**, 其中每个子矩阵 $J_j(\lambda_i)$ 称做 **Jordan 块**.

如果限定变换矩阵为酉矩阵, 则有如下著名的 Schur 分解定理:

定理 6.1.2 (Schur 分解定理) 设 $A \in \mathbf{C}^{n \times n}$, 则存在酉矩阵 $U \in \mathbf{C}^{n \times n}$, 使得

$$U^*AU = T,$$

其中 T 是上三角阵; 而且适当选取 U, 可使 T 的对角元按任意指定的顺序排列.

这一定理无论在理论上还是在实际应用上都是非常重要的, 著名的 QR 方法就是基于这一定理而设计的.

下述定理对于估计某些特征值的界限是十分方便而有用的.

定理 6.1.3 (Gerschgorin 圆盘定理) 设 $A = [a_{ij}] \in \mathbf{C}^{n \times n}$, 令

$$G_i(A) = \left\{ z \in \mathbf{C}: |z - a_{ii}| \leqslant \sum_{j \neq i} |a_{ij}| \right\}, \quad i = 1, \cdots, n,$$

则有

$$\lambda(A) \subset G_1(A) \cup G_2(A) \cup \cdots \cup G_n(A).$$

从数值计算的角度来看, 首先应弄清的问题是要计算的特征值和特征向量是否是病态的, 也就是说矩阵的元素有微小的变化, 是否会引起所关心的特征值和特征向量的巨大变化. 对于一般的方阵来说, 这一问题是非常复杂的, 限于篇幅, 这里我们只介绍一个简单而又非常重要的结果.

假定 λ 是 A 的一个单特征值, x 是属于它的单位特征向量 (即 $Ax = \lambda x$, 且 $\|x\|_2 = 1$). 令 $U = [x, U_2] \in \mathbf{C}^{n \times n}$ 是酉矩阵 ($U^*U = I$), 即 U 的列向量构成 $\mathbf{C}^n$ 的一组标准正交基, 则有

$$U^*AU = \begin{bmatrix} \lambda & x^*AU_2 \\ 0 & A_2 \end{bmatrix},$$

其中 $A_2 = U_2^*AU_2$ 是 $n-1$ 阶方阵. 由 λ 是 A 的单特征值的假定, 知

$$\delta = \min_{\mu \in \lambda(A_2)} |\lambda - \mu| > 0.$$

于是, 我们可定义

$$\Sigma^\perp = U_2(\lambda I - A_2)^{-1}U_2^*.$$

此外, 由于 $\det(\lambda I - A^{\mathrm{T}}) = \det(\lambda I - A) = 0$, 故必存在非零向量 $y \in \mathbf{C}^n$, 使得 $y^{\mathrm{T}}A = \lambda y^{\mathrm{T}}$. 通常称 y 为 A 的属于 λ 的**左特征向量**. λ 是单特征值的条件蕴涵着 $y^{\mathrm{T}}x \neq 0$, 故可选取 y, 使得 $y^{\mathrm{T}}x = 1$. 若给矩阵 A 以微小的扰动使其变为 $\widetilde{A}$, 记 $\varepsilon = \|\widetilde{A} - A\|_2$, 则存在 $\widetilde{A}$ 的一个特征值 $\widetilde{\lambda}$ 和对应的特征向量 $\widetilde{x}$, 使得

$$|\widetilde{\lambda} - \lambda| \leqslant \|y\|_2 \varepsilon + O(\varepsilon^2), \quad \|\widetilde{x} - x\|_2 \leqslant \|\Sigma^\perp\|_2 \varepsilon + O(\varepsilon^2).$$

这一结果的证明参见文献 [10] (第 151 页). 这表明 λ 和 x 的敏感性分别与 $\|y\|_2$ 和 $\|\Sigma^\perp\|_2$ 的大小有关. 因此, 我们分别称 $\|y\|_2$ 和 $\|\Sigma^\perp\|_2$ 为特征值 λ 和特征向量 x 的**条件数**, 记做

$$\mathrm{cond}\,(\lambda) = \|y\|_2 \quad \text{和} \quad \mathrm{cond}\,(x) = \|\Sigma^\perp\|_2.$$

有关特征值和特征向量的敏感性问题的较详细讨论参见文献 [18].

§6.2 幂 法

幂法是计算一个矩阵的模最大特征值和对应的特征向量的一种迭代方法. 为了说明幂法的基本思想, 我们先假定 $A \in \mathbf{C}^{n \times n}$ 是可对角化的, 即 A 有如下分解:

$$A = X \Lambda X^{-1}, \tag{6.2.1}$$

其中 $\Lambda = \operatorname{diag}(\lambda_1, \cdots, \lambda_n)$, $X = [x_1, \cdots, x_n] \in \mathbf{C}^{n \times n}$ 非奇异, 再假定

$$|\lambda_1| > |\lambda_2| \geqslant \cdots \geqslant |\lambda_n|. \tag{6.2.2}$$

现任取一向量 $u_0 \in \mathbf{C}^n$. 由于 X 的列向量构成 $\mathbf{C}^n$ 的一组基, 故 u_0 可表示为

$$u_0 = \alpha_1 x_1 + \alpha_2 x_2 + \cdots + \alpha_n x_n, \tag{6.2.3}$$

这里 $\alpha_i \in \mathbf{C}$. 这样, 我们有

$$\begin{aligned} A^k u_0 &= \sum_{j=1}^n \alpha_j A^k x_j = \sum_{j=1}^n \alpha_j \lambda_j^k x_j \\ &= \lambda_1^k \left[\alpha_1 x_1 + \sum_{j=2}^n \alpha_j \left(\frac{\lambda_j}{\lambda_1} \right)^k x_j \right]. \end{aligned} \tag{6.2.4}$$

由此即知

$$\lim_{k \to \infty} \frac{A^k u_0}{\lambda_1^k} = \alpha_1 x_1.$$

这表明, 当 $\alpha_1 \neq 0$ 且 k 充分大时, 向量

$$u_k = \frac{A^k u_0}{\lambda_1^k} \tag{6.2.5}$$

就是 A 的一个很好的近似特征向量.

这样, 我们自然想到用 (6.2.5) 式来求 A 的近似特征向量. 然而, 实际计算时, 这是行不通的. 其原因有二: 一是我们事先并不知道 A 的特征值 λ_1; 二是对充分大的 k 计算 A^k 的工作量太大.

首先, 仔细观察 (6.2.5) 式, 不难发现 (6.2.5) 式中的 λ_1^k 仅改变向量 $A^k u_0$ 的长度, 并不影响它的方向, 而我们所感兴趣的只是 $A^k u_0$ 的方向, 并非它的长度, 因此我们不必非用 λ_1^k 来约化 $A^k u_0$ 的长度, 而可用其他方便的常数来进行约化 (为了防止溢出, 约化是必要的); 其次, 计算 $A^k u_0$ 并不需事先将 A^k 算好之后再来计算, 只需迭代地进行即可. 基于这样的考虑, 我们可设计如下的迭代格式:

$$y_k = Au_{k-1},$$
$$\mu_k = \zeta_j^{(k)}, \quad \zeta_j^{(k)} \text{ 是 } y_k \text{ 的模最大分量,} \qquad (6.2.6)$$
$$u_k = y_k/\mu_k,$$

其中 $u_0 \in \mathbf{C}^n$ 是任意给定的初始向量, 通常要求 $\|u_0\|_\infty = 1$.

这一迭代方法称做**幂法**, 其收敛性定理如下:

定理 6.2.1   设 $A \in \mathbf{C}^{n \times n}$ 有 p 个互不相同的特征值满足 $|\lambda_1| > |\lambda_2| \geqslant \cdots \geqslant |\lambda_p|$, 并且模最大特征值 λ_1 是半单的 (即 λ_1 的几何重数等于它的代数重数). 如果初始向量 u_0 在 λ_1 的特征子空间上的投影不为零, 则由迭代格式 (6.2.6) 产生的向量序列 $\{u_k\}$ 收敛到 λ_1 的一个特征向量 x_1, 而且由迭代格式 (6.2.6) 产生的数值序列 $\{\mu_k\}$ 收敛到 λ_1.

证明   由假定知 A 有如下的 Jordan 分解:

$$A = X \operatorname{diag}(J_1, \cdots, J_p) X^{-1}, \qquad (6.2.7)$$

其中 $X \in \mathbf{C}^{n \times n}$ 是非奇异矩阵, $J_i \in \mathbf{C}^{n_i \times n_i}$ 是由属于 λ_i 的 Jordan 块构成的块上三角阵, $n_1 + \cdots + n_p = n$. 而 λ_1 为半单的假定蕴涵着 $J_1 = \lambda_1 I_{n_1}$, 这里 I_{n_1} 表示 $n_1 \times n_1$ 单位矩阵. 令 $y = X^{-1} u_0$, 并将 y 与 X 作如下分块:

$$y = (\underset{n_1}{y_1^{\mathrm{T}}}, \underset{n_2}{y_2^{\mathrm{T}}}, \cdots, \underset{n_p}{y_p^{\mathrm{T}}})^{\mathrm{T}}, \quad X = [\underset{n_1}{X_1}, \underset{n_2}{X_2}, \cdots, \underset{n_p}{X_p}],$$

则由 (6.2.7) 式得

$$\begin{aligned}
A^k u_0 &= X \operatorname{diag}(J_1^k, \cdots, J_p^k) X^{-1} u_0 \\
&= X_1 J_1^k y_1 + X_2 J_2^k y_2 + \cdots + X_p J_p^k y_p \\
&= \lambda_1^k X_1 y_1 + X_2 J_2^k y_2 + \cdots + X_p J_p^k y_p \\
&= \lambda_1^k \left[X_1 y_1 + X_2 \left(\frac{J_2}{\lambda_1}\right)^k y_2 + \cdots + X_p \left(\frac{J_p}{\lambda_1}\right)^k y_p \right].
\end{aligned}$$

注意到 $\lambda_1^{-1} J_i$ 的谱半径为 $\rho(\lambda_1^{-1} J_i) = |\lambda_i|/|\lambda_1| < 1$ $(i = 2, \cdots, p)$, 即知上式蕴涵着

$$\lim_{k \to \infty} \frac{1}{\lambda_1^k} A^k u_0 = X_1 y_1. \tag{6.2.8}$$

而假定 u_0 在 λ_1 的特征子空间上投影不为零蕴涵着 $X_1 y_1 \neq 0$.

注意到由迭代格式 (6.2.6) 所产生的 $\{u_k\}$ 满足 $\|u_k\|_\infty = 1$ 和

$$u_k = \frac{A u_{k-1}}{\mu_k} = \frac{A^k u_0}{\mu_k \mu_{k-1} \cdots \mu_1},$$

并且 u_k 至少有一个分量为 1, 便知

$$\zeta_k = \mu_k \mu_{k-1} \cdots \mu_1$$

必为 $A^k u_0$ 的一个模最大分量, 从而 ζ_k / λ_1^k 就是 $A^k u_0 / \lambda_1^k$ 的一个模最大分量. 这样, (6.2.8) 式蕴涵着

$$\zeta = \lim_{k \to \infty} \frac{\zeta_k}{\lambda_1^k}$$

存在, 从而再由 (6.2.8) 式即知 $\{u_k\}$ 是收敛的, 而且

$$\lim_{k \to \infty} u_k = \lim_{k \to \infty} \frac{A^k u_0}{\zeta_k} = \lim_{k \to \infty} \left(\frac{A^k u_0}{\lambda_1^k} \middle/ \frac{\zeta_k}{\lambda_1^k} \right) = \frac{X_1 y_1}{\zeta} = x_1.$$

显然 x_1 是属于 λ_1 的一个特征向量. 再由等式 $A u_{k-1} = \mu_k u_k$ 及 x_1 有一个模最大分量为 1, 立即可以推出 $\{\mu_k\}$ 收敛到 λ_1. □

当定理 6.2.1 的条件不满足时, 由幂法 (6.2.6) 产生的序列的收敛性分析将变得非常复杂, 这时 $\{u_k\}$ 可能有若干个收敛于不同向量的子序列 (参见本章习题第 30 题). 例如, 假设 $A = XDX^{-1}$, 其中

$$X = \begin{bmatrix} 1 & 0 & -1 & 0 \\ 0 & 1 & -1 & 0 \\ 1 & 2 & 1 & 1 \\ -1 & 0 & 0 & 1 \end{bmatrix}, \quad D = \operatorname{diag}(3, 2, 1, -3),$$

此时 A 有两个模最大的特征值 $\lambda_1 = 3$ 和 $\lambda_2 = -3$, 因此定理 6.2.1 的条件不满足. 取初始向量为 $u_0 = (1, 1, 1, 1)^{\mathrm{T}}$, 通过简单的计算得

$$A^k u_0 = XD^k X^{-1} u_0 = \frac{1}{5} \begin{bmatrix} 3^k + 4 \\ 2^k + 4 \\ 3^k + 2^{k+1} - 4 + 6(-3)^k \\ -3^k + 6(-3)^k \end{bmatrix}.$$

由此即知, 由幂法 (6.2.6) 产生的向量序列 $\{u_k\}$ 有两个收敛的子序列, 分别收敛于向量

$$x_1 = \left(\frac{1}{7}, 0, 1, \frac{5}{7}\right)^{\mathrm{T}} \quad \text{和} \quad x_2 = \left(-\frac{1}{7}, 0, \frac{5}{7}, 1\right)^{\mathrm{T}}.$$

注意此时 $x_1 + x_2$ 和 $x_1 - x_2$ 分别是属于 -3 和 3 的特征向量. 事实上, 适当修改幂法 (6.2.6) 可使幂法对于此例所述的情况亦是收敛的. 请读者作为练习修改幂法 (6.2.6) 使其适用于 $\lambda_1 = -\lambda_2$ 且 $|\lambda_2| > |\lambda_3| \geqslant \cdots \geqslant |\lambda_n|$ 的情形.

此外, 从定理 6.2.1 的证明亦可看出, 幂法的收敛速度主要取决于 $|\lambda_2|/|\lambda_1|$ 的大小. 在定理 6.2.1 的条件下, 这个数总是小于 1 的, 它越小收敛也就越快. 当它接近于 1 时, 收敛是很慢的. 为了加快幂法的收敛速度, 通常可采用位移的方法, 即应用幂法于 $A - \mu I$ 上. 如果适当选取 μ 可使 $A - \mu I$ 的模最大特征值与其他特征值之模的距离更大, 就可起到加速的目的. 例如, 若在上例中取 $\mu = 3$, 即若对上面给出的矩阵 A 应用幂法于 $A - 3I$, 则此时产生的向量序列 $\{u_k\}$ 将收敛到 A 的属于 -3 的一个特征向量.

用幂法可以求矩阵 A 的一个模最大的特征值 λ_1 及其对应的一个特征向量 x_1. 假如我们还要求第二个模最大的特征值 λ_2, 直接用幂法 (6.2.6) 进行迭代是不行的, 必须先对原矩阵降阶才行. 降阶就是在知道了 λ_1 和 x_1 的前提下, 把矩阵 A 降低一阶, 使它只包含 A 的其余特征值 $\lambda_2, \cdots, \lambda_n$. 用来完成这一任务的方法通常称做收缩技巧. 最简单实用的收缩技巧是利用正交变换. 假设

$$Ax_1 = \lambda_1 x_1, \tag{6.2.9}$$

并假设酉矩阵 P 使得

$$Px_1 = \alpha e_1, \tag{6.2.10}$$

这里 $e_1 = (1, 0, \cdots, 0)^{\mathrm{T}}$. 将 (6.2.10) 式代入 (6.2.9) 式并整理可得

$$PAP^* e_1 = \lambda_1 e_1,$$

即 PAP^* 有如下形状:

$$PAP^* = \left[\begin{array}{cc} \lambda_1 & * \\ 0 & B_1 \end{array} \right],$$

其中 B_1 是 $n-1$ 阶方阵, 并且它的特征值是 $\lambda_2, \cdots, \lambda_n$. 因此, 要求 λ_2, 只要对 B_2 应用幂法即可. 而变换 (6.2.10) 可用复的 Householder 变换来实现.

作为本节的结束, 我们希望指出的是, 由于幂法的计算公式依赖于矩阵特征值的分布情况, 因此实际使用时很不方便, 特别是不适应于自动计算, 只是在矩阵阶数非常高、无法利用其他更有效的算法时, 才用幂法计算少数几个模最大的特征值和相应的特征向量. 然而, 幂法的基本思想是重要的, 由它可以诱导出一些更有效的算法.

§6.3 反 幂 法

反幂法又称为**反迭代法**, 就是应用幂法于 A^{-1} 上求 A 的模最小特征值和对应的特征向量. 因此, 其基本迭代格式为

$$Ay_k = z_{k-1},$$
$$\mu_k = \zeta_i, \quad \zeta_i \text{ 是 } y_k \text{的模最大分量},$$
$$z_k = y_k/\mu_k.$$

由上一节的讨论知, 若 A 的特征值为 $|\lambda_n| < |\lambda_{n-1}| \leqslant \cdots \leqslant |\lambda_1|$. 则 $\{z_k\}$ 收敛到 A 的对应于 λ_n 的一个特征向量, 而 $\{\mu_k\}$ 收敛于 λ_n^{-1}, 其收敛速度由 $|\lambda_n|/|\lambda_{n-1}|$ 的大小来决定.

在实际应用中, 反幂法主要是用来求特征向量的, 是在用某种方法求得 A 的某个特征值 λ_i 的近似值 $\tilde{\lambda}_i$ 之后, 应用反幂法于 $A - \tilde{\lambda}_i I$ 上. 也就是说, 在实际计算中常用的是带位移的反幂法. 设 μ 是给定的位移. 带原点位移 μ 的反幂法的迭代格式如下:

$$(A - \mu I)v_k = z_{k-1},$$
$$z_k = v_k/\|v_k\|_2, \qquad k = 1, 2, \cdots. \qquad (6.3.1)$$

从迭代格式 (6.3.1) 可以看出, 反幂法每迭代一次就需要解一个线性方程组, 这要比幂法的运算量大得多. 但是, 由于方程组的系数矩阵不随 k 的变化而变化, 所以能够事先对它进行列选主元的 LU 分解, 然后每次迭代就只需解两个三角形方程组即可.

另外, 需要顺便指出的是, 这里只是为了下面的分析方便, 而在迭代格式 (6.3.1) 中采取用 $\|\cdot\|_2$ 进行规范化, 在实际使用时是以 $\|\cdot\|_\infty$ 进行规范化的.

假定我们将 A 的特征值排序为

$$0 < |\lambda_1 - \mu| < |\lambda_2 - \mu| \leqslant |\lambda_3 - \mu| \leqslant \cdots \leqslant |\lambda_n - \mu|,$$

则由前一节对幂法讨论知, 迭代格式 (6.3.1) 产生的向量序列 $\{z_k\}$ 将收敛到 λ_1 的一个特征向量, 其收敛速度取决于 $|\lambda_1 - \mu|/|\lambda_2 - \mu|$ 的大小, μ 与 λ_1 越靠近, 其收敛速度就越快.

由此可见, 从收敛速度的角度来考虑, 用迭代格式 (6.3.1) 进行迭代时, μ 取得越靠近 A 的某个特征值越好. 但是当 μ 与 A 的特征值很靠近时, $A - \mu I$ 就与一个奇异矩阵很靠近, 每迭代一步就需解一个非常病态的线性方程组. 然而, 实际计算的经验和理论分析的结果表明: $A - \mu I$ 的病态性并不影响其收敛速度, 而且当 μ 与 A 的某个特征值很靠近时, 常常只需迭代一次就可以得到相当好的近似特征向量. 为弄清这点, 我们做如下的简要分析:

假定 λ 是 A 的一个单特征值, x 是属于 λ 的单位特征向量, 并假定迭代格式 (6.3.1) 中的位移 μ 与 λ 十分靠近, 且 x 是良态的, 即 $\mathrm{cond}\,(x)$ 不是太大. 现取 $U_2 \in \mathbf{C}^{n \times (n-1)}$, 使得 $[x, U_2]$ 是酉阵, 即 U_2 的列构成 $\mathrm{span}\,\{x\}^\perp$ ($\mathrm{span}\,\{x\}^\perp$ 表示特征子空间 $\mathrm{span}\,\{x\}$ 的正交补空间) 的一组标准正交基. 由条件数的定义知

$$\mathrm{cond}\,(x) = \|U_2(\lambda I - A_2)^{-1} U_2^*\|_2 = \|(\lambda I - A_2)^{-1} U_2^*\|_2, \qquad (6.3.2)$$

其中 $A_2 = U_2^* A U_2$.

现假定给定 z_0 之后, 我们是用列主元的 Gauss 消去法求解迭代格式 (6.3.1) 中的线性方程组 $(A - \mu I)v_1 = z_0$ 的. 记计算解为 $\widehat{v}_1$, 由 Gauss 消去法的误差分析知, $\widehat{v}_1$ 满足

$$(A - \mu I - E)\widehat{v}_1 = z_0,$$

其中 E 与 $A - \mu I$ 和 z_0 有关, 但 $\|E\|_2$ 有一致的上界, 通常差不多是机器精度. 记 $e = \widehat{v}_1 - v_1 = (A - \mu I)^{-1}E\widehat{v}_1$, 并将 e 分解为

$$e = x_1 + x_2,$$

其中 $x_1 \in \mathrm{span}\,\{x\}$, $x_2 \in \mathrm{span}\,\{x\}^\perp$, 则存在 $\alpha \in \mathbf{C}$ 和 $y \in \mathbf{C}^{n-1}$, 使得

$$x_1 = \alpha x, \quad x_2 = U_2 y.$$

另一方面, 我们有

$$A - \mu I = [x, U_2] \left[\begin{array}{cc} \lambda - \mu & x^* A U_2 \\ 0 & A_2 - \mu I \end{array} \right] \left[\begin{array}{c} x^* \\ U_2^* \end{array} \right],$$

因而

$$(A - \mu I)^{-1} = [x, U_2] \left[\begin{array}{cc} \dfrac{1}{\lambda - \mu} & \dfrac{-1}{\lambda - \mu} x^* A U_2 (A_2 - \mu I)^{-1} \\ 0 & (A_2 - \mu I)^{-1} \end{array} \right] \left[\begin{array}{c} x^* \\ U_2^* \end{array} \right].$$

这样, 我们就有

$$\begin{aligned}
\alpha &= x^* e = x^* (A - \mu I)^{-1} E \widehat{v}_1 \\
&= \frac{x^*}{\lambda - \mu}[I - A U_2 (A_2 - \mu I)^{-1} U_2^*] E \widehat{v}_1, \\
y &= U_2^* e = (A_2 - \mu I)^{-1} U_2^* E \widehat{v}_1.
\end{aligned}$$

注意到

$$(A_2 - \mu I)^{-1} = (I + (\lambda - \mu)(A_2 - \lambda I)^{-1})^{-1}(A_2 - \lambda I)^{-1},$$

我们就知道, 当 μ 与 λ 十分靠近时, 有

$$s = \|(A_2 - \mu I)^{-1} U_2^*\|_2 \approx \|(A_2 - \lambda I)^{-1} U_2^*\|_2 = \mathrm{cond}\,(x).$$

因此, 在 x 良态的条件下, s 也不会太大. 于是

$$\|x_2\|_2 = \|y\|_2 \leqslant s\|E\widehat{v_1}\|_2$$

就是一个不太大的量, 但

$$|\alpha| \leqslant \frac{1}{|\lambda - \mu|}(1 + \|A\|_2 s)\|E\widehat{v_1}\|_2$$

将是一个很大的量. 换句话说, 求解线性方程组所引起的误差, 主要对其解在特征子空间 span $\{x\}$ 上投影的长度有影响, 误差越大, 其计算解在特征子空间 span $\{x\}$ 上投影就越大. 这对于我们要计算 λ 的近似特征向量而言, 是十分有利的, 因为我们关心的主要是所得向量的方向而并非它的大小.

上面的分析实质上亦表明, 在 μ 十分靠近 λ 且 x 良态的条件下, 我们只需使用一次反幂法就可得到 λ 的较好的近似特征向量. 为了说明这一点, 我们先介绍一个基本概念.

假设机器精度为 $\mathbf{u}$. 对于一个给定的 $\mu \in \mathbf{C}$, 如果存在 $E \in \mathbf{C}^{n \times n}$, 使得

$$\det(A + E - \mu I) = 0 \quad \text{且} \quad \|E\|_2 = O(\mathbf{u}),$$

则我们就说 μ 是 A 的一个**达到机器精度的近似特征值**. 同样, 对于一个给定的 $x \in \mathbf{C}^n$, 如果存在 $F \in \mathbf{C}^{n \times n}$ 满足 $\|F\|_2 = O(\mathbf{u})$, 使得 x 是 $A + F$ 的特征向量, 则我们就说 x 是 A 的一个**达到机器精度的近似特征向量**.

若 μ 是 A 的一个达到机器精度的近似特征值, 则存在 $E \in \mathbf{C}^{n \times n}$ 满足 $\|E\|_2 = O(\mathbf{u})$, 使得 $(A + E - \mu I)y = 0$ 有非零解. 设 $y \in \mathbf{C}^n$ 满足

$$(A + E - \mu I)y = 0 \quad \text{和} \quad \|y\|_2 = 1,$$

那么我们有

$$(A + E)y = \mu y \quad \text{且} \quad \|E\|_2 = O(\mathbf{u}),$$

即 y 是 A 的一个达到机器精度的近似特征向量. 换句话说, 若我们在迭代格式 (6.3.1) 中取 $z_0 = (A - \mu I)y$, 那么在精确计算的前提下, 只需迭代一次就可得到 A 的达到机器精度的特征向量. 当然, 在实际计算时我们是不会按照这种方式来选取初始向量 z_0 的, 这里只是说明一个道理, 即在适当地选取初始向量之后, 反幂法具有 "一次迭代" 性.

这里还需指出的一点是, 在 λ 比较病态时, 利用反幂法再进行第二次迭代一般不会得到更好的近似特征向量. 请看下例.

设

$$A = \begin{bmatrix} 1 & 1 \\ 10^{-10} & 1 \end{bmatrix}.$$

它有特征值 $\lambda_1 = 0.99999$ 和 $\lambda_2 = 1.00001$, 以及对应的特征向量 $x_1 = (1, -10^{-5})^T$ 和 $x_2 = (1, 10^{-5})^T$. 这两个特征值的条件数都是 10^5 数量级的. 取 $\mu = 1$, $z_0 = (0, 1)^T$, 应用反幂法迭代一次 (在 10 位 10 进制的浮点数系下进行), 则得 $z_1 = (1, 0)^T$, 并且有

$$\|Az_1 - \mu z_1\|_2 = 10^{-10}.$$

这说明 z_1 已是 A 的一个达到机器精度的近似特征向量. 但若再迭代一次将产生 $z_2 = (0, 1)^T$, 则有

$$\|Az_2 - \mu z_2\|_2 = 1.$$

最后, 我们来介绍一下在实际计算时初始向量 z_0 的两种常用的选取方法. 第一种是先利用随机数发生子程序随机地选取向量, 再将它规范化后作为初始向量 z_0. 第二种方法是所谓的 "半次迭代法": 如前所述, 用迭代格式 (6.3.1) 进行迭代时, 首先要作好 $A - \mu I$ 的 LU 分解:

$$A - \mu I = LU.$$

这里为了叙述简便起见, 我们略去了选主元的排列方阵. 那么第一次迭代为

$$LUv_1 = z_0.$$

我们选 $z_0 = Le$, 其中 e 为分量全为 1 的向量, 则为了求 v_1, 只要求解一个三角形方程组

$$Uv_1 = e.$$

这样一来, 初始向量 z_0 不需要明确给出, 而完成这一次迭代只需求解 "半次" 线性方程组.

§6.4   QR   方   法

在这一节, 我们来介绍著名的 QR 方法. QR 方法是自电子计算机问世以来矩阵计算的重大进展之一, 也是目前计算一般矩阵的全部特征值和特征向量的最有效方法之一. QR 方法是利用正交相似变换将一个给定的矩阵逐步约化为上三角阵或拟上三角阵的一种迭代方法, 其基本收敛速度是二次的, 当原矩阵实对称时, 则可达到三次收敛, 详细情况参见文献 [21].

6.4.1   基本迭代与收敛性

对给定的 $A_0 = A \in \mathbf{C}^{n \times n}$, QR 算法的基本迭代格式如下:

$$\begin{aligned} A_{m-1} &= Q_m R_m, \\ A_m &= R_m Q_m, \end{aligned} \qquad m = 1, 2, \cdots, \qquad (6.4.1)$$

其中 Q_m 为酉矩阵, R_m 为上三角阵. 为了下面的理论分析方便起见, 我们这里暂且要求 R_m 的对角元都是非负的. 由迭代格式 (6.4.1) 容易推出

$$A_m = Q_m^* A_{m-1} Q_m, \qquad (6.4.2)$$

即矩阵序列 $\{A_m\}$ 中的每一个矩阵都与原矩阵 A 相似. 反复运用 (6.4.2) 式可得

$$A_m = \widetilde{Q}_m^* A \widetilde{Q}_m, \qquad (6.4.3)$$

其中 $\widetilde{Q}_m = Q_1 Q_2 \cdots Q_m$. 将 $A_m = Q_{m+1} R_{m+1}$ 代入上式即有

$$\widetilde{Q}_m Q_{m+1} R_{m+1} = A \widetilde{Q}_m,$$

从而有

$$\widetilde{Q}_m Q_{m+1} R_{m+1} R_m \cdots R_1 = A \widetilde{Q}_m R_m \cdots R_1,$$

即

$$\widetilde{Q}_{m+1} \widetilde{R}_{m+1} = A \widetilde{Q}_m \widetilde{R}_m,$$

其中 $\widetilde{R}_k = R_k R_{k-1} \cdots R_1 \ (k = m, \, m+1)$. 由此即知

$$A^m = \widetilde{Q}_m \widetilde{R}_m. \tag{6.4.4}$$

利用 (6.4.4) 这一基本关系式, 我们可以导出 QR 算法与幂法的关系. 记 $\widetilde{R}_m$ 的元素为 γ_{ij}, $\widetilde{Q}_m$ 的第一列为 $q_1^{(m)}$, 则由 (6.4.4) 式可得

$$A^m e_1 = \gamma_{11} q_1^{(m)}.$$

所以 $q_1^{(m)}$ 可以看做对 A 用 e_1 作初始向量的幂法所得到的向量. 若 A 的模最大特征值 λ_1 与其他特征值分离, 则 $q_1^{(m)}$ 将收敛到 A 的一个属于 λ_1 的特征向量.

事实上, 在适当条件下, A_m 的所有的或大部分的对角线以下的元素都将趋向于零. 下面的定理仅叙述发生这种情况的一个易于验证的条件.

定理 6.4.1 设 A 的 n 个特征值满足 $|\lambda_1| > |\lambda_2| > \cdots > |\lambda_n| > 0$, 并设 n 阶方阵 Y 的第 i 行是 A 对应于 λ_i 的左特征向量. 如果 Y 有 LU 分解, 则由迭代格式 (6.4.1) 产生的矩阵 $A_m = \left[\alpha_{ij}^{(m)} \right]$ 的对角线以下的元素趋向于零, 同时对角元 $\alpha_{ii}^{(m)}$ 趋向于 λ_i $(i = 1, \cdots, n)$.

证明 令

$$X = Y^{-1}, \quad \Lambda = \operatorname{diag}(\lambda_1, \cdots, \lambda_n),$$

则有 $A = X\Lambda Y$. 假定 Y 的 LU 分解为 $Y = LU$, 其中 L 是单位下三角阵, U 是上三角阵. 这样, 我们有

$$\begin{aligned}
A^m &= X\Lambda^m Y = X\Lambda^m LU = X(\Lambda^m L\Lambda^{-m})\Lambda^m U \\
&= X(I + E_m)\Lambda^m U,
\end{aligned} \tag{6.4.5}$$

其中 $I+E_m = \Lambda^m L\Lambda^{-m}$. 由于 L 是单位下三角阵, 而 $|\lambda_i| < |\lambda_j|(i>j)$, 故必有

$$\lim_{m\to\infty} E_m = 0. \tag{6.4.6}$$

现在令 X 的 QR 分解为 $X = QR$. 由 X 非奇异, 我们可要求 R 的对角元均为正数. 将这一分解代入 (6.4.5) 式可得

$$A^m = QR(I+E_m)\Lambda^m U = Q(I+RE_mR^{-1})R\Lambda^m U. \tag{6.4.7}$$

当 m 充分大时, $I+RE_mR^{-1}$ 是非奇异的, 故它有如下的 QR 分解:

$$I+RE_mR^{-1} = \widehat{Q}_m\widehat{R}_m, \tag{6.4.8}$$

其中 $\widehat{R}_m$ 的对角元均为正数. 从 (6.4.6) 式和 (6.4.8) 式不难推出

$$\lim_{m\to\infty}\widehat{Q}_m = \lim_{m\to\infty}\widehat{R}_m = I. \tag{6.4.9}$$

将 (6.4.8) 式代入 (6.4.7) 式, 得

$$A^m = (Q\widehat{Q}_m)(\widehat{R}_m R\Lambda^m U),$$

即我们已找到了 A^m 的一个 QR 分解. 为了保证这一分解中上三角阵的对角元均为正数, 我们定义

$$D_1 = \mathrm{diag}\left(\frac{\lambda_1}{|\lambda_1|},\cdots,\frac{\lambda_n}{|\lambda_n|}\right),$$
$$D_2 = \mathrm{diag}\left(\frac{u_{11}}{|u_{11}|},\cdots,\frac{u_{nn}}{|u_{nn}|}\right),$$

其中 u_{ii} 是 U 的第 i 个对角元. 于是, 我们有

$$A^m = (Q\widehat{Q}_m D_1^m D_2)(D_2^{-1}D_1^{-m}\widehat{R}_m R\Lambda^m U).$$

将上式与 (6.4.4) 式比较, 并注意到 QR 分解的唯一性, 就有

$$\widetilde{Q}_m = Q\widehat{Q}_m D_1^m D_2, \quad \widetilde{R}_m = D_2^{-1}D_1^{-m}\widehat{R}_m R\Lambda^m U.$$

将上式代入 (6.4.3) 式即有

$$A_m = D_2^*(D_1^*)^m \widehat{Q}_m^* Q^* A Q \widehat{Q}_m D_1^m D_2.$$

再注意到

$$A = X\Lambda Y = X\Lambda X^{-1} = QR\Lambda R^{-1}Q^*,$$

我们就知

$$A_m = D_2^*(D_1^*)^m \widehat{Q}_m^* R\Lambda R^{-1} \widehat{Q}_m D_1^m D_2.$$

由此便可立即推出定理的结论成立. □

注 6.4.1 A_m 的上三角部分的元素并不一定收敛, 这是因为 D_1^m 的极限一般并不存在.

我们再看一个简单的例子.

例 6.4.1 考虑矩阵

$$A = \begin{bmatrix} 1.1908 & -1.0565 & -2.1707 & 0.5913 & 0.0000 & 0.7310 \\ -1.2025 & 1.4151 & -0.0592 & -0.6436 & -0.3179 & 0.5779 \\ -0.0198 & -0.8051 & -1.0106 & 0.3803 & 1.0950 & 0.0403 \\ -0.1567 & 0.5287 & 0.6145 & -1.0091 & -1.8740 & 0.6771 \\ -1.6041 & 0.2193 & 0.5077 & -0.0195 & 0.4282 & 0.5689 \\ 0.2573 & -0.9219 & 1.6924 & -0.0482 & 0.8956 & -0.2556 \end{bmatrix}.$$

利用 MATLAB 函数 eig 计算出 A 的特征值为

$$2.5019, \quad -1.3843 \pm 1.0587\mathrm{i}, \quad 0.8405 \pm 0.3275\mathrm{i}, \quad -0.6555.$$

利用 QR 方法的基本迭代格式 (6.4.1) 计算有

$$A_{20} = \begin{bmatrix} 2.5023 & 0.0336 & -0.8512 & 0.1591 & 0.1448 & -1.5539 \\ 0.0008 & -1.3059 & -1.0611 & 0.2085 & -0.3853 & -2.4557 \\ 0.0019 & 1.0623 & -1.4634 & 0.3776 & -1.6935 & 0.1746 \\ 0.0000 & 0.0005 & -0.0013 & 0.9919 & -1.5218 & -0.2357 \\ -0.0000 & -0.0000 & -0.0000 & 0.0848 & 0.7008 & -0.1890 \\ 0.0000 & -0.0000 & -0.0000 & 0.0052 & 0.0821 & -0.6670 \end{bmatrix},$$

$$A_{50} = \begin{bmatrix} 2.5019 & 0.6203 & -0.5868 & -0.1544 & 0.0643 & -1.5598 \\ 0.0000 & -1.3832 & -0.9832 & -0.4201 & -0.6822 & -1.9306 \\ 0.0000 & 1.1400 & -1.3855 & 0.6900 & 1.4757 & -1.4979 \\ 0.0000 & 0.0000 & -0.0000 & 0.1551 & -1.0859 & 0.2840 \\ -0.0000 & -0.0000 & -0.0000 & 0.5314 & 1.5259 & 0.1161 \\ 0.0000 & -0.0000 & -0.0000 & 0.0000 & 0.0000 & -0.6555 \end{bmatrix}.$$

请观察, 此时已经接近一个拟上三角阵了, 而且所有的特征值都已经显现.

6.4.2 实 Schur 标准形

由于实际应用中所遇到的大量的特征值问题都是关于实矩阵的, 因此我们自然希望设计只涉及实数运算的 QR 迭代, 即给定 $A \in \mathbf{R}^{n \times n}$, 令 $A_1 = A$, 构造迭代格式:

$$\begin{aligned} A_k &= Q_k R_k, \\ A_{k+1} &= R_k Q_k, \end{aligned} \quad k = 1, 2, \cdots, \tag{6.4.10}$$

其中 Q_k 是正交矩阵, R_k 是上三角阵.

然而, 此时由于复共轭特征值的存在, 我们自然不能再期望迭代格式 (6.4.10) 产生的 A_k 仍然逼近一个上三角阵. 那么, A_k 将会趋向于什么呢? 这就涉及一个实矩阵在正交相似变换下的标准形问题. 事实上, 我们有下面的结论.

定理 6.4.2 (实 Schur 分解)   设 $A \in \mathbf{R}^{n \times n}$, 则存在正交矩阵 $Q \in \mathbf{R}^{n \times n}$, 使得

$$Q^{\mathrm{T}} A Q = \begin{bmatrix} R_{11} & R_{12} & \cdots & R_{1m} \\ & R_{22} & \cdots & R_{2m} \\ & & \ddots & \vdots \\ & & & R_{mm} \end{bmatrix}, \tag{6.4.11}$$

其中 R_{ii} 或者是一个实数, 或者是一个具有一对复共轭特征值的 2 阶方阵.

通常称分解 (6.4.11) 为矩阵 A 的**实 Schur 分解**, 而称其右边的拟上三角阵为 A 的**实 Schur 标准形**. 显然, 只要求得一个实矩阵的实 Schur 标准形, 我们就可很容易求得它的全部特征值.

由定理 6.3.1, 我们不难想到迭代格式 (6.4.10) 产生的 A_k 应该逼近于 A 的实 Schur 标准形.

此外, (6.4.10) 作为一种实用的迭代法是没有竞争力的, 其原因有二: 一是每次迭代的运算量太大; 二是收敛速度太慢. 因此, 要想使其成为一种高效的方法, 我们必须减少其每次迭代所需的运算量, 提高其收敛速度. 这正是本节下面所要讨论的主要内容.

在下面的讨论中, 如无特别说明, 我们总假定给定的矩阵是实的.

6.4.3 上 Hessenberg 化

实际计算时, 为了减少每次迭代所需的运算量, 总是先将原矩阵 A 经相似变换约化为一个准上三角阵, 再对约化后的矩阵进行 QR 迭代.

设 $A \in \mathbf{R}^{n \times n}$. 我们希望计算一个非奇异矩阵 Q, 使得

$$\widetilde{A} = QAQ^{-1}$$

具有某种特殊形式. 很自然, 我们希望 $\widetilde{A}$ 的零元素越多越好. 首先我们来看利用 Householder 变换可以得到什么样的 $\widetilde{A}$.

对于给定的 $A = [\alpha_{ij}] \in \mathbf{R}^{n \times n}$, 第一步, 我们自然应该选取 Householder 变换 H_1, 使得 $H_1 A$ 的第一列有尽可能多的零元素 (至多只能有 $n-1$ 个零元素). 然而, 为了保证对 A 进行相似变换, 在对 A 进行了行变换之后, 必须亦对 A 进行同样的列变换, 即应将 H_1 亦右乘于 $H_1 A$ 上变为

$$H_1 A H_1.$$

这样, 为了保证已在 $H_1 A$ 的第一列所出现的零元素不至于在右乘 H_1 时被破坏掉, 我们应该选取 H_1 具有如下形状:

$$H_1 = \begin{bmatrix} 1 & 0 \\ 0 & \widetilde{H}_1 \end{bmatrix} \begin{matrix} 1 \\ n-1 \end{matrix}. \qquad (6.4.12)$$
$$\begin{matrix} 1 & n-1 \end{matrix}$$

利用形如 (6.4.12) 式的 Householder 变换对 A 进行相似变换即有

$$H_1 A H_1 = \begin{bmatrix} \alpha_{11} & a_2^{\mathrm{T}} \widetilde{H}_1 \\ \widetilde{H}_1 a_1 & \widetilde{H}_1 A_{22} \widetilde{H}_1 \end{bmatrix}, \tag{6.4.13}$$

其中 $a_1^{\mathrm{T}} = (\alpha_{21}, \alpha_{31}, \cdots, \alpha_{n1})$, $a_2^{\mathrm{T}} = (\alpha_{12}, \alpha_{13}, \cdots, \alpha_{1n})$, A_{22} 是 A 的右下角的 $n-1$ 阶主子阵. 由 (6.4.13) 式易知, Householder 变换 $\widetilde{H}_1$ 的最佳选择应该使得

$$\widetilde{H}_1 a_1 = p e_1, \tag{6.4.14}$$

其中 $p \in \mathbf{R}$, e_1 是 $n-1$ 阶单位矩阵的第一列. 这样一来, 就可选取形如 (6.4.12) 式的 Householder 变换 H_1, 使得 $H_1 A H_1$ 的第一列有 $n-2$ 个零元素.

然后, 对 $\widetilde{A}_{22} = \widetilde{H}_1 A_{22} \widetilde{H}_1$ 进行同样的考虑, 又可找到 Householder 变换

$$\widetilde{H}_2 = \begin{bmatrix} 1 & 0 \\ 0 & \widehat{H}_2 \end{bmatrix},$$

使得

$$(\widetilde{H}_2 \widetilde{A}_{22} \widetilde{H}_2) e_1 = \begin{bmatrix} * \\ * \\ 0 \\ \vdots \\ 0 \end{bmatrix}.$$

于是, 令

$$H_2 = \begin{bmatrix} 1 & 0 \\ 0 & \widetilde{H}_2 \end{bmatrix},$$

即有

$$H_2 H_1 A H_1 H_2 = \left[\begin{array}{cc|c} h_{11} & h_{12} & \\ h_{21} & h_{22} & * \\ 0 & h_{32} & \\ \hline & 0 & * \end{array} \right].$$

如此进行 $n-2$ 步, 就可找到 $n-2$ 个 Householder 变换 $H_1, \cdots, H_{n-2}$, 使得

$$H_{n-2} \cdots H_1 A H_1 \cdots H_{n-2} = H,$$

其中 $H = [h_{ij}]$ 满足

$$h_{ij} = 0, \quad i > j+1,$$

即

$$H = \begin{bmatrix} h_{11} & h_{12} & h_{13} & \cdots & h_{1,n-1} & h_{1n} \\ h_{21} & h_{22} & h_{23} & \cdots & h_{2,n-1} & h_{2n} \\ & h_{32} & h_{33} & \cdots & h_{3,n-1} & h_{3n} \\ & & \ddots & \ddots & \vdots & \vdots \\ & & & \ddots & \ddots & \vdots \\ & & & & h_{n,n-1} & h_{nn} \end{bmatrix}. \tag{6.4.15}$$

通常称形如 (6.4.15) 式的矩阵为**上 Hessenberg 矩阵**.

现在令

$$Q_0 = H_1 H_2 \cdots H_{n-2},$$

则有

$$Q_0^{\mathrm{T}} A Q_0 = H. \tag{6.4.16}$$

通常称分解式 (6.4.16) 为 A 的**上 Hessenberg 分解**.

总结上面利用 Householder 变换约化一个矩阵为上 Hessenberg 矩阵的方法可得如下的实用算法:

算法 6.4.1 (计算上 Hessenberg 分解: **Householder 变换法**)

for $k = 1 : n-2$

    $[v, \beta] = \mathbf{house}(A(k+1:n, k))$

    $A(k+1:n, k:n) = (I - \beta v v^{\mathrm{T}}) A(k+1:n, k:n)$

    $A(1:n, k+1:n) = A(1:n, k+1:n)(I - \beta v v^{\mathrm{T}})$

end

这一算法计算出的上 Hessenberg 矩阵就存放在 A 所对应的存储单元内, 运算量为 $10n^3/3$; 如果需要累积 $Q_0 = H_1 \cdots H_{n-2}$, 则还需要再增加运算量 $4n^3/3$.

此外, 上述算法计算得到的上 Hessenberg 矩阵 $\widehat{H}$ 满足

$$\widehat{H} = Q^{\mathrm{T}}(A + E)Q,$$

其中 Q 是正交矩阵, $\|E\|_F \leqslant cn^2\|A\|_F \mathbf{u}$, 这里 c 是一常数, $\mathbf{u}$ 是机器精度. 详见文献 [21].

当然, 我们亦可用 Givens 变换将 A 约化为上 Hessenberg 矩阵, 一般所需要的运算量大约是算法 6.4.1 的二倍. 但是, 如果 A 有较多的零元素, 则适当安排 Givens 变换的次序, 可使运算量大为减少. 另外, 为了节省运算量, 也可采用列主元的 Gauss 消去法将 A 约化为上 Hessenberg 矩阵. 不过这样做, 虽然运算量少, 但数值稳定性较差.

尽管一般来讲上 Hessenberg 分解是不唯一的, 然而我们可以证明下面的结论:

定理 6.4.3　设 $A \in \mathbf{R}^{n \times n}$ 有如下两个上 Hessenberg 分解:

$$U^{\mathrm{T}}AU = H, \quad V^{\mathrm{T}}AV = G, \tag{6.4.17}$$

其中 $U = [u_1, u_2, \cdots, u_n]$ 和 $V = [v_1, v_2, \cdots, v_n]$ 是 n 阶正交矩阵, $H = [h_{ij}]$ 和 $G = [g_{ij}]$ 是上 Hessenberg 矩阵. 若 $u_1 = v_1$, 而且 H 的次对角元 $h_{i+1,i}$ 均不为零, 则存在对角元均为 1 或 -1 的对角阵 D, 使得

$$U = VD, \quad H = DGD. \tag{6.4.18}$$

证明　假定对某个 m $(1 \leqslant m < n)$ 已证

$$u_j = \varepsilon_j v_j, \quad j = 1, \cdots, m, \tag{6.4.19}$$

其中 $\varepsilon_1 = 1$, $\varepsilon_j = 1$ 或 -1. 下面来证: 存在 $\varepsilon_{m+1} = 1$ 或 -1, 使得

$$u_{m+1} = \varepsilon_{m+1} v_{m+1}.$$

从 (6.4.17) 式可得

$$AU = UH, \quad AV = VG.$$

分别比较上面两个矩阵等式的第 m 列, 可得

$$Au_m = h_{1m}u_1 + \cdots + h_{mm}u_m + h_{m+1,m}u_{m+1}, \tag{6.4.20}$$

$$Av_m = g_{1m}v_1 + \cdots + g_{mm}v_m + g_{m+1,m}v_{m+1}. \tag{6.4.21}$$

分别在 (6.4.20) 式和 (6.4.21) 式两边左乘 u_i^{T} 和 v_i^{T}, 可得

$$h_{im} = u_i^{\mathrm{T}}Au_m, \quad g_{im} = v_i^{\mathrm{T}}Av_m, \quad i = 1, \cdots, m,$$

再利用 (6.4.19) 式就有

$$h_{im} = \varepsilon_i \varepsilon_m g_{im}, \quad i = 1, \cdots, m. \tag{6.4.22}$$

将 (6.4.22) 式代入 (6.4.20) 式, 并利用 (6.4.19) 式和 (6.4.21) 式, 可得

$$\begin{aligned}
h_{m+1,m}u_{m+1} &= \varepsilon_m\big(Av_m - \varepsilon_1^2 g_{1m}v_1 - \cdots - \varepsilon_m^2 g_{mm}v_m\big) \\
&= \varepsilon_m\big(Av_m - g_{1m}v_1 - \cdots - g_{mm}v_m\big) \\
&= \varepsilon_m g_{m+1,m}v_{m+1}.
\end{aligned} \tag{6.4.23}$$

由此即知

$$|h_{m+1,m}| = |g_{m+1,m}|.$$

而 $h_{m+1,m} \neq 0$, 故 (6.4.23) 式蕴涵着

$$u_{m+1} = \varepsilon_{m+1}v_{m+1},$$

其中 $\varepsilon_{m+1} = 1$ 或 -1.

因此, 由归纳法原理即知定理得证. $\qquad\square$

一个上 Hessenberg 矩阵 $H = [h_{ij}]$, 如果其次对角元均不为零, 即 $h_{i+1,i} \neq 0 \ (i = 1, \cdots, n-1)$, 则称它是**不可约的**. 上述定理表明: 如果 $Q^{\mathrm{T}}AQ = H$ 为不可约的上 Hessenberg 矩阵, 其中 Q 为正交矩阵, 则 Q 和 H 完全由 Q 的第一列确定 (这里是在相差一个正负号的意义下的唯一).

现在假定 $H \in \mathbf{R}^{n \times n}$ 是上 Hessenberg 矩阵, 我们来考虑对 H 进行一次 QR 迭代的具体实现问题. 第一步是计算 H 的 QR 分解. 由于 H 的特殊性, 这一步可用 $n - 1$ 个平面旋转变换来完成, 其具体计

算细节可从下面 5 阶矩阵的例子中明白. 设 $n = 5$, 并假定我们已经确定了两个平面旋转变换 P_{12} 和 P_{23}, 使得 $P_{23}P_{12}H$ 有如下形状:

$$P_{23}P_{12}H = \begin{bmatrix} \times & \times & \times & \times & \times \\ & \times & \times & \times & \times \\ & & h_{33} & \times & \times \\ & & h_{43} & \times & \times \\ & & & \times & \times \end{bmatrix}.$$

然后在 $(3, 4)$ 坐标平面内选择平面旋转变换 P_{34}, 使得 $P_{34}P_{23}P_{12}H$ 的 $(4, 3)$ 位置上的元素为零, 即确定 $P_{34} = G(3, 4, \theta_3)$, 使得旋转角 θ_3 满足

$$\begin{bmatrix} \cos\theta_3 & \sin\theta_3 \\ -\sin\theta_3 & \cos\theta_3 \end{bmatrix} \begin{bmatrix} h_{33} \\ h_{43} \end{bmatrix} = \begin{bmatrix} \times \\ 0 \end{bmatrix}.$$

这样, $P_{34}P_{23}P_{12}H$ 就有如下形状:

$$P_{34}P_{23}P_{12}H = \begin{bmatrix} \times & \times & \times & \times & \times \\ & \times & \times & \times & \times \\ & & \times & \times & \times \\ & & & \times & \times \\ & & & \times & \times \end{bmatrix}.$$

由此不难看出, 对于一般的 n 阶上 Hessenberg 矩阵 H, 我们可以确定 $n-1$ 个平面旋转变换 $P_{12}, P_{23}, \cdots, P_{n-1,n}$, 使得

$$P_{n-1,n}P_{n-2,n-1}\cdots P_{12}H = R$$

是上三角阵. 令 $Q = (P_{n-1,n}, P_{n-2,n-1}, \cdots, P_{12})^{\mathrm{T}}$, 则 $H = QR$, 即这样就已完成了 H 的 QR 分解. 要完成一次 QR 迭代, 我们还需计算

$$\widetilde{H} = RQ = RP_{12}^{\mathrm{T}}P_{23}^{\mathrm{T}}\cdots P_{n-1,n}^{\mathrm{T}}.$$

由于 P_{12} 是 $(1,2)$ 坐标平面内的旋转变换, 因此 RP_{12}^{T} 仅有前两列与 R 不同, 而 RP_{12}^{T} 的前两列由 R 的前两列的线性组合构成, R 又是

上三角阵, 故 RP_{12}^{T} 必有如下形状 ($n=5$ 的情形):

$$RP_{12}^{\mathrm{T}} = \begin{bmatrix} \times & \times & \times & \times & \times \\ \times & \times & \times & \times & \times \\ & & \times & \times & \times \\ & & & \times & \times \\ & & & & \times \end{bmatrix}.$$

同样, P_{23} 是 (2,3) 坐标平面内的旋转变换, $RP_{12}^{\mathrm{T}}P_{23}^{\mathrm{T}}$ 仅有第二和第三列与 RP_{12}^{T} 不同, 它们是 RP_{12}^{T} 的第二和第三列的线性组合, 故 $RP_{12}^{\mathrm{T}}P_{23}^{\mathrm{T}}$ 有如下形状 ($n=5$ 的情形):

$$RP_{12}^{\mathrm{T}}P_{23}^{\mathrm{T}} = \begin{bmatrix} \times & \times & \times & \times & \times \\ \times & \times & \times & \times & \times \\ & \times & \times & \times & \times \\ & & & \times & \times \\ & & & & \times \end{bmatrix}.$$

如此进行下去, 最后我们得到的 $\widetilde{H}$ 仍是一个上 Hessenberg 矩阵. 而且不难算出, 这样进行的一次 QR 迭代的运算量是 $O(n^2)$. 注意, 对一般方阵进行的一次 QR 迭代的运算量是 $O(n^3)$.

6.4.4 带原点位移的 QR 迭代

从定理 6.4.1 已经知道, 基本的 QR 算法是线性收敛的, 其收敛速度取决于特征值之间的分离程度. 为了加速其收敛速度, 类似于反幂法, 可引进原点位移. 设第 m 步迭代的位移为 μ_m, 则**带原点位移的 QR 迭代格式**如下:

$$H_m - \mu_m I = Q_m R_m,$$
$$H_{m+1} = R_m Q_m + \mu_m I,$$

这里 $H_0 = H \in \mathbf{R}^{n\times n}$ 是给定的上 Hessenberg 矩阵.

现在来讨论位移的选取. 由于 H_m 为上 Hessenberg 矩阵, 故其最后一行仅有两个非零元素 $h_{n,n-1}^{(m)}$ 和 $h_{nn}^{(m)}$. 若 QR 算法收敛, 则当 m

充分大时, $h_{n,n-1}^{(m)}$ 就很小, 因而 $h_{nn}^{(m)}$ 就接近于 H 的一个特征值. 这样, 根据从反幂法所得到的经验, 我们可选取位移为 $\mu_m = h_{nn}^{(m)}$. 事实上, 对于这样选取的位移, 可以证明, 若 $h_{n,n-1}^{(m)} = \varepsilon$ 很小的话, 则经一次带原点位移的 QR 迭代后, 成立

$$h_{n,n-1}^{(m+1)} = O(\varepsilon^2). \tag{6.4.24}$$

显然, 这只需考察 $H_m - h_{nn}^{(m)}I$ 的右下角的 2×2 子矩阵 H_{m2} 的变化即可. 由前面的讨论可知, 将 $H_m - h_{nn}^{(m)}I$ 约化成上三角阵需 $n-1$ 步. 现假定前面 $n-2$ 步已经完成, 此时的 H_{m2} 变为

$$\widetilde{H}_{m2} = \begin{bmatrix} \alpha & \beta \\ \varepsilon & 0 \end{bmatrix},$$

这是因为前 $n-2$ 步不改变 $H_m - h_{nn}^{(m)}I$ 的最后一行. 约化的第 $n-1$ 步就是要消去 ε, 即确定 $c = \cos\theta$ 和 $s = \sin\theta$, 使得

$$\begin{bmatrix} c & s \\ -s & c \end{bmatrix} \begin{bmatrix} \alpha \\ \varepsilon \end{bmatrix} = \begin{bmatrix} \sigma \\ 0 \end{bmatrix}.$$

从平面旋转变换的确定方法易知, 此处

$$c = \frac{\alpha}{\sigma}, \quad s = \frac{\varepsilon}{\sigma}, \quad \sigma = \sqrt{\alpha^2 + \varepsilon^2}.$$

这样, 通过简单的计算可知

$$h_{n,n-1}^{(m+1)} = -s^2\beta = -\frac{\beta}{\sigma^2}\varepsilon^2,$$

即 (6.4.24) 式成立.

我们看到通过原点位移, 特征值的渐近收敛速度从线性收敛加速而变成二次收敛. 为了对这一特性有一个更直观的了解, 请看下例.

例 6.4.2   仍然考虑例 6.4.1 中的矩阵 A. 先利用算法 6.4.1 把 A 化成如下的上 Hessenberg 矩阵:

$$H_0 = \begin{bmatrix} 1.1908 & 0.6949 & 1.1490 & 0.8047 & -0.9461 & -1.8347 \\ 2.0274 & 0.4670 & 0.7948 & -1.1422 & -0.0960 & -0.4707 \\ 0 & 1.4574 & -1.1917 & 1.1450 & 1.1027 & 0.8541 \\ 0 & 0 & -1.0071 & -0.2592 & 0.3131 & 1.1928 \\ 0 & 0 & 0 & 1.5778 & 1.1579 & -0.8187 \\ 0 & 0 & 0 & 0 & -0.5076 & -0.6060 \end{bmatrix}.$$

然后, 再取位移 μ_m 为 H_m 的右下角元素进行带原点位移的 QR 迭代, 可得

$$H_3 = \begin{bmatrix} 2.5212 & -0.4136 & 0.5059 & 0.0026 & -0.2718 & 1.6348 \\ 0.2821 & -0.4943 & 0.9212 & -1.2298 & 2.1334 & -0.6914 \\ 0 & 1.1763 & -0.1695 & -0.2952 & -0.0202 & -0.7299 \\ 0 & 0 & -1.7406 & -0.6329 & -0.9481 & -2.1807 \\ 0 & 0 & 0 & 0.5160 & 0.1899 & 0.2437 \\ 0 & 0 & 0 & 0 & -0.0000 & -0.6555 \end{bmatrix}.$$

注意: 只进行了 3 步带原点位移的 QR 迭代, 就已经有一个特征值 -0.6555 显现. 对比例 6.4.1 中不带位移的 QR 迭代, 迭代 20 步之后还没有一个特征值收敛, 可见位移的加速收敛作用是显著的. 其实, 在上述的迭代过程中上 Hessenberg 化也在一定程度上起到了加速收敛的作用.

6.4.5 双重步位移的 QR 迭代

上面所讨论的带原点位移的 QR 迭代存在严重的缺点: 若 A 具有复共轭特征值, 则实位移一般并不能起到加速的作用. 为了克服这一缺点, 我们下面来介绍**双重步位移的 QR 迭代**, 其基本思想是将两步带原点位移的 QR 迭代合并为一步, 以避免复数运算.

设 $A \in \mathbf{R}^{n \times n}$, 考察如下的迭代格式:

$$\begin{cases} H_1 = Q_0^{\mathrm{T}} A Q_0, & (\text{上 Hessenberg 分解}) \\ H_k - \mu_k I = Q_k R_k, & (\text{QR 分解}) \\ H_{k+1} = R_k Q_k + \mu_k I, & k = 1, 2, \cdots. \end{cases} \tag{6.4.25}$$

不失一般性, 我们可以假定迭代格式 (6.4.25) 中出现的上 Hessenberg 矩阵都是不可约的. 若不然, 在迭代的某一步, 已有

$$H_k = \begin{bmatrix} H_{11}^{(k)} & * \\ 0 & H_{22}^{(k)} \end{bmatrix},$$

我们可以分别对 $H_{11}^{(k)}$ 和 $H_{22}^{(k)}$ 进行 QR 迭代即可.

大家已经知道, 在一定条件下取位移 $\mu_k = h_{nn}^{(k)}$ 可起到加速收敛的作用. 然而, 大家也熟知实矩阵可以有复特征值. 这样, 假如 H_k 的尾部 2×2 子矩阵

$$G_k = \begin{bmatrix} h_{mm}^{(k)} & h_{mn}^{(k)} \\ h_{nm}^{(k)} & h_{nn}^{(k)} \end{bmatrix}, \quad m = n - 1$$

有一对复共轭特征值 μ_1 和 μ_2 时, 我们就不能期望 $h_{nn}^{(k)}$ 最终收敛于 A 的某个特征值, 因而此种情形再取位移为 $\mu_k = h_{nn}^{(k)}$ 就完全起不到加速收敛的作用. 为了加速收敛, 此时我们自然应该取 μ_1 或 μ_2 作位移. 但这样一来就必须涉及复数运算, 而这又是我们所不希望的. 为了避免复运算的出现, 人们想到用 μ_1 和 μ_2 连续作两次位移, 即进行如下的迭代:

$$H - \mu_1 I = U_1 R_1, \quad H_1 = R_1 U_1 + \mu_1 I,$$
$$H_1 - \mu_2 I = U_2 R_2, \quad H_2 = R_2 U_2 + \mu_2 I,$$

这里我们记 $H = H_k$. 对上面迭代所产生的矩阵进行一些简单的推算, 可得

$$M = QR, \tag{6.4.26}$$
$$H_2 = Q^* H Q, \tag{6.4.27}$$

其中

$$M = (H - \mu_1 I)(H - \mu_2 I), \tag{6.4.28}$$
$$Q = U_1 U_2, \quad R = R_2 R_1. \tag{6.4.29}$$

由 (6.4.28) 式可得

$$M = H^2 - sH + tI, \tag{6.4.30}$$

其中

$$s = \mu_1 + \mu_2 = h_{mm}^{(k)} + h_{nn}^{(k)} \in \mathbf{R},$$

$$t = \mu_1 \mu_2 = \det G_k \in \mathbf{R}.$$

因此 M 是一个实矩阵; 而且如果 μ_1 和 μ_2 均不是 H 的特征值, 并假定在迭代过程中选取 R_1 和 R_2 的对角元均为正数, 则由 (6.4.26) 式可推知, Q 亦是实的. 故由 (6.4.27) 式知 H_2 也是实的. 这也就是说, 在没有误差的情况下, 用 μ_1 或 μ_2 连续作两次位移进行 QR 迭代产生的 H_2 仍是实的上 Hessenberg 矩阵. 但是, 实际计算时, 由于舍入误差的影响, 如此得到的 H_2 一般并不一定是实的. 为了确保计算得到的 H_2 仍是实的, 根据 (6.4.26) 式和 (6.4.27) 式, 我们自然想到按如下的步骤来计算 H_2:

(1) 计算 $M = H^2 - sH + tI$;

(2) 计算 M 的 QR 分解: $M = QR$;

(3) 计算 $H_2 = Q^{\mathrm{T}} H Q$.

然而, 如此计算的第一步形成 M 的运算量就是 $O(n^3)$. 当然, 这是我们不希望的. 幸运的是, 定理 6.4.3 告诉我们: 不论采用什么样的方法去求正交矩阵 $\widetilde{Q}$, 使得 $\widetilde{Q}^{\mathrm{T}} H \widetilde{Q} = \widetilde{H}_2$ 是上 Hessenberg 矩阵, 只要保证 $\widetilde{Q}$ 的第一列与 Q 的第一列一样, 则 $\widetilde{H}_2$ 就与 H_2 本质上是一样的 (所有元素的绝对值都相等). 当然, 这需要 H_2 是不可约的来加以保证. 因此, 只要 H_2 是不可约的, 我们就可有很大的自由度去寻求更有效的方法来实现由 H 到 H_2 的变换. 下面的定理给出 H_2 不可约的条件.

定理 6.4.4 若 H 是不可约的上 Hessenberg 矩阵, 且 μ_1 和 μ_2 均非 H 的特征值, 则 H_2 也是不可约的上 Hessenberg 矩阵.

证明 用反证法. 记 $H_2 = [\widetilde{h}_{ij}]$, 并假定存在 $r (1 \leqslant r \leqslant n-1)$, 使得 $\widetilde{h}_{r+1,r} = 0$, 而 $\widetilde{h}_{i+1,i} \neq 0$ $(i = 1, \cdots, r-1)$. 比较等式 $HQ = QH_2$ 两边矩阵的前 r 列, 得

$$Hq_j = \widetilde{h}_{1j}q_1 + \cdots + \widetilde{h}_{jj}q_j + \widetilde{h}_{j+1,j}q_{j+1}, \quad j = 1, \cdots, r-1,$$

$$Hq_r = \widetilde{h}_{1r}q_1 + \widetilde{h}_{2r}q_2 + \cdots + \widetilde{h}_{rr}q_r.$$

由此可得

$$\left(\alpha_0 I + \alpha_1 H + \cdots + \alpha_r H^r\right)q_1 = 0, \tag{6.4.31}$$

其中

$$\alpha_r = \left(\widetilde{h}_{21}\widetilde{h}_{32}\cdots\widetilde{h}_{r,r-1}\right)^{-1} \neq 0.$$

由 $M = QR$, 得

$$q_1 = r_{11}^{-1}Me_1.$$

将其代入 (6.4.31) 式, 并注意到 M 也是 H 的多项式, 就有

$$My = 0, \tag{6.4.32}$$

其中

$$y = \left(\alpha_0 I + \alpha_1 H + \cdots + \alpha_r H^r\right)e_1.$$

记 $H = [h_{ij}]$, 并注意到 H 是不可约的上 Hessenberg 矩阵, 直接计算可知 y 的第 $r+1$ 个分量为

$$\alpha_r h_{21}h_{32}\cdots h_{r+1,r} \neq 0,$$

也就是说方程组 (6.4.32) 有非零解, 而这与 μ_1 和 μ_2 均非 H 的特征值蕴涵着 M 非奇异矛盾.   □

基于定理 6.4.1 和定理 6.4.4, 我们可以从另外的途径来实现 H 到 H_2 的变换. 首先, 我们从 (6.4.26) 式知, Q 的第一列与 M 的第一列共线 (其实 Q 的第一列就相当于由 M 的第一列单位化而得到的). 而由 (6.4.30) 式容易算出

$$Me_1 = (\xi_1, \xi_2, \xi_3, 0, \cdots, 0)^{\mathrm{T}},$$

其中

$$\xi_1 = (h_{11}^{(k)})^2 + h_{12}^{(k)}h_{21}^{(k)} - sh_{11}^{(k)} + t,$$
$$\xi_2 = h_{21}^{(k)}\left(h_{11}^{(k)} + h_{22}^{(k)} - s\right),$$
$$\xi_3 = h_{21}^{(k)}h_{32}^{(k)}.$$

其次, 如果 Householder 变换 P_0 将 Me_1 变为 αe_1 $(\alpha\in\mathbf{R})$, 则 P_0 的第一列与 Me_1 共线, 从而 P_0 的第一列就可作为 Q 的第一列, 即 $P_0e_1 = Qe_1$. 而由关于 Householder 变换的理论知, P_0 可以按如下方式确定:

$$P_0 = \operatorname{diag}(\widetilde{P}_0, I_{n-3}),$$

其中

$$\widetilde{P}_0 = I_3 - \beta vv^{\mathrm{T}}, \quad v = \begin{bmatrix} \xi_1 - \alpha \\ \xi_2 \\ \xi_3 \end{bmatrix},$$

$$\alpha = \left(\xi_1^2 + \xi_2^2 + \xi_3^2\right)^{\frac{1}{2}}, \quad \beta = 2/(v^{\mathrm{T}}v).$$

现令

$$B = P_0HP_0,$$

则我们只要能够找到第一列为 e_1 的正交矩阵 $\widetilde{Q}$, 使得 $\widetilde{Q}^{\mathrm{T}}B\widetilde{Q} = \widetilde{H}_2$ 为上 Hessenberg 矩阵, 那么 $\widetilde{H}_2$ 就是我们希望得到的 H_2. 由本节所介绍的约化一个矩阵为上 Hessenberg 矩阵的方法可知, 这是容易办到的. 其实只需确定 $n-1$ 个 Householder 变换 $P_1, P_2, \cdots, P_{n-1}$, 使得

$$P_{n-1}\cdots P_1BP_1\cdots P_{n-1} = \widetilde{H}$$

为上 Hessenberg 矩阵, 则 $\widetilde{Q} = P_1\cdots P_{n-1}$ 的第一列就为 e_1. 而且由于 B 所具有的特殊性, 实现这一约化过程所需的运算量仅为 $O(n^2)$.

事实上, 由于用 P_0 将 H 相似变换为 B 只改变了 H 的前三行和前三列, 故 B 有如下形状:

$$B = P_0HP_0 = \begin{bmatrix} \times & \times & \times & \times & \cdots & \times & \times \\ \times & \times & \times & \times & \cdots & \times & \times \\ + & \times & \times & \times & \cdots & \times & \times \\ + & + & \times & \times & \cdots & \times & \times \\ & & & \times & \cdots & \times & \times \\ & & & & \ddots & \vdots & \vdots \\ & & & & & \times & \times \end{bmatrix},$$

仅比上 Hessenberg 矩阵多三个可能的非零元素 "+". 由 B 的这种特殊性易知, 用来约化 B 为上 Hessenberg 矩阵的第一个 Householder 变换 P_1 具有如下形状:

$$P_1 = \mathrm{diag}\,(1,\ \widetilde{P}_1,\ I_{n-4}),$$

其中 $\widetilde{P}_1$ 为 3 阶 Householder 变换, 而且 $P_1 B P_1$ 具有如下形状:

$$P_1 B P_1 = \begin{bmatrix} \times & \times & \times & \times & \times & \cdots & \times & \times \\ \times & \times & \times & \times & \times & \cdots & \times & \times \\ & \times & \times & \times & \times & \cdots & \times & \times \\ & + & \times & \times & \times & \cdots & \times & \times \\ & + & + & \times & \times & \cdots & \times & \times \\ & & & & \times & \cdots & \times & \times \\ & & & & & \ddots & \vdots & \vdots \\ & & & & & & \times & \times \end{bmatrix}.$$

一般地, 第 k 次约化所用的 Householder 变换 P_k 具有如下形状:

$$P_k = \mathrm{diag}\,(I_k,\ \widetilde{P}_k,\ I_{n-k-3}), \quad k = 1, \cdots, n-3,$$

其中 $\widetilde{P}_k$ 为 3 阶 Householder 变换, 而且 $P_{n-3} \cdots P_1 B P_1 \cdots P_{n-3}$ 具有如下形状:

$$P_{n-3} \cdots P_1 B P_1 \cdots P_{n-3} = \begin{bmatrix} \times & \cdots & \times & \times & \times \\ \times & \cdots & \times & \times & \times \\ & \ddots & \vdots & \vdots & \vdots \\ & & \times & \times & \times \\ & & + & \times & \times \end{bmatrix}.$$

因此, 最后一次约化所用的 Householder 变换 P_{n-2} 具有如下形状:

$$P_{n-2} = \mathrm{diag}\,(I_{n-2},\ \widetilde{P}_{n-2}),$$

其中 $\widetilde{P}_{n-2}$ 为 2 阶 Householder 变换.

综述上面的讨论, 就得到了著名的 Francis 双重步位移的 QR 迭代算法:

算法 6.4.2 (双重步位移的 QR 迭代)

$m = n - 1$

$s = H(m, m) + H(n, n)$

$t = H(m, m)H(n, n) - H(m, n)H(n, m)$

$x = H(1, 1)H(1, 1) + H(1, 2)H(2, 1) - sH(1, 1) + t$

$y = H(2, 1)\big(H(1, 1) + H(2, 2) - s\big)$

$z = H(2, 1)H(3, 2)$

for $k = 0 : n - 3$

  $[v, \beta] = \textbf{house}([x, y, z]^{\mathrm{T}})$

  $q = \max\{1, k\}$

  $H(k+1 : k+3, \, q : n) = (I - \beta vv^{\mathrm{T}})H(k+1 : k+3, \, q : n)$

  $r = \min\{k+4, n\}$

  $H(1 : r, \, k+1 : k+3) = H(1 : r, \, k+1 : k+3)(I - \beta vv^{\mathrm{T}})$

  $x = H(k+2, k+1)$

  $y = H(k+3, k+1)$

  if $k < n - 3$

    $z = H(k+4, k+1)$

  end

end

$[v, \beta] = \textbf{house}([x, y]^{\mathrm{T}})$

$H(n-1 : n, \, n-2 : n) = (I - \beta vv^{\mathrm{T}})H(n-1 : n, \, n-2 : n)$

$H(1 : n, \, n-1 : n) = H(1 : n, \, n-1 : n)(I - \beta vv^{\mathrm{T}})$

该算法的运算量为 $10n^2$. 如果需要累积正交变换, 则还需再增加运算量 $10n^2$.

6.4.6 隐式 QR 算法

前面的讨论已经解决了用 QR 方法求一个给定的实矩阵的实 Schur 标准形的几个关键的问题. 然而, 作为一种实用的算法, 还需给出一种有效的判定准则, 来判定迭代过程中所产生的上 Hessenberg 矩阵的次对角元何时可以忽略不计. 一种简单而实用的准则是, 当

$$|h_{i+1,i}| \leqslant (|h_{ii}| + |h_{i+1,i+1}|)\mathbf{u}$$

时, 就将 $h_{i+1,i}$ 看做零. 这样做的理由是, 在前面约化 A 为上 Hessenberg 矩阵时就已经引进了量级为 $\|A\|_F\mathbf{u}$ 的误差.

综合上面的讨论, 就得到如下的隐式 QR 算法. 该算法是计算一个给定的 n 阶实矩阵 A 的实 Schur 分解: $Q^{\mathrm{T}}AQ = T$, 其中 Q 是正交矩阵, T 为拟上三角阵, 即对角块为 1×1 或 2×2 方阵的块上三角阵, 而且每个 2×2 的对角块必有一对复共轭特征值.

算法 6.4.3 (计算实矩阵的实 Schur 分解: **隐式 QR 算法**)

(1) 输入 A.

(2) 上 Hessenberg 化: 用算法 6.4.1 计算 A 的上 Hessenberg 分解, 得 $H = U_0^{\mathrm{T}}AU_0$; $Q = U_0$.

(3) 收敛性判定:

(i) 把所有满足条件

$$|h_{i,i-1}| \leqslant (|h_{ii}| + |h_{i-1,i-1}|)\mathbf{u}$$

的 $h_{i,i-1}$ 置零.

(ii) 确定最大的非负整数 m 和最小的非负整数 l, 使得

$$H = \begin{bmatrix} H_{11} & H_{12} & H_{13} \\ 0 & H_{22} & H_{23} \\ 0 & 0 & H_{33} \end{bmatrix} \begin{matrix} l \\ n-l-m \\ m \end{matrix},$$
$$\quad\quad l \quad\ n-l-m \ \ m$$

其中 H_{33} 为拟上三角阵, 而 H_{22} 为不可约的上 Hessenberg 矩阵.

(iii) 如果 $m = n$, 则输出有关信息, 结束; 否则进行下一步.

(4) QR 迭代: 对 H_{22} 用算法 6.4.2 迭代一次得

$$H_{22} = P^{\mathrm{T}}H_{22}P, \quad P = P_0 P_1 \cdots P_{n-m-l-2}.$$

(5) 计算

$$Q = Q\mathrm{diag}\,(I_l,\, P,\, I_m), \quad H_{12} = H_{12}P, \quad H_{23} = P^{\mathrm{T}}H_{23},$$

然后转步 (3).

实际计算的统计表明, 这一算法每分离出一个 1×1 或 2×2 子矩阵平均约需 2 次 QR 迭代. 因此, 如果只计算特征值, 则运算量平均约为 $10n^3$; 如果 Q 和 T 都需要, 则运算量平均约为 $25n^3$.

例 6.4.3   应用算法 6.4.3 于矩阵

$$H = \begin{bmatrix} 2 & 3 & 4 & 5 & 6 \\ 4 & 4 & 5 & 6 & 7 \\ 0 & 3 & 6 & 7 & 8 \\ 0 & 0 & 2 & 8 & 9 \\ 0 & 0 & 0 & 1 & 10 \end{bmatrix},$$

其次对角元收敛情况如表 6.1 所示. 注意观察其次对角元的二次收敛性.

表   6.1

迭代次数	$O(|h_{21}|)$	$O(|h_{32}|)$	$O(|h_{43}|)$	$O(|h_{54}|)$
1	10^0	10^0	10^0	10^0
2	10^0	10^0	10^0	10^0
3	10^0	10^0	10^{-1}	10^0
4	10^0	10^0	10^{-3}	10^{-3}
5	10^0	10^0	10^{-6}	10^{-5}
6	10^{-1}	10^0	10^{-13}	10^{-13}
7	10^{-1}	10^0	10^{-28}	10^{-13}
8	10^{-4}	10^0	收敛	收敛
9	10^{-8}	10^0		
10	10^{-8}	10^0		
11	10^{-16}	10^0		
12	10^{-32}	10^0		
13	收敛	收敛		

误差分析的结果表明, 算法 6.4.3 所得到的实 Schur 标准形 $\widehat{T}$ 正交相似于一个非常靠近 A 的矩阵, 即

$$Q^{\mathrm{T}}(A+E)Q = \widehat{T}, \quad Q^{\mathrm{T}}Q = I, \quad \|E\|_2 \approx \|A\|_2 \mathbf{u};$$

计算所得到的变换矩阵 $\widehat{Q}$ 几乎是正交的, 即

$$\widehat{Q}^{\mathrm{T}}\widehat{Q} = I + F, \quad \|F\|_2 \approx \mathbf{u},$$

这里 $\mathbf{u}$ 表示机器精度. 详细的误差分析见文献 [21].

习　　题

1. 设 A 是 $n \times m$ 矩阵, B 是 $m \times n$ 矩阵, 且 $m \geqslant n$. 证明:

$$\lambda(BA) = \lambda(AB) \cup \underbrace{\{0, \cdots, 0\}}_{m-n \text{ 个}}.$$

2. 设 $\lim\limits_{k\to\infty} A_k = A$, $A_k = Q_k T_k Q_k^*$ 是 A_k 的 Schur 分解. 证明: $\{Q_k\}$ 有收敛的子序列 $\{Q_{k_i}\}$; 若记 $Q = \lim\limits_{i\to\infty} Q_{k_i}$, 则 $Q^* A Q$ 是上三角阵.

3. 设 $A \in \mathbf{C}^{n\times n}$ 没有重特征值, $B \in \mathbf{C}^{n\times n}$ 满足 $AB = BA$. 证明: 若 $A = QTQ^*$ 是 A 的 Schur 分解, 则 $Q^* B Q$ 是上三角阵.

4. 设 $A \in \mathbf{C}^{n\times n}$. 对于给定的非零向量 $x \in \mathbf{C}^n$, 定义

$$R(x) = x^* A x / (x^* x),$$

称之为 x 对 A 的 **Rayleigh 商**. 证明: 对任意的 $x \in \mathbf{C}^n$ ($x \neq 0$), 有

$$\|Ax - R(x)x\|_2 = \inf_{\mu\in\mathbf{C}} \|Ax - \mu x\|_2,$$

即 Rayleigh 商有极小剩余性.

5. 设 $A = \begin{bmatrix} \alpha & \gamma \\ 0 & \beta \end{bmatrix}$, $\alpha \neq \beta$. 求 A 的特征值 α 和 β 的条件数.

6. 证明: 特征值和特征向量的条件数在酉相似变换下保持不变.

7. 分别应用幂法于矩阵

$$A = \begin{bmatrix} \lambda & 1 \\ 0 & \lambda \end{bmatrix} \quad \text{和} \quad B = \begin{bmatrix} \lambda & 1 \\ 0 & -\lambda \end{bmatrix} \quad (\lambda \neq 0),$$

并考察所得序列的特性.

8. 在幂法中, 取 $A = \begin{bmatrix} 1 & 1 & 0 \\ 0 & 1 & 1 \\ 0 & 0 & 1 \end{bmatrix}$, $u_0 = (0,0,1)^{\mathrm{T}}$. 得到一个精确到 5 位数字的特征向量需要多少次迭代?

9. 设 $A \in \mathbf{C}^{n \times n}$ 有实特征值并满足 $\lambda_1 > \lambda_2 \geqslant \cdots \geqslant \lambda_{n-1} > \lambda_n$. 现应用幂法于矩阵 $A - \mu I$. 试证: 选择 $\mu = \dfrac{1}{2}(\lambda_2 + \lambda_n)$ 时, 所产生的向量序列收敛到属于 λ_1 的特征向量的速度最快.

10. 应用幂法给出求多项式

$$p(z) = z^n + \alpha_1 z^{n-1} + \cdots + \alpha_n$$

的模最大根的一种算法.

11. 利用反幂法计算矩阵

$$\begin{bmatrix} 2 & 1 & 0 \\ 1 & 3 & 1 \\ 0 & 1 & 4 \end{bmatrix}$$

对应于近似特征值 $\widetilde{\lambda} = 1.2679$ (精确特征值是 $\lambda = 3 - \sqrt{3}$) 的近似特征向量.

12. 设 $A \in \mathbf{C}^{n \times n}$, 并假定 $\lambda \in \mathbf{C}$ 和 $u \in \mathbf{C}^n$ 已给定 $(u \neq 0)$, 且 λ 不是 A 的特征值. 证明: 可选择 $E \in \mathbf{C}^{n \times n}$ 满足

$$\|E\|_F = \frac{\|u\|_2}{\|v\|_2},$$

使得向量 $v = (\lambda I - A)^{-1} u$ 是 $A + E$ 的一个特征向量.

13. 设 $A, E \in \mathbf{C}^{n \times n}$, 并假定 λ 是 $A + E$ 的特征值但不是 A 的特征值. 证明: 存在向量 $u, v \in \mathbf{C}^n$, 使得

$$v = (\lambda I - A)^{-1} u, \quad \text{而且} \quad \frac{\|u\|_2}{\|v\|_2} \leqslant \|E\|_2.$$

14. 应用 QR 算法的基本迭代格式 (6.4.1) 于矩阵

$$A = \begin{bmatrix} 1 & 0 \\ 1 & -1 \end{bmatrix},$$

并考察所得矩阵序列的特点. 它是否收敛?

15. 设 $A \in \mathbf{R}^{n \times n}$. 证明：存在初等置换矩阵 P 和初等下三角阵 M, 使得 $(MP)A(MP)^{-1}$ 具有如下形状：

$$(MP)A(MP)^{-1} = \begin{bmatrix} \alpha_{11} & \alpha_{12} & \cdots & \alpha_{1n} \\ \alpha_{21} & \alpha_{22} & \cdots & \alpha_{2n} \\ 0 & \alpha_{32} & \cdots & \alpha_{3n} \\ \vdots & \vdots & & \vdots \\ 0 & \alpha_{n2} & \cdots & \alpha_{nn} \end{bmatrix}.$$

16. 利用第 15 题的结果, 设计一个利用非正交变换将 A 上 Hessenberg 化的实用算法.

17. 设 $A \in \mathbf{C}^{n \times n}$, $x \in \mathbf{C}^n$, $X = [x, Ax, \cdots, A^{n-1}x]$. 证明：如果 X 是非奇异的, 则 $X^{-1}AX$ 是上 Hessenberg 矩阵.

18. 证明：若 H 是一个非亏损的不可约上 Hessenberg 矩阵, 则 H 没有重特征值.

19. 设 H 是一个不可约的上 Hessenberg 矩阵. 证明：存在一个对角阵 D, 使得 $D^{-1}HD$ 的次对角元均为 1. $\kappa_2(D) = \|D\|_2 \|D^{-1}\|_2$ 是多少?

20. 设 $H \in \mathbf{R}^{n \times n}$ 是一个上 Hessenberg 矩阵, 并假定 $x \in \mathbf{R}^n$ 是 H 的对应于实特征值 λ 的一个特征向量. 试给出一个算法计算正交矩阵 Q, 使得

$$Q^{\mathrm{T}}HQ = \begin{bmatrix} \lambda & w^{\mathrm{T}} \\ 0 & H_1 \end{bmatrix},$$

其中 H_1 是 $n-1$ 阶上 Hessenberg 矩阵.

21. 设 H 是一个奇异的不可约上 Hessenberg 矩阵. 证明：进行一次基本的 QR 迭代后, H 的零特征值将出现.

22. 证明：若给定 $H = H_0$, 并由

$$H_k - \mu_k I = U_k R_k \quad \text{和} \quad H_{k+1} = R_k U_k + \mu_k I$$

产生矩阵 H_k, 则

$$(U_0 \cdots U_j)(R_j \cdots R_0) = (H - \mu_0 I) \cdots (H - \mu_j I).$$

23. 设 $A \in \mathbf{R}^{n \times n}$ 是一个具有互不相同对角元的上三角阵. 给出计算 A 的全部特征向量的详细算法.

24. 证明: 对任意的 $A \in \mathbf{C}^{n \times n}$, 有 QL 分解 $A = QL$, 其中 Q 是酉矩阵, L 是下三角阵. 利用这一分解给出求矩阵特征值的 QL 算法, 并给出 QL 算法类似于定理 6.4.1 的收敛性定理.

25. 设 H 是上 Hessenberg 矩阵, 并且假定已经用列主元 Gauss 消去法求得分解 $PH = LU$, 其中 P 是排列方阵, L 是单位下三角阵, U 是上三角阵. 证明: $\widetilde{H} = U(P^{\mathrm{T}} L)$ 仍是上 Hessenberg 矩阵, 并且相似于 H.

26. 设
$$
A = \left[\begin{array}{cc} \alpha_{11} & v^{\mathrm{T}} \\ 0 & T \end{array} \right] \in \mathbf{R}^{3 \times 3},
$$
其中 T 是一个有一对复共轭特征值的 2×2 矩阵. 设计一种算法计算一个 3 阶正交矩阵 Q, 使得
$$
Q^{\mathrm{T}} A Q = \left[\begin{array}{cc} \widetilde{T} & u \\ 0 & \alpha_{11} \end{array} \right],
$$
其中 $\lambda(\widetilde{T}) = \lambda(T)$.

27. 设 $A \in \mathbf{R}^{n \times n}$ 是一个如下形状的拟上三角阵:
$$
A = \left[\begin{array}{cccc} A_{11} & A_{12} & \cdots & A_{1k} \\ & A_{22} & \cdots & A_{2k} \\ & & \ddots & \vdots \\ & & & A_{kk} \end{array} \right],
$$
其中 A_{ii} $(i = 1, \cdots, k)$ 是 1×1 的或是一个有一对复共轭特征值的 2×2 矩阵. 设计一种计算 A 的全部特征向量的数值方法.

28. 借助幂法设计一种求一个给定矩阵的最大奇异值 (定义见第七章 §7.1) 的算法, 并讨论你所设计算法的收敛性.

29. 借助反幂法设计一种计算一个给定矩阵的左右奇异向量 (定义见第七章 §7.1) 的数值方法.

30. 设 $A = X \Lambda X^{-1}$, 其中
$$
X = [x_1, \cdots, x_n], \quad \Lambda = \mathrm{diag}(\lambda_1, \cdots, \lambda_n),
$$
并假定
$$
\lambda_1 = \mathrm{e}^{\mathrm{i}\theta} \lambda_2, \quad 0 < \theta < 2\pi, \quad |\lambda_1| = |\lambda_2| > |\lambda_3| \geqslant \cdots \geqslant |\lambda_n|.
$$

证明: 若 $\theta = 2s\pi/t$, 其中 s 和 t 是两个互素的正整数, 则由幂法产生的向量序列有 t 个收敛的子序列, 且分别收敛到向量

$$e^{i\frac{2ks}{t}\pi}(y_1^* u_0)x_1 + (y_2^* u_0)x_2, \quad k = 1, \cdots, t,$$

这里 y_i^* 表示 X^{-1} 的第 i 行向量.

31. 设 $A \in \mathbf{C}^{n \times n}$ 是非亏损的, 并假定 A 的特征值满足 $|\lambda_1| > |\lambda_2| \geqslant \cdots \geqslant |\lambda_n|$. 定义

$$q_0 = \frac{u}{\|u\|_2}, \quad q_k = \frac{Aq_{k-1}}{\|Aq_{k-1}\|_2}, \quad k \geqslant 1,$$

其中 u 是一个在 λ_1 的特征子空间上投影不为零的向量. 试证:

$$|q_k^* A q_k - \lambda_1| = O\left(\left|\frac{\lambda_2}{\lambda_1}\right|^k\right);$$

若再假定 A 是 Hermite 矩阵, 则

$$|q_k^* A q_k - \lambda_1| = O\left(\left|\frac{\lambda_2}{\lambda_1}\right|^{2k}\right).$$

32. 反幂法与 Rayleigh 商相结合就得到著名的 Rayleigh 商迭代法:

$$q_0 = \frac{u_0}{\|u_0\|_2}, \quad \mu_0 = q_0^* A q_0,$$

$$(A - \mu_k I)z_k = q_{k-1}, \quad q_k = \frac{z_k}{\|z_k\|_2}, \quad \mu_k = q_k^* A q_k, \quad k \geqslant 1,$$

这里 $A \in \mathbf{C}^{n \times n}$ 和 $u_0 \in \mathbf{C}^n$ 事先给定. 对于 Rayleigh 商迭代法, 我们可以用剩余

$$\rho_k = \|Aq_k - \mu_k q_k\|_2$$

来衡量 μ_k 和 q_k 作为 A 的近似特征值和特征向量的精度. 现假定 $\lim\limits_{k \to \infty} \rho_k = 0$. 试证:

(1) 若取 $U_k \in \mathbf{C}^{n \times (n-1)}$, 使得 $Q_k = [q_k, U_k]$ 是酉矩阵, 则有

$$Q_k^* A Q_k = \begin{bmatrix} \mu_k & h_k^* \\ g_k & C_k \end{bmatrix},$$

其中 $g_k = U_k^* A q_k$, $h_k^* = q_k^* A U_k$, $C_k = U_k^* A U_k$.

(2) $\rho_k = \|g_k\|_2$.

(3) 若定义

$$y_k = (\mu_{k-1}I - C_{k-1})^{-1}g_{k-1}, \quad \delta_k = \left(1 + \|y_k\|_2^2\right)^{\frac{1}{2}},$$

则有

$$q_k = \frac{1}{\delta_k}Q_{k-1}\left[\begin{array}{c} 1 \\ y_k \end{array}\right].$$

(4) 当 k 充分大时, 存在 $D \in \mathbf{C}^{(n-1)\times(n-1)}$, 使得

$$D^*(I + y_ky_k^*)D = I,$$

而且

$$D = I + O\left(\|g_{k-1}\|_2^2\right).$$

(5) $Q_k = Q_{k-1}\left[\begin{array}{cc} 1 & -y_k^* \\ y_k & I \end{array}\right]\left[\begin{array}{cc} \delta_k^{-1} & 0 \\ 0 & D \end{array}\right].$

(6) 当 k 充分大时, 有

$$g_k = -\frac{h_{k-1}^*y_k}{\delta_k}y_k + O\left(\|g_{k-1}\|_2^3\right).$$

(7) 当 k 充分大时, 有 $\rho_k = O(\rho_{k-1}^2)$. 特别地, 当 A 是 Hermite 矩阵时, 有 $\rho_k = O(\rho_{k-1}^3)$. 这表明: 当 Rayleigh 商迭代法收敛时, 其收敛速度至少是二次的 (当 A 是 Hermite 矩阵时, 其收敛速度至少是三次的). 因此, 常用 Rayleigh 商迭代来加速收敛.

上 机 习 题

1. 求多项式方程的模最大根.

(1) 用你所熟悉的计算机语言编制利用幂法求多项式方程

$$f(x) = x^n + \alpha_{n-1}x^{n-1} + \cdots + \alpha_1x + \alpha_0 = 0$$

的模最大根的通用子程序.

(2) 利用你所编制的子程序求下列各高次方程的模最大根:

(i) $x^3 + x^2 - 5x + 3 = 0$;

(ii) $x^3 - 3x - 1 = 0$;

(iii) $x^8 + 101x^7 + 208.01x^6 + 10891.01x^5 + 9802.08x^4$
$\qquad + 79108.9x^3 - 99902x^2 + 790x - 1000 = 0.$

2. 求实矩阵的全部特征值及特征向量.

(1) 用你所熟悉的计算机语言编制利用隐式 QR 算法求一个实矩阵全部特征值和特征向量的通用子程序.

(2) 利用你所编制的子程序计算方程

$$x^{41} + x^3 + 1 = 0$$

的全部根.

(3) 设

$$A = \begin{bmatrix} 9.1 & 3.0 & 2.6 & 4.0 \\ 4.2 & 5.3 & 4.7 & 1.6 \\ 3.2 & 1.7 & 9.4 & x \\ 6.1 & 4.9 & 3.5 & 6.2 \end{bmatrix}.$$

试求当 $x = 0.9,\ 1.0$ 和 1.1 时 A 的全部特征值, 并观察特征值的变化情况.

第七章　对称特征值问题的计算方法

由于对称矩阵的特征值问题具有许多良好的性质和十分丰富而又完美的数学理论, 因此关于它的计算方法和相应的理论也就成为矩阵计算中发展得最为完善的一部分. 这一章, 我们就介绍其中几个最基本的数值方法.

§7.1　基 本 性 质

首先, 我们来简要地介绍几个关于对称矩阵的特征值和特征向量的基本性质. 大家知道, 实对称矩阵的特征值均为实数, 而且其特征向量可以构成 $\mathbf{R}^n$ 的一组标准正交基, 即有下面的结论.

定理 7.1.1 (谱分解定理)　若 $A \in \mathbf{R}^{n \times n}$ 是对称的, 则存在正交矩阵 $Q \in \mathbf{R}^{n \times n}$, 使得

$$Q^{\mathrm{T}} A Q = \varLambda = \mathrm{diag}\,(\lambda_1, \cdots, \lambda_n).$$

此外, 还有如下定理所述的极小极大性质:

定理 7.1.2 (极小极大定理)　设 $A \in \mathbf{R}^{n \times n}$ 是对称矩阵, 并假定 A 的特征值为 $\lambda_1 \geqslant \cdots \geqslant \lambda_n$, 则有

$$\lambda_i = \max_{\mathcal{X} \in \mathcal{G}_i^n} \min_{0 \neq u \in \mathcal{X}} \frac{u^{\mathrm{T}} A u}{u^{\mathrm{T}} u}$$

$$= \min_{\mathcal{X} \in \mathcal{G}_{n-i+1}^n} \max_{0 \neq u \in \mathcal{X}} \frac{u^{\mathrm{T}} A u}{u^{\mathrm{T}} u},$$

其中 $\mathcal{G}_k^n$ 表示 $\mathbf{R}^n$ 中所有 k 维子空间的全体.

关于对称矩阵的特征值的敏感性, 我们有如下定理:

定理 7.1.3 (Weyl 定理)　设 n 阶对称矩阵 A 和 B 的特征值分别为

$$\lambda_1 \geqslant \cdots \geqslant \lambda_n \quad \text{和} \quad \mu_1 \geqslant \cdots \geqslant \mu_n,$$

则有

$$|\lambda_i - \mu_i| \leqslant \|A - B\|_2, \quad i = 1, \cdots, n.$$

这一定理表明对称矩阵的特征值总是十分良态的.

关于特征向量的敏感性, 我们有如下结论:

定理 7.1.4   设 A 和 $A + E$ 是两个 n 阶实对称矩阵, 并假定 q_1 是 A 的一个单位特征向量, $Q = [q_1, Q_2]$ 是 n 阶正交矩阵, $Q^{\mathrm{T}}AQ$ 和 $Q^{\mathrm{T}}EQ$ 分块如下:

$$Q^{\mathrm{T}}AQ = \begin{bmatrix} \lambda & 0 \\ 0 & D_2 \end{bmatrix} \begin{matrix} 1 \\ n-1 \end{matrix}, \quad Q^{\mathrm{T}}EQ = \begin{bmatrix} \varepsilon & e^{\mathrm{T}} \\ e & E_{22} \end{bmatrix} \begin{matrix} 1 \\ n-1 \end{matrix}.$$
$$\begin{matrix} 1 & n-1 \end{matrix} \qquad\qquad \begin{matrix} 1 & n-1 \end{matrix}$$

若

$$d = \min_{\mu \in \lambda(D_2)} |\lambda - \mu| > 0, \quad \|E\|_2 \leqslant \frac{1}{4}d,$$

则存在 $A + E$ 的一个单位特征向量 $\widetilde{q}_1$, 使得

$$\sin \theta = \sqrt{1 - |q_1^{\mathrm{T}}\widetilde{q}_1|^2} \leqslant \frac{4}{d}\|e\|_2 \leqslant \frac{4}{d}\|E\|_2,$$

其中 θ 是向量 q_1 和 $\widetilde{q}_1$ 之间所夹的锐角, 即 $\theta = \arccos|q_1^{\mathrm{T}}\widetilde{q}_1|$.

从几何直观上来看, 显然 θ 应该是 q_1 和 $\widetilde{q}_1$ 之间远近程度的一种较好的度量. 因此, 定理 7.1.4 表明, 特征向量的敏感性依赖于对应的特征值与其他特征值之间的分离程度.

其次, 与对称矩阵的特征值有密切关系的是矩阵的奇异值, 如下的奇异值分解定理 (简称 SVD 分解定理) 在数值分析中是十分重要的.

定理 7.1.5 (SVD 分解定理)   设 $A \in \mathbf{R}^{m \times n}$, 则存在正交矩阵 $U \in \mathbf{R}^{m \times m}$ 和 $V \in \mathbf{R}^{n \times n}$, 使得

$$U^{\mathrm{T}}AV = \begin{bmatrix} \Sigma_r & 0 \\ 0 & 0 \end{bmatrix} \begin{matrix} r \\ m-r \end{matrix},$$
$$\begin{matrix} r & n-r \end{matrix}$$

其中 $\Sigma_r = \mathrm{diag}\,(\sigma_1, \cdots, \sigma_r)$, $\sigma_1 \geqslant \sigma_2 \geqslant \cdots \geqslant \sigma_r > 0$.

设 $A \in \mathbf{R}^{m \times n}$ 有上述定理所述的奇异值分解, 那么我们称数

$$\sigma_1 \geqslant \sigma_2 \geqslant \cdots \geqslant \sigma_r > \sigma_{r+1} = \cdots = \sigma_n = 0$$

为 A 的**奇异值**; V 的列向量称为 A 的**右奇异向量**; U 的列向量称为 A 的**左奇异向量**.

作为定理 7.1.3 的简单推论, 我们有如下结论:

推论 7.1.1　设 $A, B \in \mathbf{R}^{m \times n}$, 并假定它们的奇异值分别为

$$\sigma_1 \geqslant \cdots \geqslant \sigma_n \quad \text{和} \quad \tau_1 \geqslant \cdots \geqslant \tau_n,$$

则有

$$|\sigma_i - \tau_i| \leqslant \|A - B\|_2, \quad i = 1, \cdots, n.$$

这一结果表明奇异值亦是十分良态的.

§7.2　对称 QR 方法

对称 QR 方法就是求解对称特征值问题的 QR 方法, 是将 QR 方法应用于对称矩阵, 并且充分利用其对称性而得到的.

7.2.1　三对角化

若 A 是 n 阶实对称矩阵, 并假定 A 的上 Hessenberg 分解为

$$Q^{\mathrm{T}} A Q = T,$$

其中 Q 是正交矩阵, T 是上 Hessenberg 矩阵, 则容易验证 T 必是对称三对角阵. 因此, 对一个实对称矩阵而言, 上 Hessenberg 化实质上就是将其三对角化. 如果在约化过程中再充分利用其对称性, 还可使约化的运算量大为减少.

将 A 作如下分块:

$$A = \begin{bmatrix} \alpha_1 & v_0^{\mathrm{T}} \\ v_0 & A_0 \end{bmatrix} \begin{matrix} 1 \\ n-1 \end{matrix},$$
$$\quad\ \ 1 \quad\ n-1$$

从约化一个矩阵为上 Hessenberg 矩阵的 Householder 变换法不难推出, 利用 Householder 变换将 A 约化为对称三对角阵的第 k 步为:

(1) 计算 Householder 变换 $\widetilde{H}_k \in \mathbf{R}^{(n-k) \times (n-k)}$, 使得

$$\widetilde{H}_k v_{k-1} = \beta_k e_1, \quad \beta_k \in \mathbf{R};$$

(2) 计算

$$\begin{array}{c} 1 \\ n-k-1 \end{array}\left[\begin{array}{cc} \alpha_{k+1} & v_k^{\mathrm{T}} \\ v_k & A_k \end{array}\right] = \widetilde{H}_k A_{k-1} \widetilde{H}_k.$$
$$\begin{array}{cc} 1 & n-k-1 \end{array}$$

如果用上述约化过程所产生的 α_k, β_k 和 $\widetilde{H}_k$ 定义

$$T = \left[\begin{array}{ccccc} \alpha_1 & \beta_1 & & & \\ \beta_1 & \alpha_2 & \ddots & & \\ & \ddots & \ddots & \beta_{n-1} \\ & & \beta_{n-1} & \alpha_n \end{array}\right],$$

$$Q = H_1 H_2 \cdots H_{n-2}, \quad H_k = \mathrm{diag}\,(I_k, \widetilde{H}_k),$$

其中

$$\left[\begin{array}{cc} \alpha_{n-1} & \beta_{n-1} \\ \beta_{n-1} & \alpha_n \end{array}\right] = \widetilde{H}_{n-2} A_{n-3} \widetilde{H}_{n-2},$$

则有

$$Q^{\mathrm{T}} A Q = T,$$

即

$$A = Q T Q^{\mathrm{T}},$$

并称之为 A 的**三对角分解**.

从上述约化过程容易看出, 第 k 步约化的主要工作量是计算 $\widetilde{H}_k A_{k-1} \widetilde{H}_k$. 设

$$\widetilde{H}_k = I - \beta v v^{\mathrm{T}}, \quad v \in \mathbf{R}^{n-k},$$

则利用 A_{k-1} 的对称性, 易得

$$\widetilde{H}_k A_{k-1} \widetilde{H}_k = A_{k-1} - v w^{\mathrm{T}} - w v^{\mathrm{T}},$$

其中

$$w = u - \frac{1}{2}\beta(v^{\mathrm{T}} u)v, \quad u = \beta A_{k-1} v.$$

不难算出, 利用这一等式来计算, 其运算量仅为 $4(n-k)^2$.

这样, 我们就得到如下的算法:

算法 7.2.1 (计算三对角分解: Householder 变换法)

for $k = 1 : n - 2$

    $[v, \beta] = \mathbf{house}\, (A(k+1:n, k))$

    $u = \beta A(k+1:n, k+1:n)v$

    $w = u - (\beta u^{\mathrm{T}} v / 2)v$

    $A(k+1, k) = \|A(k+1:n, k)\|_2$

    $A(k, k+1) = A(k+1, k)$

    $A(k+1:n, k+1:n)$

        $= A(k+1:n, k+1:n) - vw^{\mathrm{T}} - wv^{\mathrm{T}}$

end

该算法的运算量为 $4n^3/3$ 次乘法运算, 而非对称矩阵的上 Hessenberg 化需要的运算量为 $10n^3/3$; 如果需要将变换矩阵累积起来, 则还需再增加运算量 $4n^3/3$.

7.2.2 隐式对称 QR 迭代

完成了把 A 约化为三对角阵 T 的任务之后, 我们的下一个任务就是选取适当的位移进行 QR 迭代. 由于此时 A 的特征值均为实数, 因而再使用双重步位移就完全没有必要了, 只需进行单步位移即可.

考虑带原点位移的 QR 迭代格式

$$
\begin{aligned}
T_k - \mu_k I &= Q_k R_k, \qquad \text{(QR 分解)} \\
T_{k+1} &= R_k Q_k + \mu_k I, \quad k = 0, 1, \cdots,
\end{aligned}
\tag{7.2.1}
$$

其中 $T_0 = T$ 是对称三对角阵. 由于 QR 迭代保持上 Hessenberg 形和对称性的特点, 我们立即可知上述迭代格式产生的 T_k 都是对称三对角阵. 与非对称 QR 方法一样, 这里我们也假定迭代中所出现的 T_k 均是不可约的, 即其次对角元均不为零.

我们先来讨论如何选取位移 μ_k 的问题. 从非对称 QR 迭代的讨论可知, 最简单的做法是取 $\mu_k = T_k(n, n)$. 然而, 更好的做法是取 μ_k

为矩阵

$$T_k(n-1:n,\, n-1:n) = \begin{bmatrix} \alpha_{n-1} & \beta_{n-1} \\ \beta_{n-1} & \alpha_n \end{bmatrix}$$

的两个特征值之中靠近 α_n 的那一个, 即取

$$\mu_k = \alpha_n + \delta - \operatorname{sgn}(\delta)\sqrt{\delta^2 + \beta_{n-1}^2}, \qquad (7.2.2)$$

其中 $\delta = (\alpha_{n-1} - \alpha_n)/2$. 这就是著名的 **Wilkinson 位移**. Wilkinson
曾经证明了这两种位移最终都是三次收敛的, 并且说明了为什么后者
比前者好 (参见文献 [12]).

再来考虑如何具体实现一次对称 QR 迭代:

$$T - \mu I = QR, \quad \widetilde{T} = RQ + \mu I. \qquad (7.2.3)$$

当然我们可以利用 Givens 变换来直接实现 $T - \mu I$ 的 QR 分解, 进而
完成一步迭代. 但是, 更漂亮的做法是以隐含的方式来实现由 T 到 $\widetilde{T}$
的变换.

大家知道, 迭代 (7.2.3) 的实质是用正交相似变换将 T 变为 $\widetilde{T}$,
即 $\widetilde{T} = Q^{\mathrm{T}}TQ$. 因此, 根据定理 6.4.3, $\widetilde{T}$ 本质上是由 Q 的第一列完全
确定的. 从利用 Givens 变换实现 $T - \mu I$ 的 QR 分解的计算过程可知,
$Qe_1 = G_1 e_1$, 其中 $G_1 = G(1,2,\theta)$ 是通过 $(1,2)$ 平面的旋转将 $T - \mu I$
的第一列第二个元素变为零的, 即 θ 满足

$$\begin{bmatrix} \cos\theta & \sin\theta \\ -\sin\theta & \cos\theta \end{bmatrix} \begin{bmatrix} \alpha_1 - \mu \\ \beta_1 \end{bmatrix} = \begin{bmatrix} * \\ 0 \end{bmatrix}.$$

令

$$B = G_1 T G_1^{\mathrm{T}},$$

则 B (例如 $n = 4$) 有如下形状:

$$B = \begin{bmatrix} \times & \times & + & 0 \\ \times & \times & \times & 0 \\ + & \times & \times & \times \\ 0 & 0 & \times & \times \end{bmatrix},$$

仅比对称三对角阵多两个非零元 "+". 根据定理 6.4.3, 只需将 B 用 Givens 变换约化为三对角阵, 即可得到所需的三对角阵 $\widetilde{T}$. 这一约化过程不难从下面 $n = 4$ 的例子中明白:

$$B \xrightarrow{G_2} \begin{bmatrix} \times & \times & 0 & 0 \\ \times & \times & \times & + \\ 0 & \times & \times & \times \\ 0 & + & \times & \times \end{bmatrix} \xrightarrow{G_3} \begin{bmatrix} \times & \times & 0 & 0 \\ \times & \times & \times & 0 \\ 0 & \times & \times & \times \\ 0 & 0 & \times & \times \end{bmatrix},$$

其中 $G_i = G(i, i+1, \theta_i)$, $i = 2, 3$. 对于一般情形, 我们有下面的算法.

算法 7.2.2 (带 Wilkinson 位移的隐式对称 QR 迭代)

$d = (T(n-1, n-1) - T(n, n))/2$

$\mu = T(n, n) - T(n, n-1)^2 / \left(d + \mathrm{sgn}(d)\sqrt{d^2 + T(n, n-1)^2} \right)$

$x = T(1, 1) - \mu; \ z = T(2, 1)$

for $k = 1 : n - 1$

    $[c, s] = \mathbf{givens}(x, z)$

    $T = G_k T G_k^{\mathrm{T}}$, 其中 $G_k = G(k, k+1, \theta)$

    if $k < n - 1$

        $x = T(k+1, k); \ z = T(k+2, k)$

    end

end

该算法的运算量为 $10n$. 如果需要累积变换矩阵, 则还需再增加运算量 $6n^2$. 此外, 实际计算时, 三对角阵 T 是以两个 n 维向量来存储的.

7.2.3 隐式对称 QR 算法

类比于非对称 QR 算法, 综合上面的讨论, 可得如下算法:

算法 7.2.3 (计算实对称矩阵的谱分解: **隐式对称 QR 算法**)

(1) 输入 A (实对称矩阵).

(2) 三对角化: 用算法 7.2.1 计算 A 的三对角分解, 得

$$T = U_0^{\mathrm{T}} A U_0; \quad Q = U_0.$$

(3) 收敛性判定:

(i) 把所有满足条件

$$|t_{i+1,i}| = |t_{i,i+1}| \leqslant \left(|t_{ii}| + |t_{i+1,i+1}|\right)\mathbf{u}$$

的 $t_{i+1,i}$ 和 $t_{i,i+1}$ 置零.

(ii) 确定最大的非负整数 m 和最小的非负整数 l, 使得

$$T = \begin{bmatrix} T_{11} & 0 & 0 \\ 0 & T_{22} & 0 \\ 0 & 0 & T_{33} \end{bmatrix} \begin{matrix} l \\ n-l-m \\ m \end{matrix},$$
$$\qquad\quad l \quad\;\; n-l-m \quad\; m$$

其中 T_{33} 为对角阵, 而 T_{22} 为不可约的三对角阵.

(iii) 如果 $m = n$, 则输出有关信息, 结束; 否则, 进行下一步.

(4) QR 迭代: 对 T_{22} 用算法 7.2.2 迭代一次得

$$T_{22} = GT_{22}G^{\mathrm{T}}, \quad G = G_1G_2\cdots G_{n-m-l-1}.$$

(5) $Q = Q\mathrm{diag}\,(I_l, G, I_m)$, 然后转步 (3).

如果只计算特征值, 则该算法运算量平均约为 $4n^3/3$; 如果特征值和特征向量都需要, 则运算量平均约为 $9n^3$.

这一算法是矩阵计算中最漂亮的算法之一. 误差分析的结果表明, 该算法计算得到的特征值 $\widetilde{\lambda}_1, \cdots, \widetilde{\lambda}_n$ 满足

$$Q^{\mathrm{T}}(A + E)Q = \mathrm{diag}\,(\widetilde{\lambda}_1, \cdots, \widetilde{\lambda}_n),$$

其中 $Q \in \mathbf{R}^{n\times n}$ 是正交矩阵, $\|E\|_2 \approx \|A\|_2\mathbf{u}$. 再由定理 7.1.3 知

$$|\lambda_i - \widetilde{\lambda}_i| \approx \|A\|_2\mathbf{u}, \quad i = 1, \cdots, n,$$

其中 $\lambda_i \in \lambda(A)$. 这也就是说, 隐式对称 QR 算法计算得到的特征值是相当精确的, 相对误差不超过机器精度. 但值得注意的是, 计算得到的特征向量并不一定亦有这样的精度, 它和 λ_i 与其他特征值的分离程度有关.

§7.3　Jacobi 方 法

　　Jacobi 方法是求实对称矩阵全部特征值和特征向量的最古老的方法之一, 是由 Jacobi 于 1846 年首先提出的. 大家知道, 任何一个实对称矩阵都可以通过正交相似变换约化为对角阵. Jacobi 方法正是利用实对称矩阵的这一特点, 用一系列适当选取的平面旋转变换将一个给定的实对称矩阵逐步约化为对角阵. 从收敛速度上来讲, Jacobi 方法与著名的对称 QR 方法相比, 相差甚远. 然而, 由于 Jacobi 方法具有编程简单, 并行效率很高的特点, 近年来又重新受到人们的重视. 此外, 对于某些几乎是对角形的实对称矩阵, Jacobi 方法亦是十分有效的.

7.3.1　经典 Jacobi 方法

　　设 $A = [\alpha_{ij}]$ 是 $n \times n$ 实对称矩阵. Jacobi 方法的目标就是将 A 的非对角 "范数"

$$E(A) = \left(\|A\|_F^2 - \sum_{i=1}^n \alpha_{ii}^2\right)^{\frac{1}{2}} = \left(\sum_{i=1}^n \sum_{\substack{j=1 \\ j \neq i}}^n \alpha_{ij}^2\right)^{\frac{1}{2}} \tag{7.3.1}$$

逐步约化为零, 所用的基本工具就是如下的平面旋转变换:

$$J(p,q,\theta) = I + (\cos\theta - 1)(e_p e_p^{\mathrm{T}} + e_q e_q^{\mathrm{T}}) + \sin\theta(e_p e_q^{\mathrm{T}} - e_q e_p^{\mathrm{T}}), \tag{7.3.2}$$

其中假定 $p < q$, e_k 表示单位矩阵的第 k 列. 这里我们称这一平面旋转变换为 (p,q) 平面的 Jacobi 变换. Jacobi 方法一次约化的基本步骤是:

(1) 选择旋转平面 (p,q), $1 \leqslant p < q \leqslant n$;

(2) 确定旋转角 θ, 使得

$$\begin{bmatrix} \beta_{pp} & \beta_{pq} \\ \beta_{qp} & \beta_{qq} \end{bmatrix} = \begin{bmatrix} c & s \\ -s & c \end{bmatrix}^{\mathrm{T}} \begin{bmatrix} \alpha_{pp} & \alpha_{pq} \\ \alpha_{qp} & \alpha_{qq} \end{bmatrix} \begin{bmatrix} c & s \\ -s & c \end{bmatrix} \tag{7.3.3}$$

是对角阵 (即 $\beta_{pq} = \beta_{qp} = 0$), 其中 $c = \cos\theta, s = \sin\theta$;

(3) 对 A 作相似变换: $B = [\beta_{ij}] = J^{\mathrm{T}}AJ$, 其中 $J = J(p,q,\theta)$.

注意 A 与 B 只在第 p 行 (列) 和第 q 行 (列) 不同, 它们之间有如下关系:

$$
\begin{aligned}
&\beta_{ip} = \beta_{pi} = c\alpha_{ip} - s\alpha_{iq}, \quad i \neq p, q, \\
&\beta_{iq} = \beta_{qi} = s\alpha_{ip} + c\alpha_{iq}, \quad i \neq p, q, \\
&\beta_{pp} = c^2\alpha_{pp} - 2sc\alpha_{pq} + s^2\alpha_{qq}, \\
&\beta_{qq} = s^2\alpha_{pp} + 2sc\alpha_{pq} + c^2\alpha_{qq}, \\
&\beta_{pq} = \beta_{qp} = (c^2 - s^2)\alpha_{pq} + sc(\alpha_{pp} - \alpha_{qq}).
\end{aligned}
\tag{7.3.4}
$$

我们暂且不考虑怎样选取旋转平面 (p, q), 先考虑在选定 (p, q) 之后怎样计算 $s = \sin\theta$ 和 $c = \cos\theta$, 使得 (7.3.3) 式中的 $\beta_{pq} = \beta_{qp} = 0$. 由 (7.3.4) 中的最后一个等式即知, 这等价于计算 s 和 c, 使得

$$
\alpha_{pq}(c^2 - s^2) + (\alpha_{pp} - \alpha_{qq})cs = 0. \tag{7.3.5}
$$

如果 $\alpha_{pq} = 0$, 则只需取 $c = 1$, $s = 0$ 即可. 如果 $\alpha_{pq} \neq 0$, 则令

$$
\tau = \frac{\alpha_{qq} - \alpha_{pp}}{2\alpha_{pq}}, \quad t = \tan\theta = \frac{s}{c},
$$

并代入 (7.3.5) 式可知, t 是如下二次方程的解:

$$
t^2 + 2\tau t - 1 = 0.
$$

这样 t 的值有两种选择. 这里我们选择其绝对值较小的根, 即

$$
t = \frac{\operatorname{sgn}(\tau)}{|\tau| + \sqrt{1 + \tau^2}}. \tag{7.3.6}
$$

这样选择保证了旋转角 θ 满足 $|\theta| \leqslant \pi/4$, 这对 Jacobi 方法的收敛性是至关重要的. 这一点可从下面的收敛性分析中看出. 由 (7.3.6) 式确定 t 之后, c 和 s 可由下面的公式确定:

$$
c = \frac{1}{\sqrt{1 + t^2}}, \quad s = tc. \tag{7.3.7}
$$

现在我们再来看怎样选取旋转平面. 由于 Frobenius 范数在正交变换下保持不变, 故有 $\|B\|_F = \|A\|_F$. 另一方面, 由 (7.3.3) 式可知

$$
\alpha_{pp}^2 + \alpha_{qq}^2 + 2\alpha_{pq}^2 = \beta_{pp}^2 + \beta_{qq}^2 + 2\beta_{pq}^2 = \beta_{pp}^2 + \beta_{qq}^2.
$$

这样, 我们有

$$
\begin{aligned}
E(B)^2 &= \|B\|_F^2 - \sum_{i=1}^{n} \beta_{ii}^2 \\
&= \|A\|_F^2 - \sum_{i=1}^{n} \alpha_{ii}^2 + (\alpha_{pp}^2 + \alpha_{qq}^2 - \beta_{pp}^2 - \beta_{qq}^2) \\
&= E(A)^2 - 2\alpha_{pq}^2.
\end{aligned}
$$

由于我们的目标就是使 $E(B)$ 尽可能的小, 因此从上式可知, (p,q) 的最佳选择应使

$$
|\alpha_{pq}| = \max_{1\leqslant i<j\leqslant n} |\alpha_{ij}|, \tag{7.3.8}
$$

即应选取非对角元中绝对值最大者所在的行列为旋转平面.

按照 (7.3.8) 式来确定旋转平面 (p,q), 再由 (7.3.6) 式和 (7.3.7) 式来确定 c 和 s 的方法就是**经典 Jacobi 方法**, 其基本迭代格式如下:

$$
A_k = [\alpha_{ij}^{(k)}] = J_k^{\mathrm{T}} A_{k-1} J_k, \quad k = 1, 2, \cdots, \tag{7.3.9}
$$

其中 $A_0 = A$, J_k 是对 A_{k-1} 应用 (7.3.6)~(7.3.8) 式所确定的 Jacobi 变换. 对于经典 Jacobi 方法, 我们有如下的收敛性定理:

定理 7.3.1 存在 A 的特征值的一个排列 $\lambda_1, \lambda_2, \cdots, \lambda_n$, 使得

$$
\lim_{k\to\infty} A_k = \mathrm{diag}(\lambda_1, \lambda_2, \cdots, \lambda_n). \tag{7.3.10}
$$

证明 我们先证随着迭代次数 k 的增加, A_k 的非对角 "范数" $E(A_k)$ 趋于 0. 由前面的讨论我们知道

$$
E(A_k)^2 = E(A_{k-1})^2 - 2(\alpha_{pq}^{(k-1)})^2, \tag{7.3.11}
$$

这里 $\alpha_{pq}^{(k-1)}$ 是 A_{k-1} 的非对角元之中绝对值最大者. 再注意到

$$
E(A_{k-1})^2 \leqslant n(n-1)(\alpha_{pq}^{k-1})^2, \tag{7.3.12}
$$

将 (7.3.12) 式代入 (7.3.11) 式即有

$$
E(A_k)^2 \leqslant \left(1 - \frac{1}{N}\right) E(A_{k-1})^2,
$$

其中 $N = \frac{1}{2}n(n-1)$. 由此即知 $\lim\limits_{k \to \infty} E(A_k) = 0$.

再证存在 A 的特征值的一个排列 $\lambda_1, \lambda_2, \cdots, \lambda_n$, 使得

$$\lim_{k \to \infty} \alpha_{ii}^{(k)} = \lambda_i, \quad i = 1, \cdots, n. \tag{7.3.13}$$

假定 A 的互不相同的特征值之间的最小距离为 δ, 即

$$\delta = \min\{|\mu - \lambda|:\ \lambda, \mu \in \lambda(A),\ \lambda \neq \mu\}.$$

任取正数 ε 满足 $\varepsilon < \delta/4$, 则由 $\lim\limits_{k \to \infty} E(A_k) = 0$ 知, 存在 k_0 使 $k \geqslant k_0$ 后有

$$E(A_k) < \varepsilon < \delta/4.$$

注意到 $\lambda(A_{k_0}) = \lambda(A)$, 对矩阵 A_{k_0} 与其对角元作成的对角阵

$$D_{k_0} = \text{diag}\left(\alpha_{11}^{(k_0)}, \alpha_{22}^{(k_0)}, \cdots, \alpha_{nn}^{(k_0)}\right)$$

应用本章 §7.1 中的定理 7.1.3 即知, 存在 A 的特征值的一个排列 λ_1, $\lambda_2, \cdots, \lambda_n$, 使得

$$|\lambda_i - \alpha_{ii}^{(k_0)}| \leqslant \|A_{k_0} - D_{k_0}\|_2 \leqslant E(A_{k_0}) < \varepsilon < \delta/4, \tag{7.3.14}$$

$$i = 1, \cdots, n.$$

这样只要能证明上式蕴涵着

$$|\lambda_i - \alpha_{ii}^{(k_0+1)}| < \varepsilon, \quad i = 1, \cdots, n, \tag{7.3.15}$$

则由归纳法原理即知, 对一切的 $k \geqslant k_0$ 有

$$|\lambda_i - \alpha_{ii}^{(k)}| < \varepsilon, \quad i = 1, \cdots, n,$$

从而证明了 (7.3.13) 式成立.

下面证明 (7.3.14) 式蕴涵着 (7.3.15) 式. 由于 A_{k_0+1} 与 A_{k_0} 的对角元只可能有两个不同 ($\alpha_{pp}^{(k_0+1)}$ 和 $\alpha_{qq}^{(k_0+1)}$), 故只需证明 (7.3.15) 式对 $i = p, q$ 成立即可. 由 (7.3.4), (7.3.6) 和 (7.3.7) 三式可知

$$\alpha_{pp}^{(k_0+1)} = \alpha_{pp}^{(k_0)} + c^2\big(-2t\alpha_{pq}^{(k_0)} + t^2(\alpha_{qq}^{(k_0)} - \alpha_{pp}^{(k_0)})\big)$$
$$= \alpha_{pp}^{(k_0)} + c^2\big(-2t\alpha_{pq}^{(k_0)} + t(1-t^2)\alpha_{pq}^{(k_0)}\big)$$
$$= \alpha_{pp}^{(k_0)} - t\alpha_{pq}^{(k_0)},$$

其中用到了 (7.3.5) 式蕴涵着 $t^2(\alpha_{qq}^{(k_0)} - \alpha_{pp}^{(k_0)}) = t(1-t^2)\alpha_{pq}^{(k_0)}$. 同理可证

$$\alpha_{qq}^{(k_0+1)} = \alpha_{qq}^{(k_0)} + t\alpha_{pq}^{(k_0)}. \tag{7.3.16}$$

这样, 对任何 $\lambda_j \neq \lambda_p$, 我们有

$$|\alpha_{pp}^{(k_0+1)} - \lambda_j| = |\alpha_{pp}^{(k_0)} - \lambda_p + \lambda_p - \lambda_j + t\alpha_{pq}^{(k_0)}|$$
$$\geqslant |\lambda_p - \lambda_j| - |\alpha_{pp}^{(k_0)} - \lambda_p| - |t|E(A_{k_0})$$
$$\geqslant \delta - \varepsilon - \varepsilon$$
$$\geqslant 2\varepsilon, \tag{7.3.17}$$

这里用到了 $|t| \leqslant 1$. 此外, 由于 $\lambda(A_{k_0+1}) = \lambda(A)$ 和 $E(A_{k_0+1}) < \varepsilon$, 因此应用本章 §7.1 中的定理 7.1.3 知, $\alpha_{pp}^{(k_0+1)}$ 必须与 A 的某个特征值之间的距离小于 ε. 这样, 结合 (7.3.17) 式即知 (7.3.15) 式对 $i = p$ 成立. 同样, 从 (7.3.16) 式出发可推出 (7.3.15) 式对 $i = q$ 亦成立. □

从这一定理的证明我们可以看出, 选择 $|t| \leqslant 1$ 对经典 Jacobi 方法的收敛起了至关重要的作用, 它保证了迭代产生的每一个对角元 $a_{ii}^{(k)}$ 将目标一致地趋向于 A 的某一固定的特征值. 此外, 这一定理的证明亦给出经典 Jacobi 方法的收敛速度的一个粗略的估计:

$$E(A_k)^2 \leqslant (1 - \frac{1}{N})^k E(A_0)^2. \tag{7.3.18}$$

这表明经典 Jacobi 方法是线性收敛的. 然而, 实际上, 其渐近收敛速度是二次的, 更具体一点讲, 我们可以证明, 存在常数 c, 使得

$$E(A_{k+N}) \leqslant cE(A_k)^2 \tag{7.3.19}$$

对充分大的自然数 k 成立. 关于这一结果的证明, 有兴趣的读者可以参看 Golub 和 Van Loan 合著的《矩阵计算》的第八章及所引用的参考文献.

这里需说明的一点是, 通常将 $N = n(n-1)/2$ 次 Jacobi 迭代称做一次 "扫描". 因此, (7.3.19) 式说明, 至某一时刻之后, 每扫描一次, 其非对角 "范数" 将以平方收敛的速度接近于 0. 请看如下实例:

例 7.3.1 应用经典 Jacobi 方法于矩阵

$$A = \begin{bmatrix} 1 & 1 & 1 & 1 \\ 1 & 2 & 3 & 4 \\ 1 & 3 & 6 & 10 \\ 1 & 4 & 10 & 20 \end{bmatrix},$$

其结果如表 7.1 所示.

表　7.1

扫描次数	$O\big(E(A_{kN})\big)$
0	10^2
1	10
2	10^{-2}
3	10^{-11}
4	10^{-17}

7.3.2 循环 Jacobi 方法及其变形

大家已经看到, 经典 Jacobi 方法每进行一次相似变换, 所需的运算量仅为 $O(n)$, 而确定旋转平面 (p,q) 却需要进行 $n(n-1)/2$ 个元素之间的比较. 因此, 经典 Jacobi 方法的大部分时间用在了寻找最佳的旋转平面上, 这是得不偿失的. 为了避免这样的问题, 一种简单的方法就是我们不去寻找最佳的旋转平面, 而是在一次扫描中, 按照某种预先指定的顺序对每个非对角元恰好消去一次. 这就是所谓的**循环 Jacobi 方法**. 最自然的循环 Jacobi 方法是按如下的顺序来扫描:

$$(p,q) = (1,2), \cdots, (1,n); (2,3), \cdots, (2,n); \cdots; (n-1,n).$$

对于这种特殊的循环 Jacobi 方法, 已经证明了它是渐近平方收敛的. 但是, 由于这里不需要寻找最佳的旋转平面, 因此要比经典 Jacobi 方法快得多.

例 7.3.2　应用循环 Jacobi 方法于例 7.3.1 的矩阵上, 其收敛情况如表 7.2 所示.

表　7.2

扫描次数	$O\big(E(A_{kN})\big)$
0	10^2
1	10
2	10^{-1}
3	10^{-6}
4	10^{-16}

在实际计算中用得最多的是上述特殊循环 Jacobi 方法的一种变形——**过关 Jacobi 方法**: 首先确定一个 "关值"(即一个正数), 在特殊循环的一次扫描中, 只对那些绝对值超过关值的非对角元所在的平面进行 Jacobi 变换; 这样反复扫描, 当所有的非对角元的绝对值都不超过关值时, 减少关值, 再按这新的关值进行扫描; 如此继续, 直至关值充分小而达到过程的收敛. 常用的关值是按如下方式选取的:

$$\delta_0 = E(A), \quad \delta_k = \frac{\delta_{k-1}}{\sigma}, \quad k = 1, 2, \cdots,$$

其中 $\sigma \geqslant n$ 是一个固定的常数. 可以证明: 按照这样选取的关值, 过关 Jacobi 方法是收敛的. 这一结果的证明, 请读者自己作为练习补出.

Jacobi 方法的优点之一就是计算特征向量特别方便. 如果经过 k 次变换后迭代停止了, 则我们有

$$A_k = J_k^{\mathrm{T}} J_{k-1}^{\mathrm{T}} \cdots J_1^{\mathrm{T}} A J_1 J_2 \cdots J_k.$$

记

$$Q_k = J_1 J_2 \cdots J_k,$$

则有

$$A Q_k = Q_k A_k.$$

由于 A_k 的非对角元已经非常小, 其对角元就是 A 的很好的近似特征值, 所以上式表明矩阵 Q_k 的列向量就是 A 的很好的近似特征向量, 并

且所有的近似特征向量都是正交规范的. 这样要计算 A 的特征向量,
只需将变换矩阵 J_i 累积起来即可, 累积可以在迭代过程中同时进行.

7.3.3　Jacobi 方法的并行方案

近来人们对古老的 Jacobi 方法感兴趣的主要原因之一是因为
Jacobi 方法容易并行化. 这里我们仅以一个例子来说明 Jacobi 方法
的这一特点. 设 A 是 8×8 的实对称矩阵, 而我们是在一个有四个处
理器的并行机上求这一矩阵的特征值和特征向量的. 我们可以把用于
一次扫描的 28 个平面旋转变换分为七组:

第一组: $(1,2), (3,4), (5,6), (7,8)$;

第二组: $(1,3), (2,4), (5,7), (6,8)$;

第三组: $(1,4), (2,3), (5,8), (6,7)$;

第四组: $(1,5), (2,6), (3,7), (4,8)$;

第五组: $(1,6), (2,5), (3,8), (4,7)$;

第六组: $(1,7), (2,8), (3,5), (4,6)$;

第七组: $(1,8), (2,7), (3,6), (4,5)$.

按这样分组之后, 每组内的四个旋转变换同时分配给四个处理器
分别进行. 例如, 第一组中的四个变换 $J(2i-1, 2i, \theta_i)(i=1,2,3,4)$ 可
以同时独立地确定. 这是因为在对 A 进行其中任一平面的相似变换时,
并不影响决定其余三个变换的 2×2 子矩阵, 如 $J(1,2,\theta_1)^{\mathrm{T}} A J(1,2,\theta_1)$
并不改变确定 $(3,4), (5,6)$ 和 $(7,8)$ 平面之内的旋转变换的 2×2 子矩
阵. 而后计算

$$A = AJ(1,2,\theta_1), \quad A = AJ(3,4,\theta_2),$$
$$A = AJ(5,6,\theta_3), \quad A = AJ(7,8,\theta_4)$$

亦可在四个处理器上同时进行. 同样, 计算

$$A = J(1,2,\theta_1)^{\mathrm{T}} A, \quad A = J(3,4,\theta_2)^{\mathrm{T}} A,$$
$$A = J(5,6,\theta_3)^{\mathrm{T}} A, \quad A = J(7,8,\theta_4)^{\mathrm{T}} A$$

亦可在四个处理器上分别进行. 由此可见 Jacobi 方法的并行效率是很
高的. 就这一例子而言, 其所需计算时间仅是在单机的 $1/4$.

§7.4 二 分 法

这一节我们来介绍求一个实对称三对角阵的任意指定特征值的二分法. 将二分法与三对角化技巧相结合, 就可得到求任意一个实对称矩阵的任意指定特征值和对应的特征向量的数值方法.

设

$$T = \begin{bmatrix} \alpha_1 & \beta_2 & & & \\ \beta_2 & \alpha_2 & \beta_3 & & \\ & \ddots & \ddots & \ddots & \\ & & \ddots & \ddots & \beta_n \\ & & & \beta_n & \alpha_n \end{bmatrix}$$

是一个给定的实对称三对角阵. 我们来考虑 T 的特征值的计算. 不失一般性, 我们可以假定 $\beta_i \neq 0 \ (i = 2, \cdots, n)$, 即假定 T 是不可约的对称三对角阵. 否则, 可将 T 分为几个阶数更小的不可约对称三对角阵.

记 $p_i(\lambda)$ 为 $T - \lambda I$ 的 i 阶顺序主子式, 则由三对角阵的特点和行列式的性质, 易证 $p_i(\lambda)$ 满足下面的三项递推公式:

$$p_0(\lambda) \equiv 1, \quad p_1(\lambda) = \alpha_1 - \lambda,$$
$$p_i(\lambda) = (\alpha_i - \lambda)p_{i-1}(\lambda) - \beta_i^2 p_{i-2}(\lambda), \quad (7.4.1)$$
$$i = 2, \cdots, n.$$

由于 T 是实对称的, 故多项式 $p_i(\lambda) \ (i = 1, \cdots, n)$ 的根都是实的. 而且, 这些多项式还有如下定理所述的一些重要性质:

定理 7.4.1 设 $p_i(\lambda)$ 如(7.4.1)式所定义, 则有

(1) 存在正数 M, 使得当 $\lambda > M$ 时, 有 $p_i(-\lambda) > 0$, 而 $p_i(\lambda)$ 的符号为 $(-1)^i$;

(2) 相邻两个多项式没有公共根;

(3) 若 $p_i(\mu) = 0$, 则 $p_{i-1}(\mu)p_{i+1}(\mu) < 0$;

(4) $p_i(\lambda)$ 的根全是单重的, 并且 $p_i(\lambda)$ 的根严格分隔 $p_{i+1}(\lambda)$ 的根.

证明　由于 $p_i(\lambda)$ 是 $T - \lambda I$ 的第 i 阶顺序主子式, 故其首项为 $(-1)^i \lambda^i$. 由此立即知 (1) 成立.

(2) 用反证法. 假设存在某个 i, 使得 $p_{i-1}(\lambda)$ 与 $p_i(\lambda)$ 有公共根 μ, 即 $p_{i-1}(\mu) = p_i(\mu) = 0$, 则由 (7.4.1) 式得

$$0 = p_i(\mu) = (\alpha_i - \mu)p_{i-1}(\mu) - \beta_i^2 p_{i-2}(\mu) = -\beta_i^2 p_{i-2}(\mu).$$

但我们已假定 $\beta_i \neq 0$, 故上式蕴涵着 $p_{i-2}(\mu) = 0$. 这样, 由

$$p_{i-2}(\mu) = p_{i-1}(\mu) = 0$$

又可推出 $p_{i-3}(\mu) = 0$. 如此下去, 最后就可推出 $p_0(\mu) = 0$. 这与 $p_0(\mu) \equiv 1$ 矛盾, 于是 (2) 得证.

(3) 可由本定理的结论 (2) 和 (7.4.1) 式立即推出. 设 $p_i(\mu) = 0$, 则

$$p_{i+1}(\mu)p_{i-1}(\mu) = -\beta_{i+1}^2 \big(p_{i-1}(\mu)\big)^2 < 0.$$

(4) 我们用数学归纳法来证明. 当 $i = 1$ 时, $p_1(\lambda) = \alpha_1 - \lambda$, 即 α_1 是 $p_1(\lambda)$ 的根. 另一方面, $p_2(\alpha_1) = -\beta_2^2 < 0$, 而本定理的结论 (1) 蕴涵着当 λ 为充分大的正数时有 $p_2(-\lambda)$ 和 $p_2(\lambda)$ 均大于零, 因此在 $(-\infty, \alpha_1)$ 与 $(\alpha_1, +\infty)$ 之内各有 $p_2(\lambda)$ 的一个根. 这样, 对 $i = 2$ 我们已证 (4) 成立.

现假设我们已经证明了 (4) 对 $i = k$ 成立, 即假定已经证明了 $p_{k-1}(\lambda)$ 和 $p_k(\lambda)$ 的根都是单根, 并且 $p_{k-1}(\lambda)$ 的根严格分隔 $p_k(\lambda)$ 的根. 设 $p_{k-1}(\lambda)$ 和 $p_k(\lambda)$ 的根分别为

$$\nu_1 < \nu_2 < \cdots < \nu_{k-1} \quad \text{和} \quad \mu_1 < \mu_2 < \cdots < \mu_k,$$

则由归纳法假设有

$$\mu_1 < \nu_1 < \mu_2 < \nu_2 < \cdots < \nu_{k-1} < \mu_k. \tag{7.4.2}$$

应用三项递推公式 (7.4.1) 可得

$$p_{k+1}(\mu_j) = -\beta_{k+1}^2 p_{k-1}(\mu_j), \quad j = 1, \cdots, k. \tag{7.4.3}$$

由本定理的结论 (1) 和 $p_{k-1}(\nu_j) = 0 \; (1 \leqslant j \leqslant k-1)$ 容易推出, (7.4.2) 式蕴涵着

$$(-1)^{j-1}p_{k-1}(\mu_j) > 0, \quad j = 1, \cdots, k.$$

于是, 由 (7.4.3) 式得

$$(-1)^j p_{k+1}(\mu_j) > 0, \quad j = 1, \cdots, k.$$

再注意到对充分大的正数 μ 有

$$p_{k+1}(-\mu) > 0 \quad \text{和} \quad (-1)^{k+1}p_{k+1}(\mu) > 0,$$

即知在区间

$$(-\infty, \mu_1), \ (\mu_1\, \mu_2), \ \cdots, \ (\mu_{k-1}, \mu_k), \ (\mu_k, +\infty)$$

内都有 $p_{k+1}(\lambda)$ 的根. 这里共有 $k+1$ 个区间, 而 $p_{k+1}(\lambda)$ 只有 $k+1$ 个根, 因此, 在每个区间内有且仅有 $p_{k+1}(\lambda)$ 的一个根. 由归纳法原理知 (4) 得证. $\qquad\Box$

对任意给定的实数 μ, 定义 $s_k(\mu)$ 是数列 $p_0(\mu), \cdots, p_k(\mu)$ 的变号数, 这里规定: 若 $p_i(\mu) = 0$, 则 $p_i(\mu)$ 与 $p_{i-1}(\mu)$ 同号 (根据定理 7.4.1 的结论 (2) 知, 此时 $p_{i-1}(\mu)$ 不可能亦为零). 为了弄清这一概念, 现举例如下: 设

$$T = \begin{bmatrix} 1 & 1 & 0 \\ 1 & 1 & 1 \\ 0 & 1 & 1 \end{bmatrix},$$

则有

$$p_0(\lambda) \equiv 1,$$
$$p_1(\lambda) = 1 - \lambda,$$
$$p_2(\lambda) = (1-\lambda)^2 - 1,$$
$$p_3(\lambda) = (1-\lambda)^3 - 2(1-\lambda).$$

对于 $\mu = 1$, 我们有

$$p_0(1) = 1, \quad p_1(1) = 0, \quad p_2(1) = -1, \quad p_3(1) = 0.$$

按规定, $p_1(1)$ 与 $p_0(1)$ 同号, $p_3(1)$ 与 $p_2(1)$ 同号, 从而这一数列的变号数为 $s_3(1) = 1$.

定理 7.4.2   在 T 为不可约对称三对角阵的假定下, $s_k(\mu)(1 \leqslant k \leqslant n)$ 恰好是 $p_k(\lambda)$ 在区间 $(-\infty, \mu)$ 内根的个数.

证明   我们用数学归纳法来证明. 当 $k = 1$ 时, 结论显然成立. 现假设当 $k = l$ 时结论成立. 设 $p_l(\lambda)$ 和 $p_{l+1}(\lambda)$ 的根分别为

$$\mu_1 < \mu_2 < \cdots < \mu_l \quad \text{和} \quad \lambda_1 < \lambda_2 < \cdots < \lambda_{l+1},$$

则由定理 7.4.1 的结论 (4) 知

$$\lambda_1 < \mu_1 < \lambda_2 < \mu_2 < \cdots < \mu_l < \lambda_{l+1}. \tag{7.4.4}$$

再设 $s_l(\mu) = m$, 则由归纳法假设有

$$\mu_m < \mu \leqslant \mu_{m+1}.$$

这样由 (7.4.4) 式知 μ 所在的位置有两种可能性:

$$\lambda_m < \mu_m < \mu \leqslant \lambda_{m+1} \quad \text{或} \quad \lambda_{m+1} < \mu \leqslant \mu_{m+1}.$$

注意到

$$p_l(\mu) = \prod_{i=1}^{l}(\mu_i - \mu), \quad p_{l+1}(\mu) = \prod_{i=1}^{l+1}(\lambda_i - \mu), \tag{7.4.5}$$

则当 $\lambda_m < \mu_m < \mu \leqslant \lambda_{m+1}$ 成立时, 易知 $p_l(\mu)$ 与 $p_{l+1}(\mu)$ 同号 (即使 $\mu = \lambda_{m+1}$, 按规定亦有此两数同号). 这样 $s_{l+1}(\mu) = s_l(\mu) = m$, 这正好是 $p_{l+1}(\lambda)$ 在区间 $(-\infty, \mu)$ 内根的个数.

当 $\lambda_{m+1} < \mu \leqslant \mu_{m+1}$ 成立时, 我们分两种情况来证 $s_{l+1}(\mu) = m + 1$:

(1) 若 $\mu < \mu_{m+1}$, 则由 (7.4.5) 式知, 此时 $p_l(\mu)$ 与 $p_{l+1}(\mu)$ 异号, 因而 $s_{l+1}(\mu) = s_l(\mu) + 1 = m + 1$.

(2) 若 $\mu = \mu_{m+1}$, 则此时有 $p_l(\mu) = 0$. 于是按规定此时 $p_l(\mu)$ 与 $p_{l-1}(\mu)$ 同号. 而定理 7.4.1 的结论 (3) 表明, 此时 $p_{l-1}(\mu)$ 与 $p_{l+1}(\mu)$ 异号, 因此 $p_{l+1}(\mu)$ 与 $p_l(\mu)$ 异号, 即 $s_{l+1}(\mu) = s_l(\mu) + 1 = m + 1$.

这样, 我们就证明了无论哪种情况, 都有 $s_{l+1}(\mu)$ 正好等于 $p_{l+1}(\mu)$ 在区间 $(-\infty, \mu)$ 内根的个数. 由归纳法原理知定理得证. □

在定理 7.4.2 中令 $k = n$ 即得如下结论:

推论 7.4.1 若 T 是不可约的对称三对角阵, 则 $s_n(\mu)$ 正好是该矩阵在区间 $(-\infty, \mu)$ 内特征值的个数.

利用这一推论, 我们可以用二分法来求 T 的任何一个指定的特征值. 设 T 的特征值为

$$\lambda_1 < \lambda_2 < \cdots < \lambda_n,$$

则必有

$$|\lambda_i| \leqslant \rho(T) \leqslant \|T\|_\infty.$$

现在假定我们希望求 T 的第 m 个特征值 λ_m. 我们先取

$$l_0 = -\|T\|_\infty, \quad u_0 = \|T\|_\infty,$$

则 λ_m 必在区间 $[l_0, u_0]$ 内. 取 $[l_0, u_0]$ 的中点 $r_1 = (l_0 + u_0)/2$, 并计算 $s_n(r_1)$. 若 $s_n(r_1) \geqslant m$, 则 $\lambda_m \in [l_0, r_1]$, 于是取 $l_1 = l_0, u_1 = r_1$; 否则, $\lambda_m \in [r_1, u_0]$, 于是取 $l_1 = r_1, u_1 = u_0$. 这样, 我们得到一个长度比 $[l_0, u_0]$ 减少一半的区间 $[l_1, u_1]$ 仍含有特征值 λ_m. 继续进行这一过程, 经过 k 次二等分过程, 将得到一个长度为 $(u_0 - l_0)/2^k = \|T\|_\infty/2^{k-1}$ 的区间 $[l_k, u_k]$ 仍含有特征值 λ_m. 这样, 当 k 充分大时, 这个区间的长度就非常小, 因此就可取该区间的中点作为 λ_m 的近似值.

大家容易从上面的二分法看出, 二分法的主要工作量是计算 $s_n(\mu)$. 而在实际计算时 $s_n(\mu)$ 不能直接通过计算 $p_i(\mu)$ 的值来实现, 这是因为高阶多项式的计算容易发生溢出. 为了避免这一问题的发生, 我们定义

$$q_i(\lambda) = \frac{p_i(\lambda)}{p_{i-1}(\lambda)}, \quad i = 1, \cdots, n.$$

利用公式 (7.4.1) 可得

$$q_1(\lambda) = p_1(\lambda) = \alpha_1 - \lambda,$$

$$q_i(\lambda) = \alpha_i - \lambda - \frac{\beta_i^2}{q_{i-1}(\lambda)}, \quad i = 2, \cdots, n.$$

由此易知, $s_n(\mu)$ 正好是数列 $q_1(\mu), \cdots, q_n(\mu)$ 中负数的个数. 这样就得到了计算 $s_n(\mu)$ 的如下实用算法:

算法 7.4.1 (计算变号数)

$x = [\alpha_1, \alpha_2, \cdots, \alpha_n]$

$y = [0, \beta_2, \cdots, \beta_n]$

$s = 0; \quad q = x(1) - \mu$

for $k = 1 : n$

  if $q < 0$

    $s = s + 1$

  end

  if $k < n$

    if $q = 0$

      $q = |y(k+1)|\mathbf{u}$

    end

    $q = x(k+1) - \mu - y(k+1)^2/q$

  end

end

注意, 当 $q_{i-1}(\mu) = 0$ 时, 按规定此时 q_{i-1} 应该按正数对待, 因而我们在算法 7.4.1 中以很小的正数 $|\beta_i|\mathbf{u}$ 代替了 $q_{i-1}(\mu)$, 这实质上相当于在矩阵 T 中用 $\alpha_{i-1} + |\beta_i|\mathbf{u}$ 代替了 α_{i-1}.

如果我们事先将 β_i^2 算好并存放起来, 则算法 7.4.1 需要 $n-1$ 次除法运算和 $2n-1$ 次加减运算. 这样, 如果计算一个特征值平均需要 m 次二分法, 则用二分法求一个特征值的运算量平均为 $3nm$. 因此, 用二分法求对称三对角阵的特征值所花费的时间是很少的.

此外, 二分法具有较大的灵活性, 它既可求某些指定的较大或较小的特征值, 也可求某个区间内的特征值, 而且对各个特征值的精度要求也可以不一样. 另外, 值得指出的是, 误差分析的结果表明二分法是非常稳定的, 而且计算精度和所需计算时间与特征值的分离程度无关. 详细介绍这些内容需花费较多时间, 有兴趣的读者可参看文献 [21].

最后我们需说明的一点是, 当用二分法求得 T 的某个近似特征值之后, 如果还需计算其对应的特征向量的话, 最好是应用反幂法来计算.

§7.5 分而治之法

分而治之法是求实对称三对角阵的全部特征值和特征向量的一种数值方法, 是由 Dongarra 和 Sorensen 于 1987 年首先提出的. 其基本思想是: 先将给定的对称三对角阵 "分割" 成 2^k 个低阶的对称三对角阵; 然后分别求出每个低阶的对称三对角阵的谱分解; 最后将这些低阶谱分解 "胶合" 在一起而得到原矩阵的谱分解. 因此, 这一方法特别适用于并行计算.

7.5.1 分割

设

$$
T = \begin{bmatrix}
\alpha_1 & \beta_2 & & & & \\
\beta_2 & \alpha_2 & \beta_3 & & & \\
& \beta_3 & \alpha_3 & \beta_4 & & \\
& & \ddots & \ddots & \ddots & \\
& & & \beta_{n-1} & \alpha_{n-1} & \beta_n \\
& & & & \beta_n & \alpha_n
\end{bmatrix} \tag{7.5.1}
$$

是一个给定的实对称三对角阵. 为了下面讨论方便, 我们不妨假定 $n = 2m$. 定义 $v \in \mathbf{R}^n$ 为

$$
v = (0, \cdots, 0, \underset{m}{1}, \underset{m+1}{\theta}, 0, \cdots, 0)^{\mathrm{T}}, \tag{7.5.2}
$$

并考虑矩阵 $\widetilde{T} = T - \rho v v^{\mathrm{T}}$, 其中 θ 和 ρ 是待定实数. 易知, $\widetilde{T}$ 除中间的四个元素为

$$
\begin{bmatrix}
\alpha_m - \rho & \beta_{m+1} - \rho\theta \\
\beta_{m+1} - \rho\theta & \alpha_{m+1} - \rho\theta^2
\end{bmatrix}
$$

外, 其余元素与 T 的完全一样. 因此, 假如我们取 $\rho\theta = \beta_{m+1}$, 则有

$$T = \begin{bmatrix} T_1 & 0 \\ 0 & T_2 \end{bmatrix} + \rho v v^{\mathrm{T}}, \tag{7.5.3}$$

其中

$$T_1 = \begin{bmatrix} \alpha_1 & \beta_2 & & & & \\ \beta_2 & \alpha_2 & \beta_3 & & & \\ & \beta_3 & \alpha_3 & \beta_4 & & \\ & & \ddots & \ddots & \ddots & \\ & & & \beta_{m-1} & \alpha_{m-1} & \beta_m \\ & & & & \beta_m & \widetilde{\alpha}_m \end{bmatrix},$$

$$T_2 = \begin{bmatrix} \widetilde{\alpha}_{m+1} & \beta_{m+2} & & & \\ \beta_{m+2} & \alpha_{m+2} & \beta_{m+3} & & \\ & \beta_{m+3} & \ddots & \ddots & \\ & & \ddots & \alpha_{n-1} & \beta_n \\ & & & \beta_n & \alpha_n \end{bmatrix},$$

这里 $\widetilde{\alpha}_m = \alpha_m - \rho$, $\widetilde{\alpha}_{m+1} = \alpha_{m+1} - \rho\theta^2$.

这样, 我们就把 T 分割为一个分块矩阵和一个秩 1 矩阵的和. 如果需要, 还可以对 T_1 和 T_2 分别进行形如 (7.5.3) 式的分割, 如此下去, 就可将 T 分割为 2^k 块.

7.5.2   胶合

假定我们已经求得 T_1 和 T_2 的谱分解

$$Q_1^{\mathrm{T}} T_1 Q_1 = D_1, \quad Q_2^{\mathrm{T}} T_2 Q_2 = D_2,$$

其中 Q_1 和 Q_2 是 m 阶正交矩阵, D_1 和 D_2 是对角阵. 那么, 我们下面的任务就是利用 T_1 和 T_2 的谱分解来求出 T 的谱分解, 即求正交矩阵 V, 使得

$$V^{\mathrm{T}} T V = \mathrm{diag}\,(\lambda_1, \cdots, \lambda_n). \tag{7.5.4}$$

令

$$U = \begin{bmatrix} Q_1 & 0 \\ 0 & Q_2 \end{bmatrix},$$

则

$$U^{\mathrm{T}}TU = \begin{bmatrix} Q_1 & 0 \\ 0 & Q_2 \end{bmatrix}^{\mathrm{T}} \left(\begin{bmatrix} T_1 & 0 \\ 0 & T_2 \end{bmatrix} + \rho v v^{\mathrm{T}} \right) \begin{bmatrix} Q_1 & 0 \\ 0 & Q_2 \end{bmatrix}$$

$$= D + \rho z z^{\mathrm{T}}, \tag{7.5.5}$$

其中

$$z = U^{\mathrm{T}}v, \quad D = \mathrm{diag}\,(D_1,\ D_2).$$

这样一来, 欲求 T 的谱分解的问题就归结为求 $D + \rho z z^{\mathrm{T}}$ 的谱分解的问题. 因此, 下面我们就来考虑如何快速稳定地求矩阵 $D + \rho z z^{\mathrm{T}}$ 的谱分解.

引理 7.5.1 设 $D = \mathrm{diag}\,(d_1,\cdots,d_n) \in \mathbf{R}^{n \times n}$ 满足 $d_1 > d_2 > \cdots > d_n$, 并假定 ρ 是一个非零实数, $z \in \mathbf{R}^n$ 的分量均不为零. 如果 $u \in \mathbf{R}^n$ 和 $\lambda \in \mathbf{R}$ 满足

$$(D + \rho z z^{\mathrm{T}})u = \lambda u, \quad u \neq 0,$$

则 $z^{\mathrm{T}}u \neq 0$, 而且 $D - \lambda I$ 非奇异.

证明 若 $z^{\mathrm{T}}u = 0$, 则 $Du = \lambda u, u \neq 0$, 即 λ 是 D 的特征值, u 是属于 λ 的特征向量. 而已知 D 是对角元互不相同的对角阵, 故必有某个 i, 使得 $d_i = \lambda$, 而且 $u = \alpha e_i, \alpha \neq 0$. 这样便有

$$0 = z^{\mathrm{T}}u = \alpha z^{\mathrm{T}}e_i.$$

这与 z 的分量均不为零的假定矛盾. 因此, 必有 $z^{\mathrm{T}}u \neq 0$.

此外, 若 $D - \lambda I$ 奇异, 则必有某个 i, 使得 $e_i^{\mathrm{T}}(D - \lambda I) = 0$, 从而有

$$0 = e_i^{\mathrm{T}}(D - \lambda I)u = -\rho z^{\mathrm{T}}u e_i^{\mathrm{T}}z.$$

但 $\rho z^{\mathrm{T}} u \neq 0$, 故必有 $e_i^{\mathrm{T}} z = 0$. 这亦与 z 的分量均不为零矛盾, 从而必有 $D - \lambda I$ 非奇异.   □

定理 7.5.1   在引理 7.5.1 的假设条件下, 再假定 $D + \rho z z^{\mathrm{T}}$ 的谱分解为

$$V^{\mathrm{T}}(D + \rho z z^{\mathrm{T}})V = \mathrm{diag}\,(\lambda_1, \cdots, \lambda_n),$$

其中 $V = [v_1, \cdots, v_n]$ 为正交矩阵, $\lambda_1 \geqslant \cdots \geqslant \lambda_n$, 则有

(1) $\lambda_1, \cdots, \lambda_n$ 正好是函数

$$f(\lambda) = 1 + \rho z^{\mathrm{T}}(D - \lambda I)^{-1} z$$

的 n 个零点.

(2) 当 $\rho > 0$ 时, 有 $\lambda_1 > d_1 > \lambda_2 > d_2 > \cdots > \lambda_n > d_n$; 而当 $\rho < 0$ 时, 有 $d_1 > \lambda_1 > d_2 > \cdots > d_n > \lambda_n$.

(3) 存在常数 $\alpha_i \neq 0$, 使得 $v_i = \alpha_i(D - \lambda_i I)^{-1} z$, $i = 1, \cdots, n$.

证明   由已知条件知

$$(D + \rho z z^{\mathrm{T}})v_i = \lambda_i v_i, \quad \|v_i\|_2 = 1.$$

于是, 从引理 7.5.1 知, $D - \lambda_i I$ 非奇异, 从而有

$$v_i = -\rho z^{\mathrm{T}} v_i (D - \lambda_i I)^{-1} z, \quad i = 1, \cdots, n. \tag{7.5.6}$$

这就证明了 (3) 成立, 同时也证明了 $D + \rho z z^{\mathrm{T}}$ 的特征值互不相同 (否则, 如果 $\lambda_i = \lambda_j$, 则有 v_i 与 v_j 线性相关, 这与 v_i 与 v_j 互相正交矛盾).

此外, 在 (7.5.6) 式两边左乘 z^{T}, 并注意到 $z^{\mathrm{T}} v_i \neq 0$, 即有

$$1 = -\rho z^{\mathrm{T}}(D - \lambda_i I)^{-1} z,$$

即

$$f(\lambda_i) = 0, \quad i = 1, \cdots, n,$$

这说明 λ_i $(i = 1, \cdots, n)$ 均是 $f(\lambda)$ 的零点. 下面来证 $f(\lambda)$ 正好有 n 个零点.

设 $z = (\xi_1, \cdots, \xi_n)^{\mathrm{T}}$, 则

$$f(\lambda) = 1 + \rho\Big(\frac{\xi_1^2}{d_1 - \lambda} + \cdots + \frac{\xi_n^2}{d_n - \lambda}\Big).$$

于是有

$$f'(\lambda) = \rho\left[\frac{\xi_1^2}{(d_1 - \lambda)^2} + \cdots + \frac{\xi_n^2}{(d_n - \lambda)^2}\right].$$

因此, $f(\lambda)$ 在任意两个相邻的极点 d_i 和 d_{i+1} 之间是严格单调的: $\rho > 0$ 时, 严格增加; $\rho < 0$ 时, 严格减少. 由此易知, $f(\lambda)$ 正好有 n 个零点, 而且当 $\rho > 0$ 时, 它们正好分别位于如下的 n 个区间:

$$(d_n, d_{n-1}), \cdots, (d_2, d_1), (d_1, +\infty);$$

当 $\rho < 0$ 时, 它们正好位于如下的 n 个区间:

$$(-\infty, d_n), (d_n, d_{n-1}), \cdots, (d_2, d_1).$$

由此立即知定理的结论 (1) 和 (2) 成立. $\square$

从定理 7.5.1 可知, 在引理 7.5.1 的条件下, 我们可以按如下两步快速、稳定地求出 $D + \rho zz^{\mathrm{T}}$ 的谱分解:

第一步, 求 $f(\lambda)$ 的零点 $\lambda_1, \cdots, \lambda_n$. 由于每个区间 (d_{i+1}, d_i) 内有且仅有 $f(\lambda)$ 的唯一零点, 而且 $f(\lambda)$ 在区间内严格单调, 因此这一步可以应用 Newton 类型的算法快速、稳定地实现.

第二步, 计算

$$v_i = \frac{(D - \lambda_i I)^{-1}z}{\|(D - \lambda_i I)^{-1}z\|_2}, \quad i = 1, \cdots, n.$$

这一步当然亦可快速、稳定地实现.

对于一般的 $D + \rho zz^{\mathrm{T}}$ 的谱分解亦可归结为定理 7.5.1 所述的情形. 为此, 我们来构造性地证明下面的结果.

定理 7.5.2 设 $D = \mathrm{diag}\,(d_1, \cdots, d_n) \in \mathbf{R}^{n \times n}$, $z \in \mathbf{R}^n$, 则存在正交矩阵 V 和 $\{1, \cdots, n\}$ 的一个排列 π, 使得

(1) $V^{\mathrm{T}}z = (\xi_1, \cdots, \xi_r, \underbrace{0, \cdots, 0}_{n-r\uparrow})^{\mathrm{T}}$ 满足 $\xi_i \neq 0$ $(i = 1, \cdots, r)$;

(2) $V^{\mathrm{T}}DV = \mathrm{diag}\,(d_{\pi(1)},\cdots,d_{\pi(n)})$ 满足

$$d_{\pi(1)} > d_{\pi(2)} > \cdots > d_{\pi(r)}.$$

证明   如果有某两个指标 $i < j$, 使得 $d_i = d_j$, 则我们可取 (i,j) 坐标平面内的平面旋转变换 $P_{ij} = G(i,j,\theta)$, 使得 $P_{ij}z$ 第 j 个分量为零, 而且易证, 此时有 $P_{ij}^{\mathrm{T}}DP_{ij} = D$. 这样进行若干步之后, 就可以找到一个由一些平面旋转变换的乘积构成的正交矩阵 V_1, 使得 $V_1^{\mathrm{T}}DV_1 = D$, 而且 $V_1^{\mathrm{T}}z = (\xi_1,\cdots,\xi_n)^{\mathrm{T}}$ 满足: 若 $\xi_i\xi_j \neq 0\ (i \neq j)$, 则必有 $d_i \neq d_j$.

然后, 对 $V_1^{\mathrm{T}}z$ 的分量进行若干次两两对换, 可使其所有不为零的分量都位于它的前面, 即可以找到一个排列方阵 P_1, 使得

$$P_1V_1^{\mathrm{T}}z = (\xi_{\pi_1(1)},\cdots,\xi_{\pi_1(n)})^{\mathrm{T}},$$
$$\xi_{\pi_1(i)} \neq 0, \quad i = 1,\cdots,r,$$
$$\xi_{\pi_1(i)} = 0, \quad i = r+1,\cdots,n,$$

其中 π_1 是 $\{1,\cdots,n\}$ 的一个排列. 再由 P_1 的取法知, 矩阵

$$P_1^{\mathrm{T}}V_1^{\mathrm{T}}DV_1P_1 = P_1^{\mathrm{T}}DP_1 = \mathrm{diag}\,(d_{\pi_1(1)},\cdots,d_{\pi_1(n)})$$

的前 r 个对角元 $d_{\pi_1(1)},\cdots,d_{\pi_1(r)}$ 互不相同.

最后, 对 $d_{\pi_1(1)},\cdots,d_{\pi_1(r)}$ 进行若干次对换, 使它们按从大到小的次序排列, 即可找到一个 r 阶排列方阵 P_2, 使得

$$P_2^{\mathrm{T}}\mathrm{diag}\,(d_{\pi_1(1)},\cdots,d_{\pi_1(r)})P_2 = \mathrm{diag}\,(\mu_1,\cdots,\mu_r),$$

其中 $\mu_1,\mu_2,\cdots,\mu_r$ 是由 $d_{\pi_1(1)},d_{\pi_1(2)},\cdots,d_{\pi_1(r)}$ 从大到小排列而得到的, 即

$$\mu_1 > \mu_2 > \cdots > \mu_r.$$

现令

$$V = V_1P_1\mathrm{diag}\,(P_2,I_{n-r}),$$
$$V^{\mathrm{T}}z = (\xi_1,\cdots,\xi_n)^{\mathrm{T}},$$
$$V^{\mathrm{T}}DV = \mathrm{diag}\,(d_{\pi(1)},\cdots,d_{\pi(n)}),$$

其中 π 是由 P_1 和 P_2 决定的 $\{1,\cdots,n\}$ 的一个排列, 则有

$$\xi_i \neq 0,\ i=1,\cdots,r,\quad \xi_{r+1}=\cdots=\xi_n=0,$$

$$d_{\pi(1)} > d_{\pi(2)}\cdots > d_{\pi(r)},$$

即定理得证. $\qquad\qquad\qquad\qquad\qquad\qquad\qquad\qquad\qquad\qquad\square$

由定理 7.5.2 可知, 对任意的 $D=\operatorname{diag}(d_1,\cdots,d_n)\in\mathbf{R}^n$ 和 $z\in$ $\mathbf{R}^n$ 可构造出一个正交矩阵 V, 使得

$$V^{\mathrm{T}}(D+\rho zz^{\mathrm{T}})V=\left[\begin{array}{cc} D_1+\rho ww^{\mathrm{T}} & 0 \\ 0 & D_2 \end{array}\right]\begin{array}{l}r\\n-r\end{array},$$
$$\qquad\qquad\qquad r\qquad n-r$$

其中

$$D_1=\operatorname{diag}(d_{\pi(1)},\cdots,d_{\pi(r)}),\quad d_{\pi(1)}>\cdots>d_{\pi(r)};$$
$$D_2=\operatorname{diag}(d_{\pi(r+1)},\cdots,d_{\pi(n)});$$
$$w=(\xi_1,\cdots,\xi_r)^{\mathrm{T}},\quad \xi\neq 0,\quad i=1,\cdots,r.$$

因此, 要求 $D+\rho zz^{\mathrm{T}}$ 的谱分解我们只需求出 $D_1+\rho ww^{\mathrm{T}}$ 的谱分解即可, 而后者已是定理 7.5.1 所述的情形, 可以快速、稳定地求出.

在实际计算时, 当然需事先给定一个准则, 来判定何时两数视为相等, 何时一个数视为零. 例如, 可取

$$\varepsilon_1=(\|D\|_2+|\rho|\,\|z\|_2)\mathbf{u}$$

来作为误差限, 当 $|d_i-d_j|<\varepsilon_1$ 时, 就认为 d_i 和 d_j 相等; 而当 $|\xi_i|<\varepsilon_1$ 时, 就认为 ξ_i 为零.

作为本节的结束, 我们来简要地说明一下如何将这一方法应用于并行计算. 为了叙述简单起见, 假定我们是在有四个处理器的并行机上计算一个 $4N$ 阶的对称三对角阵 T 的谱分解. 整个计算过程可分为如下四步:

(1) 分割:

$$T=\left[\begin{array}{cc} T_1 & 0 \\ 0 & T_2 \end{array}\right]+\rho vv^{\mathrm{T}},\quad T_1\in\mathbf{R}^{2N\times 2N},\ v\in\mathbf{R}^{4N};$$

$$T_i = \begin{bmatrix} T_{i1} & 0 \\ 0 & T_{i2} \end{bmatrix} + \rho_i w_i w_i^{\mathrm{T}}, \quad T_{ij} \in \mathbf{R}^{N \times N}, \ w_i \in \mathbf{R}^{2N}, \ i = 1, 2.$$

这步仅需计算少数几个数.

(2) 将 T_{11}, T_{12}, T_{21}, T_{22} 分别分配给四个处理器, 去求其谱分解 (例如可用隐式对称 QR 算法实现).

(3) 将 T_{11} 和 T_{12} 的谱分解以及 T_{21} 和 T_{22} 的谱分解分别胶合成 T_1 和 T_2 的谱分解. 这一步, 由于胶合过程主要是求形如 $D + \rho z z^{\mathrm{T}}$ 的矩阵的特征值和特征向量, 而这些特征值的计算基本上是相互独立的, 因此亦可分配给四个处理器同时进行.

(4) 将 T_1 和 T_2 的谱分解胶合成 T 的谱分解. 这步亦可分配给四个处理器同时进行.

从上面的讨论可看出, 分而治之法并行的效率是很高的. 因此, 它适用于在并行机上求解大型对称三对角阵的全部特征值和特征向量.

§7.6 奇异值分解的计算

这一节我们来考虑, 对给定的 $A \in \mathbf{R}^{m \times n}$ $(m \geqslant n)$, 如何计算其奇异值分解. 由于奇异值分解与对称矩阵的谱分解之间有着密切的关系, 因此相应地也有计算奇异值分解的 QR 方法、Jacibi 方法、二分法和分而治之法. 限于篇幅我们这里不打算一一地详细介绍这些方法, 而只对计算奇异值分解的 QR 方法作一简要的介绍.

计算奇异值分解的 QR 方法的基本想法是, 隐含地应用对称 QR 方法于 $A^{\mathrm{T}} A$ 上, 而希望在整个计算过程中并不明显地把 $A^{\mathrm{T}} A$ 计算出来. 下面我们就来详细地论述如何具体实现这一想法.

7.6.1 二对角化

对应于将 $A^{\mathrm{T}} A$ 三对角化, 这里是将 A 二对角化, 即计算两个正交矩阵 U 和 V, 使得

$$U^{\mathrm{T}}AV = \begin{bmatrix} B \\ 0 \end{bmatrix}, \quad B = \begin{bmatrix} \delta_1 & \gamma_1 & & & \\ & \ddots & \ddots & & \\ & & \ddots & \gamma_{n-1} \\ & & & \delta_n \end{bmatrix}. \tag{7.6.1}$$

一旦分解式 (7.6.1) 已经实现, 则有 $V^{\mathrm{T}}A^{\mathrm{T}}AV = B^{\mathrm{T}}B$ 是一个对称三对角阵. 这就相当于已经把 $A^{\mathrm{T}}A$ 三对角化, 正好对应于应用对称 QR 方法于 $A^{\mathrm{T}}A$ 上的第一步. 但这里并不需要将 $A^{\mathrm{T}}A$ 真正地算出来.

分解式 (7.6.1) 可以借助 Householder 变换来实现. 首先确定一个 n 阶 Householder 变换 P_1, 使得

$$P_1^{\mathrm{T}}A = \begin{bmatrix} \times & \times & \times & \cdots & \times \\ 0 & \times & \times & \cdots & \times \\ 0 & \times & \times & \cdots & \times \\ \vdots & \vdots & \vdots & \cdots & \vdots \\ 0 & \times & \times & \cdots & \times \end{bmatrix};$$

然后确定一个 $n-1$ 阶 Householder 变换 H_1, 使得

$$P_1^{\mathrm{T}}A \begin{bmatrix} 1 & 0 \\ 0 & H_1 \end{bmatrix} = \begin{bmatrix} \times & \times & 0 & \cdots & 0 \\ 0 & \times & \times & \cdots & \times \\ 0 & \times & \times & \cdots & \times \\ \vdots & \vdots & \vdots & \cdots & \vdots \\ 0 & \times & \times & \cdots & \times \end{bmatrix}.$$

如此继续下去, 我们就可以通过一系列 Householder 变换把 A 化成二对角阵.

综上所述, 我们得到如下算法:

算法 7.6.1 (二对角化: Householder 变换法)

for $k = 1:n$

$\qquad [v, \beta] = \textbf{house}(A(k:m, k))$

$$u^{\mathrm{T}} = (\beta v^{\mathrm{T}})A(k:m,\, k:n)$$

$$A(k:m,\, k:n) = A(k:m,\, k:n) - vu^{\mathrm{T}}$$

$$A(k+1:m,k) = v(2:m-k+1);\, b(k) = \beta$$

if $k < n-1$

$$[v,\, \beta] = \mathbf{house}(A(k,\, k+1:n)^{\mathrm{T}})$$

$$u = A(k:m,\, k+1:n)(\beta v)$$

$$A(k:m,\, k+1:n) = A(k:m,\, k+1:n) - uv^{\mathrm{T}}$$

$$A(k,k+2:n) = v(2:n-k)^{\mathrm{T}};\, c(k) = \beta$$

  end

end

这一算法所需运算量为 $4mn^2 - 4n^3/3$. 如果需要累积 U 和 V, 则还需要增加的运算量分别为 $4m^2n - 4n^3/3$ 和 $4n^3/3$.

7.6.2 SVD 迭代

应用对称 QR 方法的第二步就是对对称三对角阵 $T \equiv B^{\mathrm{T}}B$ 进行带位移的隐式 QR 迭代. 这里我们也不用明确地把 T 算出就可完成这一计算任务.

大家知道, 应用带位移的对称 QR 迭代于 $T = B^{\mathrm{T}}B$ 上, 首先要选取位移 μ. 容易算出矩阵 T 的右下角的 2 阶矩阵为

$$\begin{bmatrix} \delta_{n-1}^2 + \gamma_{n-2}^2 & \delta_{n-1}\gamma_{n-1} \\ \delta_{n-1}\gamma_{n-1} & \delta_n^2 + \gamma_{n-1}^2 \end{bmatrix}.$$

这样, 我们就可选取该矩阵的两个特征值之中靠近 $\delta_n^2 + \gamma_{n-1}^2$ 的那个作为位移 μ. 当然这一步我们亦不需要把 T 算出即可进行.

迭代的下一步就是确定一个 Givens 变换 $G_1 = G(1,2,\theta_1)$, 即确定 $s_1 = \sin\theta_1$ 和 $c_1 = \cos\theta_1$, 满足

$$\begin{bmatrix} c_1 & s_1 \\ -s_1 & c_1 \end{bmatrix}^{\mathrm{T}} \begin{bmatrix} \delta_1^2 - \mu \\ \delta_1\gamma_1 \end{bmatrix} = \begin{bmatrix} * \\ 0 \end{bmatrix}.$$

这里 $(T - \mu I)e_1 = (\delta_1^2 - \mu, \delta_1\gamma_1, 0, \cdots, 0)^{\mathrm{T}}$. 显然, 这一步也不需要把 T 明确地计算出来.

迭代的最后一步就是确定一个正交矩阵 Q, 使得 $Q^{\mathrm{T}}(G_1^{\mathrm{T}}TG_1)Q$ 是对称三对角阵, 且 $Qe_1 = e_1$. 这一步, 为了避免 $T = B^{\mathrm{T}}B$ 的计算, 只需计算正交矩阵 P 和 Q, 使得 $P^{\mathrm{T}}(BG_1)Q$ 是二对角阵, 且 $Qe_1 = e_1$ 即可. 这一步可利用 Givens 变换来完成, 具体约化过程可以从如下 $n = 4$ 的例子中明白:

设 $n = 4$. 注意, 此时 $C = BG_1$ 有如下形状:

$$C = \begin{bmatrix} \times & \times & 0 & 0 \\ + & \times & \times & 0 \\ 0 & 0 & \times & \times \\ 0 & 0 & 0 & \times \end{bmatrix}.$$

因此, 接下来我们要做的就是, 先给 C 左乘一个 $(1,2)$ 平面的 Givens 变换 $G_2 = G(1,2,\theta_2)$ 将其 $(2,1)$ 位置的元素化为零, 而这样同时也会在 $(1,3)$ 位置上引进一个可能的非零元, 即

$$C \longleftarrow G_2 C = \begin{bmatrix} \times & \times & + & 0 \\ 0 & \times & \times & 0 \\ 0 & 0 & \times & \times \\ 0 & 0 & 0 & \times \end{bmatrix};$$

然后对 C 右乘一个 Givens 变换 $G_3 = G(2,3,\theta_3)$ 将其 $(1,3)$ 位置的元素化为零, 同时在 $(3,2)$ 位置上又会引进一个可能的非零元, 即

$$C \longleftarrow C G_3 = \begin{bmatrix} \times & \times & 0 & 0 \\ 0 & \times & \times & 0 \\ 0 & + & \times & \times \\ 0 & 0 & 0 & \times \end{bmatrix};$$

类似地, 对 C 左乘一个 Givens 变换 $G_4 = G(2,3,\theta_4)$ 将其 $(3,2)$ 位置上的元素化为零, 同时也会在 $(2,4)$ 位置上引进一个可能的非零元, 即

$$C \longleftarrow G_4 C = \begin{bmatrix} \times & \times & 0 & 0 \\ 0 & \times & \times & + \\ 0 & 0 & \times & \times \\ 0 & 0 & 0 & \times \end{bmatrix};$$

再对 C 右乘一个 Givens 变换 $G_5 = G(3, 4, \theta_5)$ 将其 $(2, 4)$ 位置的元素化为零, 同时在 $(4, 3)$ 位置上又会引进一个可能的非零元, 即

$$C \longleftarrow C G_5 = \begin{bmatrix} \times & \times & 0 & 0 \\ 0 & \times & \times & 0 \\ 0 & 0 & \times & \times \\ 0 & 0 & + & \times \end{bmatrix};$$

最后, 对 C 左乘一个 Givens 变换 $G_6 = G(3, 4, \theta_6)$ 将其 $(4, 3)$ 位置上的元素化为零, 即有

$$C \longleftarrow G_6 C = \begin{bmatrix} \times & \times & 0 & 0 \\ 0 & \times & \times & 0 \\ 0 & 0 & \times & \times \\ 0 & 0 & 0 & \times \end{bmatrix}$$

是二对角阵.

当然, 由前面对对称 QR 迭代的讨论我们已经清楚, 采用隐式 QR 迭代的前提是 $T = B^{\mathrm{T}} B$ 必须是不可约的 (即 T 的次对角元均不为零). 容易算出 T 次对角元为 $\delta_j \gamma_j$, 因此 T 不可约的充分必要条件是

$$\delta_j \gamma_j \neq 0, \quad j = 1, \cdots, n - 1. \tag{7.6.2}$$

当某个 $\gamma_j = 0$ 时, B 具有如下形状:

$$B = \begin{bmatrix} B_1 & 0 \\ 0 & B_2 \end{bmatrix}.$$

因此, 此时可以把 B 的奇异值分解的计算问题分解为两个低阶的二对角阵 B_1 和 B_2 的奇异值分解的计算问题.

当某个 $\delta_j = 0$ 而 $\gamma_j \neq 0$ 时, 我们可以通过适当的 Givens 变换把 B 的第 j 行元素都变成零, 而保持其二对角形式不变. 这一过程可以从如下 $n = 5, j = 2$ 的例子中明白:

假定 $n = 5$, $j = 2$. 此时 B 有如下形状:

$$B = \begin{bmatrix} \times & \times & 0 & 0 & 0 \\ 0 & 0 & \times & 0 & 0 \\ 0 & 0 & \times & \times & 0 \\ 0 & 0 & 0 & \times & \times \\ 0 & 0 & 0 & 0 & \times \end{bmatrix}.$$

因此, 我们首先对 B 左乘一个 Givens 变换 $G_1 = G(2, 3, \theta_1)$ 将其 $(2, 3)$ 位置的元素化为零, 同时在 $(2, 4)$ 位置上又会引进一个可能的非零元, 即

$$B \longleftarrow G_1 B = \begin{bmatrix} \times & \times & 0 & 0 & 0 \\ 0 & 0 & 0 & + & 0 \\ 0 & 0 & \times & \times & 0 \\ 0 & 0 & 0 & \times & \times \\ 0 & 0 & 0 & 0 & \times \end{bmatrix};$$

再左乘一个 Givens 变换 $G_2 = G(2, 4, \theta_2)$ 将其 $(2, 4)$ 位置的元素化为零, 同时在 $(2, 5)$ 位置上又会引进一个可能的非零元, 即

$$B \longleftarrow G_2 B = \begin{bmatrix} \times & \times & 0 & 0 & 0 \\ 0 & 0 & 0 & 0 & + \\ 0 & 0 & \times & \times & 0 \\ 0 & 0 & 0 & \times & \times \\ 0 & 0 & 0 & 0 & \times \end{bmatrix};$$

最后, 左乘一个 Givens 变换 $G_3 = G(2, 5, \theta_3)$ 将其 $(2, 5)$ 位置的元素化为零, 即有

$$B \longleftarrow G_3 B = \begin{bmatrix} \times & \times & 0 & 0 & 0 \\ 0 & 0 & 0 & 0 & 0 \\ 0 & 0 & \times & \times & 0 \\ 0 & 0 & 0 & \times & \times \\ 0 & 0 & 0 & 0 & \times \end{bmatrix}.$$

这样就又可以把 B 的奇异值分解的计算问题分解为两个低阶的二对角阵的奇异值分解的计算问题.

综合上面的讨论可知, 我们只需考虑满足条件 (7.6.2) 的二对角阵 B 即可. 对于这样的矩阵 B, 前面所给出的隐式地对 $B^{\mathrm{T}}B$ 进行一次带 Wilkinson 位移的 QR 迭代的方法可总结为下面的算法.

算法 7.6.2 (带 Wilkinson 位移的 SVD 迭代)

$\alpha = \delta_n^2 + \gamma_{n-1}^2; \delta = (\delta_{n-1}^2 + \gamma_{n-2}^2 - \alpha)/2; \beta = \delta_{n-1}\gamma_{n-1}$

$\mu = \alpha - \beta^2 / \left(\delta + \mathbf{sign}\,(\delta)\sqrt{\delta^2 + \beta^2} \right)$

$y = \delta_1^2 - \mu; z = \delta_1 \gamma_1$

for $k = 1 : n - 1$

　　确定 $c = \cos\theta$ 和 $s = \sin\theta$, 使得

$$[y,\, z] \begin{bmatrix} c & s \\ -s & c \end{bmatrix} = [\gamma_{k-1},\, 0]$$

　　$Q_c(k) = c;\ Q_s(k) = s$ (记录形成 Q 的 Givens 变换)

$$\begin{bmatrix} y & \gamma_k \\ z & \delta_{k+1} \end{bmatrix} = \begin{bmatrix} \delta_k & \gamma_k \\ 0 & \delta_{k+1} \end{bmatrix} \begin{bmatrix} c & s \\ -s & c \end{bmatrix}$$

　　确定 $c = \cos\theta$ 和 $s = \sin\theta$, 使得

$$\begin{bmatrix} c & s \\ -s & c \end{bmatrix}^{\mathrm{T}} \begin{bmatrix} y \\ z \end{bmatrix} = \begin{bmatrix} \delta_k \\ 0 \end{bmatrix}$$

　　$P_c(k) = c;\ P_s(k) = s$ (记录形成 P 的 Givens 变换)

　　if $k < n - 1$

$$\begin{bmatrix} y & z \\ \delta_{k+1} & \gamma_{k+1} \end{bmatrix} = \begin{bmatrix} c & s \\ -s & c \end{bmatrix}^{\mathrm{T}} \begin{bmatrix} \gamma_k & 0 \\ \delta_{k+1} & \gamma_{k+1} \end{bmatrix}$$

else

$$\begin{bmatrix} \gamma_k \\ \delta_{k+1} \end{bmatrix} = \begin{bmatrix} c & s \\ -s & c \end{bmatrix}^{\mathrm{T}} \begin{bmatrix} \gamma_k \\ \delta_{k+1} \end{bmatrix}$$

end

end

这一算法需要 $30n$ 次四则运算和 $2n$ 次开方运算.

7.6.3 SVD 算法

在实际计算时, 当 δ_j 或 γ_j 很小时, 就可以把 B 分解为两个低阶的二对角阵. 通常使用的收敛准则是: 当

$$|\delta_j| \leqslant \varepsilon \|B\|_\infty \quad \text{或} \quad |\gamma_j| \leqslant \varepsilon(|\delta_j| + |\delta_{j+1}|)$$

时, 就将 δ_j 或 γ_j 视为零, 其中 ε 是一个略大于机器精度的正数.

将这一收敛准则与算法 7.6.1 和算法 7.6.2 相结合, 就得到了如下实用的 **SVD 算法**:

算法 7.6.3 (SVD 算法)

(1) 输入 $A \in \mathbf{R}^{m \times n}$, $m \geqslant n$.

(2) 二对角化: 应用算法 7.6.1 到 A 上, 产生二对角阵 B 和正交矩阵 U 和 V, 使得 $U^{\mathrm{T}} A V = \begin{bmatrix} B \\ 0 \end{bmatrix}$.

(3) 收敛性判定:

(i) 把所有满足条件

$$|b_{i,i+1}| \leqslant (|b_{ii}| + |b_{i+1,i+1}|)\varepsilon$$

的 $b_{i,i+1}$ 置为零, 即 $b_{i,i+1} = 0$.

(ii) 把所有满足条件

$$|b_{ii}| \leqslant \|B\|_\infty \varepsilon$$

的 b_{ii} 置为零, 即 $b_{ii} = 0$.

(iii) 确定最大的非负整数 p 和最小的非负整数 q, 使得

$$B = \mathrm{diag}\,(B_{11},\, B_{22},\, B_{33}),$$

其中 $B_{11} \in \mathbf{R}^{p \times p}$, B_{33} 为 q 阶对角阵, 而 B_{22} 的对角元之上的次对角元均不为零.

(iv) 如果 $q = n$, 则输出有关信息, 结束; 否则, 进行下一步.

(4) SVD 迭代:

(i) 若 B_{22} 有对角元为零 (最后一个对角元除外), 则利用前面所介绍的方法将其对应行的元素均化为零, 并且将相应的变换矩阵都累积到 U 上, 然后转步 (2); 否则, 进行下一步.

(ii) 应用算法 7.6.2 到 B_{22} 上, 产生正交矩阵 P 和 Q 以及二对角阵 $B_{22} = P^{\mathrm{T}} B_{22} Q$, 并且计算

$$U = U \operatorname{diag}(I_p, P, I_{q+m-n}), \quad V = V \operatorname{diag}(I_p, Q, I_q),$$

然后转步 (3).

这一算法的渐近收敛速度是三次的. 如果只算奇异值, 则平均来看这一算法的运算量约为 $4mn^2 - 4n^3/3$; 如果要算整个分解, 则平均来看这一算法的运算量约为 $4m^2n + 8mn^2 + 9n^3$ (详见文献 [12]).

习 题

1. 设 λ 是对称矩阵 A 的任意一个特征值. 证明: $\operatorname{cond}(\lambda) = 1$ (关于特征值的条件数的定义参见 §6.1).

2. 设 $A = [\alpha_{ij}] \in \mathbf{R}^{n \times n}$ 是对称矩阵. 证明: 每个圆盘

$$\mathcal{D}_i = \left\{ z \in \mathbf{R}: |z - \alpha_{ii}| \leqslant \left(\sum_{j \neq i} \alpha_{ij}^2 \right)^{\frac{1}{2}} \right\}$$

中至少含有 A 的一个特征值.

3. 设 $A, E \in \mathbf{R}^{n \times n}$ 是两个对称矩阵. 证明: 若 A 正定且 $\|A^{-1}\|_2 \|E\|_2 < 1$, 则 $A + E$ 也是正定的.

4. 设 $A \in \mathbf{R}^{m \times n}$. 证明: A 的非零奇异值的平方正好是对称矩阵 $A^{\mathrm{T}} A$ 和 AA^{T} 的非零特征值.

5. 证明: 对称矩阵的奇异值正好是其特征值的绝对值.

6. 设 $A \in \mathbf{R}^{n \times n}$ 非奇异. 证明:

$$\kappa_2(A) = \|A\|_2 \, \|A^{-1}\|_2 = \frac{\sigma_1}{\sigma_n},$$

其中 σ_1 和 σ_n 分别为 A 的最大和最小奇异值.

7. 设 $A \in \mathbf{R}^{m \times n}$ $(m \geqslant n)$, 并假定 A 的奇异值为 $\sigma_1 \geqslant \cdots \geqslant \sigma_n$. 证明:

$$\sigma_i = \max_{\mathcal{X} \in \mathcal{G}_i^n} \min_{0 \neq u \in \mathcal{X}} \frac{\|Au\|_2}{\|u\|_2} = \min_{\mathcal{X} \in \mathcal{G}_{n-i+1}^n} \max_{0 \neq u \in \mathcal{X}} \frac{\|Au\|_2}{\|u\|_2},$$

其中 $\mathcal{G}_k^n$ 表示 $\mathbf{R}^n$ 中所有 k 维子空间的全体.

8. 设 x 是对称矩阵 A 对应于特征值 λ 的特征向量, $\widetilde{x}$ 是 x 的一个 $O(\varepsilon)$ 近似, 即 $\widetilde{x} = x + O(\varepsilon)$. 证明:

$$R(\widetilde{x}) = \frac{\widetilde{x}^{\mathrm{T}} A \widetilde{x}}{\widetilde{x}^{\mathrm{T}} \widetilde{x}} = \lambda + O(\varepsilon^2),$$

即 $\widetilde{x}$ 对 A 的 Rayleigh 商 $R(\widetilde{x})$ 是 λ 的 $O(\varepsilon^2)$ 逼近.

9. 设 $A \in \mathbf{R}^{n \times n}$ 是对称的, 并假定 A 有分解 $A = QTQ^{\mathrm{T}}$, 其中 Q 是正交的, T 是对称三对角阵. 试利用比较等式 $AQ = QT$ 两边列向量所得到的公式来设计一个直接计算 Q 和 T 的算法.

10. 设 $A \in \mathbf{R}^{m \times n}$. 试给出一个算法计算正交矩阵 $U \in \mathbf{R}^{m \times m}$ 和 $V \in \mathbf{R}^{n \times n}$, 使得

$$B = [\beta_{ij}] = UAV$$

是二对角阵 (即 $\beta_{ij} = 0$, $j \neq i, i+1$).

11. 设

$$T = \begin{bmatrix} \alpha_1 & \varepsilon \\ \varepsilon & \alpha_2 \end{bmatrix} \in \mathbf{R}^{2 \times 2}, \quad \alpha_1 \neq \alpha_2, \ \varepsilon \ll 1,$$

并假定 $\widetilde{T}$ 是以 $\mu = \alpha_2$ 为位移进行了一次对称 QR 迭代得到的矩阵. 试证: $\widetilde{T}(2,1) = O(\varepsilon^3)$. 如果改用 Wilkinson 位移, $\widetilde{T}(2,1) =?$

12. 证明等式 (7.3.16).

13. 设

$$C = \begin{bmatrix} \alpha_{11} & \alpha_{12} \\ \alpha_{21} & \alpha_{22} \end{bmatrix}$$

是 2×2 实矩阵. 先设计一种算法来计算 $c = \cos\theta$ 和 $s = \sin\theta$, 使得

$$\begin{bmatrix} c & s \\ -s & c \end{bmatrix} C$$

是 2×2 实对称矩阵; 然后将你所设计的算法与 Jacobi 方法相结合给出计算 C 的奇异值分解的一种算法.

14. 设 $A \in \mathbf{C}^{n \times n}$. 先利用第 13 题的方法, 对给定的下标 (p, q) 设计一个算法计算两个 Jacobi 变换 $J(p, q, \theta_1)$ 和 $J(p, q, \theta_2)$, 使得矩阵

$$B = [\beta_{ij}] = J(p, q, \theta_1) A J(p, q, \theta_2)$$

满足 $\beta_{pq} = \beta_{qp} = 0$; 然后证明:

$$E(B)^2 = E(A)^2 - (\alpha_{pq}^2 + \alpha_{qp}^2),$$

其中 $E(\cdot)$ 如 (7.3.1) 式所定义.

15. 利用第 14 题的方法和结论, 设计一个计算 $A \in \mathbf{R}^{m \times n}$ 的奇异值分解的 Jacobi 型算法.

16. 设 $x, y \in \mathbf{R}^n$. 给出一种算法计算 $c = \cos\theta$ 和 $s = \sin\theta$, 使得

$$[x, y] \begin{bmatrix} c & s \\ -s & c \end{bmatrix}$$

的两列是正交的.

17. 利用第 16 题的基本思想, 设计一个计算 $A \in \mathbf{C}^{m \times n}$ 的奇异值分解的单边 Jacobi 型算法, 即该算法计算正交矩阵 V, 使得 AV 的列相互正交.

18. 设

$$A = \begin{bmatrix} \alpha_1 & \beta_1 & & & \\ \gamma_1 & \alpha_2 & \beta_2 & & \\ & \ddots & \ddots & \ddots & \\ & & \ddots & \ddots & \beta_{n-1} \\ & & & \gamma_{n-1} & \alpha_n \end{bmatrix} \in \mathbf{R}^{n \times n},$$

其中 $\gamma_i \beta_i > 0$. 证明: 存在对角阵 D, 使得 $D^{-1}AD$ 为对称三对角阵.

19. 设 $x = (\xi_1, \cdots, \xi_n)^{\mathrm{T}}$ 是不可约对称三对角阵

$$T = \begin{bmatrix} \alpha_1 & \beta_2 & & & \\ \beta_2 & \alpha_2 & \beta_3 & & \\ & \ddots & \ddots & \ddots & \\ & & \ddots & \ddots & \beta_n \\ & & & \beta_n & \alpha_n \end{bmatrix} \in \mathbf{R}^{n \times n}$$

对应于特征值 λ 的特征向量. 证明:

(1) $\xi_1 \xi_n \neq 0$;

(2) 若取 $\xi_1 = 1$, 则

$$\beta_2 \cdots \beta_i \xi_i = (-1)^{i-1} p_{i-1}(\lambda), \quad i = 2, \cdots, n,$$

其中 $p_i(\lambda)$ 由 (7.4.1) 式定义.

20. 设 λ 是对称三对角阵 T 的特征值. 证明: 若 λ 的代数重数为 k, 则 T 的次对角元至少有 $k-1$ 个是零.

21. 设

$$T = \begin{bmatrix} -2 & 1 & & \\ 1 & -2 & 1 & \\ & 1 & -2 & 1 \\ & & 1 & -2 \end{bmatrix}.$$

(1) 矩阵 T 是否为负定的?

(2) 矩阵 T 在区间 $[-2, 0]$ 内有多少特征值?

22. 设 $\tilde{\lambda}$ 是对称三对角阵 T 的近似特征值. 写出利用反幂法求对应于 $\tilde{\lambda}$ 的近似特征向量的详细计算过程.

23. 设 $B = [\beta_{ij}] \in \mathbf{R}^{n \times n}$ 是二对角阵 (即 $\beta_{ij} = 0$, $j \neq i, i+1$). 试利用二分法给出一种求 B 的任意指定奇异值的数值方法.

24. 给出一种算法计算 $\theta \in \{1, -1\}$ 和实数 ρ, 满足 $\rho\theta = \beta_{m+1}$, 使得 $\min \{|\alpha_m - \rho|, |\alpha_{m+1} - \rho|\}$ 达到最小.

25. 对 $D = \mathrm{diag}\,(3, 1, 2, 1, 2)$ 和 $z = (1, 1, 1, 1, 1)^{\mathrm{T}}$ 求定理 7.5.2 所述的正交矩阵 V 和排列 π.

26. 设 T 是正定的实对称三对角阵. 是否按 (7.5.1) 式分割之后得到的 T_1 和 T_2 仍是正定的?

27. 设 $A, B \in \mathbf{R}^{n \times n}$. 证明: $C = A + iB$ 是 Hermite 矩阵 (即 $C^* = C$) 的充分必要条件是

$$M = \begin{bmatrix} A & -B \\ B & A \end{bmatrix}$$

为对称矩阵. C 的特征值和特征向量与 M 的特征值和特征向量之间有什么关系?

上 机 习 题

1. 求实对称三对角阵的全部特征值和特征向量.

(1) 用你所熟悉的计算机语言编制利用过关 Jacobi 方法求实对称三对角阵全部特征值和特征向量的通用子程序;

(2) 利用你所编制的子程序求矩阵 (从 50 阶到 100 阶)

$$A = \begin{bmatrix} 4 & 1 & & & \\ 1 & 4 & 1 & & \\ & \ddots & \ddots & \ddots & \\ & & 1 & 4 & 1 \\ & & & 1 & 4 \end{bmatrix}$$

的全部特征值和特征向量.

2. 求实对称三对角阵的指定特征值及对应的特征向量.

(1) 用你所熟悉的计算机语言编制先利用二分法求实对称三对角阵指定特征值和再利用反幂法求对应特征向量的通用子程序;

(2) 利用你所编制的子程序求矩阵

$$A = \begin{bmatrix} 2 & -1 & & & \\ -1 & 2 & -1 & & \\ & \ddots & \ddots & \ddots & \\ & & -1 & 2 & -1 \\ & & & -1 & 2 \end{bmatrix}_{100 \times 100}$$

的最大和最小特征值及对应的特征向量.

参 考 文 献

[1] 曹志浩. 矩阵特征值问题. 上海：上海科学技术出版社, 1980.

[2] 曹志浩, 张玉德, 李瑞遐. 矩阵计算和方程求根. 北京：高等教育出版社, 1979.

[3] 曹志浩. 数值线性代数. 上海：复旦大学出版社, 1996.

[4] 冯果忱, 刘经伦. 数值代数基础. 长春：吉林大学出版社, 1991.

[5] 刘新国. 数值代数基础. 青岛：青岛海洋大学出版社, 1996.

[6] 孙继广. 矩阵扰动分析. 北京：科学出版社, 1987.

[7] 徐萃薇, 孙绳武. 数值代数讲义. 北京：北京大学数学系, 1981.

[8] 徐树方. 矩阵计算的理论与方法. 北京：北京大学出版社, 1995.

[9] Björck A. Least Squares Methods// Ciarlet P G, Lions J L. Handbook of Numerical Analysis, Vol I. Amsterdam: North-Holand, 1990.

[10] Chatelin F. Eigenvalues of Matrices. New York: John Wiley & Sons, 1993.

[11] Demmel J W. Applied Numerical Linear Algebra. Philadelphia: SIAM, 1997.

[12] Golub G H, Van Loan C F. Matrix Computations. 3rd edition. Boltimore and London: The Johns Hopkins University Press, 1996.

[13] Lawson C L, Hanson R J. Solving Least Squares Problems. Englewood Cliffs: Prentice-Hall, 1974.

[14] Paige C C, Saunders M A. Solution of Sparse Indefinite Systems of Linear Equations. SIAM J Numer Anal, 1975, 12: 617–629.

[15] Parlett B N. The Symmetric Eigenvalue Problem, Englewood Cliffs: Prentice-Hall, 1980.

[16] Saad Y. Krylov Subspace Methods for Solving Large Unsymmetric Linear Systems. Math Comp, 1981, 37: 105–126.

[17] Saad Y. Numerical Methods for Large Eigenvalue Problems. UK:

Manchester University Press, 1992.

[18] Stewart G W. Introduction to Matrix Computation. New York: Academic Press, 1973. (有中译本)

[19] Watkins D S. Fundamentals of Matrix Computations. New York: John Wiley & Sons, 1991.

[20] Wilkinson J H. Rounding Errors in Algebraic Processes. Englewood Cliffs: Prentice-Hall, 1963. (有中译本)

[21] Wilkinson J H. The Algebraic Eigenvalue Problem. Oxford: Clarendon Press, 1965. (有中译本)

名 词 索 引